全栈项目开发全程实录

——Spring Boot+Vue Django+Vue Node+Vue

明日科技　编著

清华大学出版社

北京

内 容 简 介

本书精选 7 个热门全栈项目，其中前端采用流行的 Vue.js、HTML5、CSS3、JavaScript 和 BootStrap 技术，而后端则采用 Python 的 Django Web 框架、Java 的 Spring Boot 框架和 Node.js 进行开发，实用性非常强。具体项目包含：电瓶车品牌信息管理系统、寻物启事网站、明日之星物业管理系统、吃了么外卖网、综艺之家、四季旅游信息网和电影易购 APP。本书从软件工程的角度出发，按照项目开发的顺序，系统、全面地讲解每一个项目的开发实现过程。在体例上，每章一个项目，统一采用"开发背景→系统设计→技术准备→数据库设计→各功能模块实现→项目运行→源码下载"的形式完整呈现项目，给读者明确的成就感，可以让读者快速积累实际项目开发经验与技巧，早日实现就业目标。

另外，本书赠送丰富的 Web 前端在线开发资源库和电子课件，主要内容如下：

☑ 技术资源库：439 个技术参考文档　　　　　　　☑ 实例资源库：393 个应用实例
☑ 项目资源库：13 个实战项目　　　　　　　　　　☑ 源码资源库：406 套项目与案例源码
☑ 视频资源库：677 集教学视频　　　　　　　　　　☑ PPT 电子教案

本书可为全栈项目开发者提供更广泛的项目实战场景，可为计算机专业学生进行项目实训、毕业设计提供项目参考，可供计算机专业教师、IT 培训讲师用作教学参考资料，还可作为开发工程师、IT 求职者、编程爱好者进行项目开发时的参考书。

图书在版编目（CIP）数据

全栈项目开发全程实录 ：Spring Boot+Vue Django+
Vue Node+Vue / 明日科技编著. --北京 ：清华大学出
版社, 2025. 7. -- (软件项目开发全程实录). -- ISBN
978-7-302-69703-9

Ⅰ. TP311.1

中国国家版本馆 CIP 数据核字第 2025LE0396 号

责任编辑：贾小红
封面设计：秦　丽
版式设计：楠竹文化
责任校对：范文芳
责任印制：丛怀宇

出版发行：清华大学出版社
　　　　　网　　址：https://www.tup.com.cn，https://www.wqxuetang.com
　　　　　地　　址：北京清华大学学研大厦 A 座　　　　　邮　　编：100084
　　　　　社 总 机：010-83470000　　　　　　　　　　　邮　　购：010-62786544
　　　　　投稿与读者服务：010-62776969，c-service@tup.tsinghua.edu.cn
　　　　　质量反馈：010-62772015，zhiliang@tup.tsinghua.edu.cn
印 装 者：大厂回族自治县彩虹印刷有限公司
经　　销：全国新华书店
开　　本：203mm×260mm　　　　印　　张：20.5　　　　字　　数：570 千字
版　　次：2025 年 8 月第 1 版　　　　　　　　　　　印　　次：2025 年 8 月第 1 次印刷
定　　价：89.80 元

产品编号：107431-01

如何使用本书开发资源库

本书赠送价值 999 元的"Web 前端在线开发资源库"一年的免费使用权限，结合图书和开发资源库，读者可快速提升编程水平和解决实际问题的能力。

1. VIP 会员注册

刮开并扫描图书封底的防盗码，按提示绑定手机微信，然后扫描右侧二维码，打开明日科技账号注册页面，填写注册信息后将自动获取一年（自注册之日起）的 Web 前端在线开发资源库的 VIP 使用权限。

Web 前端在线
开发资源库

读者在注册、使用开发资源库时有任何问题，均可咨询明日科技官网页面上的客服电话。

2. 纸质书和开发资源库的配合学习流程

Web 前端开发资源库中提供了技术资源库（439 个技术要点）、实例资源库（393 个应用实例）、项目资源库（13 个实战项目）、源码资源库（406 套项目与案例源代码）、视频资源库（677 集学习视频），共计 5 大类、1928 项学习资源。学会、练熟、用好这些资源，读者可在短时间内快速提升自己的技术水平，从一名新手晋升为一名全栈项目开发工程师。

首页	术 技术资源库 439	例 实例资源库 393	项 项目资源库 13	码 源码资源库 406	视 视频资源库 677

3. 开发资源库的使用方法

在学习本书的各项目的开发时，可以通过 Web 前端在线开发资源库提供的大量技术点、技巧、热点实例、视频等快速回顾或了解相关的知识和技巧，提升学习效率。

除此之外，开发资源库还配备了更多的大型实战项目，供读者进一步扩展学习，从而提升编程兴趣和信心，积累项目开发经验。

Web前端项目库	首页	术 技术资源库 439	例 实例资源库 393	项 项目资源库 13	码 源码资源库 406	视 视频资源库 677

首页>Web前端开发资源库>项目资源库

项目1	别踩白块儿小游戏	游戏 –
01	开发准备
02	游戏初始界面设计
03	游戏界面设计
04	游戏结束与重新开始游戏
项目2	五子棋小游戏	游戏 +
项目3	贪吃蛇小游戏	游戏 +
项目4	明日学院适配版	网站 +
项目5	在线教育平台	网站 +
项目6	咸鱼简历	网站 +
项目7	抖音秀	网站 +
项目8	游戏公园网站	网站 +
项目9	365影视网站设计	网站 +
项目10	仿豆瓣电影评分	网站 +
项目11	叮叮商城	网站 +

开发方向：全部 游戏 网站 按分类查看

别踩白块儿小游戏
方向：游戏　☆难度：初级　时长：录制中
主要技术栈　游戏、别踩白块儿、JavaScript、web
项目001简介　《别踩白块儿》是一款简单易玩、老少皆宜的休闲益智游戏。在游戏时，玩家只需要不断躲着黑色方块前进即可。游戏开始后，界面中的黑块儿会向下移动，单击黑块儿的个数即为所得的分数。当单击了游戏界面中的白块儿，或者黑块儿移动到界面的最下端就代表游戏结束。本项目则通过原生JavaScript实现该游戏，通过实现该游戏，你将学到：

在线教育平台
方向：网站　☆难度：中级　时长：52分
主要技术栈　在线教育、编程开发、网络编程、在线学习、自学教程、明日学院、amazeui、
项目002简介　本项目以明日学院官网为模板，制作在线教育平台前端页面，该网站分为PC端网站和移动端网站，由8个页面组成，分别是移动端和PC端的首页、登录页面、课程详情页以及课程列表页。通过实现本项目，你将学到：
□ Div+CSS布局

另外，利用页面上方的搜索栏，还可以对技术、技巧、实例、项目、源码、视频等资源进行快速查阅。

万事俱备后，读者该到软件开发的主战场上接受洗礼了。本书资源包中提供了 Web 前端各方向的面试真题，是求职面试的绝佳指南。读者可扫描图书封底的"文泉云盘"二维码获取。

Web前端面试资源库
⊞ 第1部分 Web前端 企业面试真题汇编
⊞ 第2部分 Vue.js 企业面试真题汇编
⊞ 第3部分 Node.js 企业面试真题汇编

前　言

丛书说明："软件项目开发全程实录"丛书第 1 版于 2008 年 6 月出版，因其定位于项目开发案例、面向实际开发应用，并解决了社会需求和高校课程设置相对脱节的痛点，在软件项目开发类图书市场上产生了很大的反响，在全国软件项目开发零售图书排行榜中名列前茅。

"软件项目开发全程实录"丛书第 2 版于 2011 年 1 月出版，第 3 版于 2013 年 10 月出版，第 4 版于 2018 年 5 月出版。经过 16 年的锤炼打造，不仅深受广大程序员的喜爱，还被百余所高校选为计算机科学、软件工程等相关专业的教材及教学参考用书，更被广大高校学子用作毕业设计和工作实习的必备参考用书。

"软件项目开发全程实录"丛书第 5 版在继承前 4 版所有优点的基础上，进行了大幅度的改版升级。首先，结合当前技术发展的最新趋势与市场需求，增加了程序员求职急需的新图书品种；其次，对图书内容进行了深度更新、优化，新增了当前热门的流行项目，优化了原有经典项目，将开发环境和工具更新为目前的新版本等，使之更与时代接轨，更适合读者学习；最后，我们录制了全新的项目精讲视频，并配备了更加丰富的学习资源与服务，可以给读者带来更好的项目学习及使用体验。

在数字化浪潮席卷全球的当下，全栈项目凭借其全面性和高效性，成为软件开发领域的璀璨明星。全栈项目不仅涵盖了前端精美的界面设计，为用户带来直观且流畅的交互体验，还涉及后端强大的数据处理与逻辑运算，保障系统的稳定运行。它打破了前后端的技术壁垒，让开发者能以全局视角构建完整的软件系统。本书以中小型项目为载体，带领读者切身体验软件开发的实际过程，可以让读者深刻体会前后端技术在项目开发中的具体应用。全书内容不是枯燥的语法和陌生的术语，而是一步一步地引导读者实现一个个热门的项目，从而激发读者学习软件开发的兴趣，变被动学习为主动学习。另外，本书的项目开发过程完整，不但可以为编程自学者提供中小型项目开发参考，而且可以作为大学生毕业设计的项目参考书。

本书内容

本书提供了 7 个热门的全栈应用项目，涉及 Python（Django 框架）、Java（Spring Boot 框架）、Node.js 等后端流行语言，以及 Vue.js、HTML5、CSS3、JavaScript、BootStrap 等热门前端技术。具体项目包括：电瓶车品牌信息管理系统、寻物启事网站、明日之星物业管理系统、吃了么外卖网、综艺之家、四季旅游信息网和电影易购 APP。

本书特点

- ☑ **项目典型**。本书精选 7 个热点项目。所有项目均是当前实际开发领域常见的热门项目，且均从实际应用角度出发展开系统性的讲解，可以让读者从项目学习中积累丰富的开发经验。
- ☑ **流程清晰**。本书项目从软件工程的角度出发，统一采用"开发背景→系统设计→技术准备→数据库设计→各功能模块实现→项目运行→源码下载"的流程进行讲解，可以让读者更加清楚项目的完整开发流程，给读者明确的成就感和信心。
- ☑ **技术新颖**。本书所有项目的实现工具均采用目前业内推荐使用的最新稳定版本，与时俱进，实用性极强。同时，项目全部配备"技术准备"环节，对项目中用到的前端和后端基本技术点、高级应用等进行精要讲解，在理论基础和项目开发之间搭建了有效的桥梁，为仅有理论基础的初级编程人员参与项目开发扫清了障碍。

☑ **精彩栏目**。本书根据项目学习的需要，在每个项目讲解过程的关键位置添加了"注意""说明"等特色栏目，点拨项目的开发要点和精华，以便读者能够更快地掌握相关技术的应用技巧。

☑ **源码下载**。本书每个项目最后都安排了"源码下载"一节，读者可通过扫描对应二维码下载对应项目的完整源码，方便学习。

☑ **项目视频**。本书为每个项目提供了开发及使用微视频，使读者能够更加轻松地搭建、运行、使用项目，并能够随时随地查看学习任务。

读者对象

☑ 初学编程的自学者　　　　　　　　　☑ 高等院校的教师

☑ 参与项目实训的学生　　　　　　　　☑ IT 培训机构的教师与学员

☑ 做毕业设计的学生　　　　　　　　　☑ 程序测试及维护人员

☑ 参加实习的初级程序员　　　　　　　☑ 编程爱好者

资源与服务

本书提供了大量的辅助学习资源，同时还提供了专业的知识拓展与答疑服务，旨在帮助读者提高学习效率并解决学习过程中遇到的各种疑难问题。读者需要刮开图书封底的防盗码（刮刮卡），扫描并绑定微信，获取学习权限。

☑ **开发环境搭建视频**

搭建环境对于项目开发非常重要，它确保项目开发在一致的环境下进行，减少因环境差异导致的错误和冲突。通过搭建开发环境，可以方便地管理项目依赖，提高开发效率。本书提供了开发环境搭建的讲解视频，可以引导读者快速准确地搭建本书项目的开发环境。扫描右侧二维码即可观看学习。

开发环境
搭建视频

☑ **项目精讲视频**

本书每个项目均配有对应的项目精讲微视频，主要针对项目的需求背景、应用价值、功能结构、业务流程、实现逻辑以及所用到的核心技术点进行精要讲解，可以帮助读者了解项目概要，把握项目要领，快速进入学习状态。扫描每章首页对应的二维码即可观看学习。

☑ **项目源码**

本书每章一个项目，系统全面地讲解了该项目的前后端设计及实现过程。为了方便读者学习，本书提供了完整的项目源码（包含项目中用到的所有素材，如图片、数据表等）。扫描每章最后的二维码即可下载。

☑ **AI 辅助开发手册**

在人工智能浪潮的席卷之下，AI 大模型工具呈现百花齐放之态，辅助编程开发的代码助手类工具不断涌现，可为开发人员提供技术问答、代码查错、辅助开发等非常实用的服务，极大地提高了编程学习和开发效率。为了帮助读者快速熟悉并使用这些工具，本书专门精心配备了电子版的《AI 辅助开发手册》，不仅为读者提供各个主流大语言模型的使用指南，而且详细讲解文心快码（Baidu Comate）、通义灵码、腾讯云 AI 代码助手、iFlyCode 等专业的智能代码助手的使用方法。扫描右侧二维码即可阅读学习。

AI 辅助
开发手册

☑ **代码查错器**

为了进一步帮助读者提升学习效率，培养良好的编码习惯，本书配备了由明日科技自主开发的代码查错器。读者可以将本书的项目源码保存为对应的 txt 文件，存放到代码查错器的对应文件夹中，然后自己编写相应的实现代码并与项目源码进行比对，快速找出自己编写的代码与源码不一致或者发生错误的地方。代码查错器配有详细的使用说明文档，扫描右侧二维码即可下载。

代码查错器

☑ **Web 前端在线开发资源库**

本书配备了强大的 Web 前端在线开发资源库，包括技术资源库、实例资源库、项目资源库、源码资源库、视频资源库。扫描右侧二维码，可登录明日科技网站，获取 Web 前端在线开发资源库一年的免费使用权限。

Web 前端在线开发资源库

☑ **Web 前端面试资源库**

本书配备了 Web 前端面试资源库，精心汇编了大量企业面试真题，是求职面试的绝佳指南。扫描本书封底的"文泉云盘"二维码即可获取。

☑ **教学 PPT**

本书配备了精美的教学 PPT，可供高校教师和培训机构讲师备课使用，也可供读者做知识梳理。扫描本书封底的"文泉云盘"二维码即可下载。另外，登录清华大学出版社网站（www.tup.com.cn），可在本书对应页面查阅教学 PPT 的获取方式。

☑ **学习答疑**

在学习过程中，读者难免会遇到各种疑难问题。本书配有完善的新媒体学习矩阵，包括 IT 今日热榜（实时提供最新技术热点）、微信公众号、学习交流群、400 电话等，可为读者提供专业的知识拓展与答疑服务。扫描右侧二维码，根据提示操作，即可享受答疑服务。

学习答疑

致读者

本书由明日科技前后端开发团队组织编写，主要编写人员有王小科、高春艳、赵宁、刘书娟、张鑫、王国辉、赛奎春、田旭、葛忠月、杨丽、李颖、程瑞红、张颖鹤等。明日科技是一家专业从事软件开发、教育培训以及软件开发教育资源整合的高科技公司，其编写的教材非常注重选取软件开发中的必需、常用内容，同时也很注重内容的易学性、方便性以及相关知识的拓展性，深受读者喜爱。其教材多次荣获"全行业优秀畅销品种""全国高校出版社优秀畅销书"等奖项，多个品种长期位居同类图书销售排行榜的前列。

在编写本书的过程中，我们始终本着科学、严谨的态度，力求精益求精，但疏漏之处在所难免，敬请广大读者批评指正。

感谢您购买本书，希望本书能成为您的良师益友，成为您步入编程高手之路的踏脚石。

宝剑锋从磨砺出，梅花香自苦寒来。祝读书快乐！

编 者

2025 年 4 月

目 录

Contents

第1篇　Spring Boot+Vue.js 方向

第2篇 Django+Vue.js 方向

第 3 篇 Node.js+Vue.js 方向

第1篇

Spring Boot+Vue.js 方向

Spring Boot 是非常流行并且使用广泛的一个 Java Web 开发框架,它简化了 Java 后端开发,提供快速配置和嵌入式服务器支持,极大地提升了开发效率;而 Vue.js 则以轻量级框架著称,数据绑定和组件化开发使前端界面响应迅速、易于维护。通过使用 Spring Boot 和 Vue.js 两者结合开发全栈项目,可以实现前后端分离,开发团队可以并行工作,从而缩短开发周期,同时提高代码的可维护性和可扩展性。

本篇主要使用 Java 的 Spring Boot 框架,结合 Vue.js 前端技术开发了 3 个全栈项目,具体如下:

☑ 电瓶车品牌信息管理系统。

☑ 寻物启事网站。

☑ 明日之星物业管理系统。

## 第 1 章

电瓶车品牌信息管理系统

——Vue.js + Spring Boot + MySQL

电瓶车又被称作电动自行车或电动助力车,是一种结合了传统自行车和电动车技术的交通工具。电瓶车作为一种环保、节能、便捷的交通工具,不仅适合短途出行,而且可以作为公共交通的接驳工具,可以减少人们对汽车的依赖,缓解城市交通拥堵和空气污染问题。本章将开发一个简单的全栈项目——电瓶车品牌信息管理系统,用于管理电瓶车的品牌信息。其中,本项目的前端将使用 Vue.js 予以实现,后端将使用 Spring Boot 予以实现。此外,本项目用于存储数据的工具是 MySQL 数据库。

项目微视频

本项目的核心功能及实现技术如下:

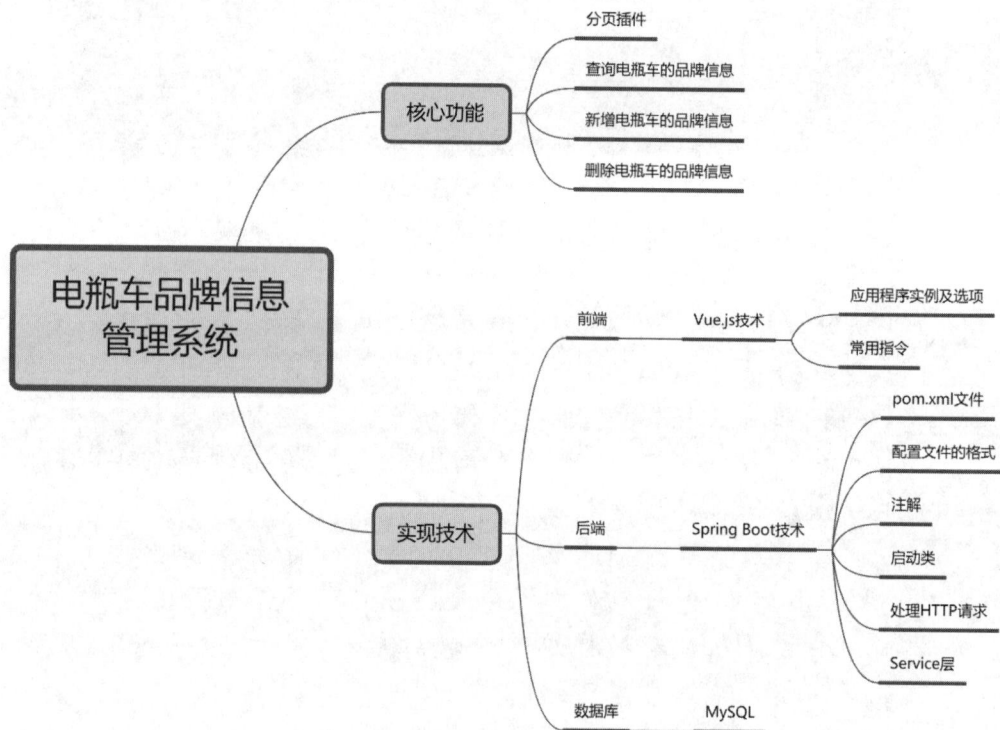

1.1 开 发 背 景

随着科学技术的进步,人们的环保意识不断提高,电瓶车市场不断扩大,不断有新的制造商加入。同时,为了更好地满足消费者的需求,扩大市场占有率,各品牌纷纷推出新款车型,市场竞争日趋激烈。为了在市场竞争中脱颖而出,电瓶车制造商需要不断加大研发投入,不断推出更多符合市场需求的产品,不断提升产品质量和服务水平。例如,雅迪、爱玛等传统品牌通过提升产品性能和智能化水平来巩固市场地位；小牛电动、九号等新兴品牌通过推出符合年轻人口味的产品来聚焦高端市场。在这样的背景下，本章将开发一个全栈项目，即电瓶车品牌信息管理系统。该系统是基于对电瓶车的品牌信息进行管理的网络平台。前端负责把由后端实现的、用于查看、新增、删除电瓶车品牌信息等功能呈现在用户的浏览器上，进而达到与用户进行交互的目的；后端则负责处理由前端发送的请求（例如查看、新增或者删除电瓶车品牌信息），并根据这个请求执行相应的业务逻辑，最终把处理结果返回前端。

电瓶车品牌信息管理系统将实现以下目标：

☑ 页面简洁、功能明确、操作方便；

☑ 用户可以查看各个电瓶车的品牌信息（如品牌名称、品牌评分、好评率和品牌介绍等）；

☑ 用户可以新增电瓶车的品牌信息；

☑ 用户可以删除某个电瓶车的品牌信息。

1.2 系 统 设 计

1.2.1 开发环境

本项目的开发及运行环境如下：

☑ 操作系统：推荐 Windows 10、11 及以上版本，兼容 Windows7（SP1）。

☑ 开发工具：IntelliJ IDEA。

☑ 前端实现技术：HTML5、CSS3、JavaScript、Vue.js。

☑ 后端实现技术：Java EE、Spring Boot。

☑ 数据库：MySQL 8.0。

☑ Web 服务器：Tomcat 9.0 及以上版本。

1.2.2 业务流程

启动项目后，打开浏览器，访问 http://localhost:8080/pages/bikes.html，即可看到电瓶车品牌信息管理系统的主页面。

在主页面上，程序将分页显示 10 条数据，共分两页，每一页最多显示 7 条数据，用户通过分页导航可以随意切换并访问这两个分页的数据。

用户在单击"新增电瓶车品牌信息"按钮后，程序将弹出一个窗口，用户在这个窗口中依次输入电瓶车的品牌名称、品牌评分、好评率和品牌介绍等信息，单击"确定"按钮，即可完成新增电瓶车品牌信息的操作。

在主页面上显示的每一条数据的后面，都有一个"删除"按钮，用户先单击某一个"删除"按钮，再单击删除提示窗口中的"确定"按钮，程序将删除对应的电瓶车品牌信息。

电瓶车品牌信息管理系统的业务流程如图 1.1 所示。

1.2.3 功能结构

本项目的功能结构已经在章首页中给出，作为基于对电瓶车的品牌信息进行管理的网络平台，本项目实现的具体功能如下：

☑ 分页插件：用于显示数据总数、分页数、与某个页面对应的数据和分页导航等信息。

☑ 查询电瓶车的品牌信息：查询数据库中所有电瓶车的品牌名称、品牌评分、好评率和品牌介绍等信息。

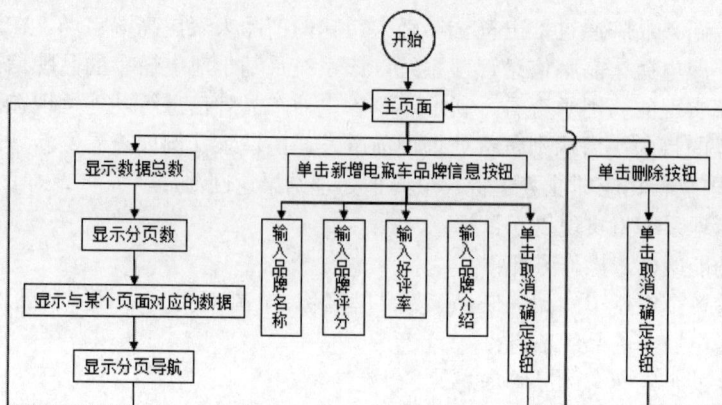

图 1.1　电瓶车品牌信息管理系统的业务流程图

☑　新增电瓶车的品牌信息：向数据库添加新的电瓶车品牌信息。

☑　删除电瓶车的品牌信息：从数据库删除某一条电瓶车品牌信息。

1.3　前端技术准备

在实际开发中，Spring Boot 和 Vue.js 的结合被广泛应用于构建 Web 应用程序。Spring Boot 和 Vue.js 的结合不仅使得前、后端能够并行开发以缩短开发周期，而且使得前、后端能够分离设计以方便维护。此外，Spring Boot 和 Vue.js 都具有丰富的 API，便于程序开发人员解决在程序开发过程中遇到的问题。本节将先简单介绍本项目所使用的前端核心技术 Vue.js，下一节再介绍本项目所使用的后端核心技术 Spring Boot。

对于一个全栈项目而言，前端指的是 Web 应用程序中与用户进行交互的部分，它主要负责把由后端提供的数据和实现的功能呈现在用户的浏览器上。前端通常由 HTML、CSS 和 JavaScript 予以构建。Vue.js（简称为 Vue）是一个开源的、非常受欢迎的 JavaScript 框架，是一套用于构建用户界面的渐进式框架。与其他重量级框架不同的是，它只关注视图层，采用自底向上增量开发的设计。Vue.js 的核心目标之一，是通过尽可能简单的 API 实现响应的数据绑定和可组合的视图组件。它不仅容易上手，还非常容易与其他库或已有项目进行整合。Vue.js 实际上是一个用于开发 Web 前端界面的库，其本身具有响应式编程和组件化的特点。所谓响应式编程，即保持状态和视图的同步。响应式编程允许将相关模型的变化自动反映到视图上，反之亦然。和其他前端框架一样，Vue.js 同样采用"一切都是组件"的理念，即将一个网页分割成多个可复用的组件。下面将对本项目中用到的 Vue.js 中的重点知识进行必要介绍，以确保读者可以顺利完成本项目。

1.3.1　应用程序实例及选项

每个 Vue.js 的应用都需要创建一个应用程序的实例对象并挂载到指定 DOM 上。在 Vue.js 3.0 中，创建一个应用程序实例的语法格式如下：

```
Vue.createApp(App)
```

createApp()是一个全局 API，它接收一个根组件选项对象作为参数。选项对象中包括数据、方法、生命周期钩子函数等。创建应用程序实例后，可以调用实例的 mount()方法，将应用程序实例的根组件挂载到指定的 DOM 元素上。这样，该 DOM 元素中的所有数据变化都会被 Vue.js 所监控，从而实现数据的双向绑定。例如，要绑定的 DOM 元素的 id 属性值为 app，创建一个应用程序实例并绑定到该 DOM 元素的代

码如下:

```
Vue.createApp(App).mount('#app')
```

下面分别对组件选项对象中的几个常用选项进行介绍。

1. 数据

在组件选项对象中有一个 data 选项，该选项是一个函数，Vue.js 在创建组件实例时会调用该函数。data()函数可以返回一个数据对象，应用程序实例本身会代理数据对象中的所有数据。例如，创建一个根组件实例 vm，在实例的 data 选项中定义一个数据，代码如下:

```
<div id="app">
    <h2>{{text}}</h2>
</div>
<script src="https://unpkg.com/vue@next"></script>
<script type="text/javascript">
    //创建应用程序实例
    const vm = Vue.createApp({
        //返回数据对象
        data(){
            return {
                text: '千里之行，始于足下。'              //定义数据
            }
        }
    //装载应用程序实例的根组件
    }).mount('#app');
</script>
```

上述代码中，将创建的根组件实例赋值给变量 vm，在实际开发中并不要求一定要将根组件实例赋值给某个变量。

2. 方法

在创建的应用程序实例中，通过 methods 选项可以定义方法。应用程序实例本身也会代理 methods 选项中的所有方法，因此也可以像访问 data 数据那样来调用方法。例如，在根组件实例的 methods 选项中定义一个 showInfo()方法，代码如下:

```
<div id="app">
    <p>{{showInfo()}}</p>
</div>
<script src="https://unpkg.com/vue@next"></script>
<script type="text/javascript">
    //创建应用程序实例
    const vm = Vue.createApp({
        //返回数据对象
        data(){
            return {
                text : '静以修身，俭以养德。',
                author : ' —— 诸葛亮'
            }
        },
        methods : {
            showInfo : function(){
                return this.text + this.author;            //连接字符串
            }
        }
    //装载应用程序实例的根组件
    }).mount('#app');
</script>
```

3. 生命周期钩子

每个应用程序实例在创建时都有一系列的初始化步骤。例如，创建数据绑定、编译模板、将实例挂载到 DOM 并在数据变化时触发 DOM 更新、销毁实例等。在这个过程中会运行一些叫作生命周期钩子的函

数，通过这些钩子函数可以定义业务逻辑。应用程序实例中几个主要的生命周期钩子函数说明如下：

- ☑ beforeCreate：在实例初始化之后，数据观测和事件/监听器配置之前调用。
- ☑ created：在实例创建之后进行调用，此时尚未开始 DOM 编译。在需要初始化处理一些数据时会比较有用。
- ☑ beforeMount：在挂载开始之前进行调用，此时 DOM 还无法操作。
- ☑ mounted：在 DOM 文档渲染完毕之后进行调用。相当于 JavaScript 中的 window.onload()方法。
- ☑ beforeUpdate：在数据更新时进行调用，适合在更新之前访问现有的 DOM，例如手动移除已添加的事件监听器。
- ☑ updated：在数据更改导致的虚拟 DOM 被重新渲染时进行调用。
- ☑ beforeDestroy：在销毁实例前进行调用，此时实例仍然有效，可以解绑一些使用 addEventListener 监听的事件等。
- ☑ destroyed：在实例被销毁之后进行调用。

这里通过一个示例来了解 Vue.js 内部的运行机制，代码如下：

```html
<div id="app">
    <p>{{text}}</p>
</div>
<script src="https://unpkg.com/vue@next"></script>
<script type="text/javascript">
    //创建应用程序实例
    const vm = Vue.createApp({
        //返回数据对象
        data(){
            return {
                text : '山不在高，有仙则名。'
            }
        },
        beforeCreate : function(){
            console.log('beforeCreate');
        },
        created : function(){
            console.log('created');
        },
        beforeMount : function(){
            console.log('beforeMount');
        },
        mounted : function(){
            console.log('mounted');
        },
        beforeUpdate : function(){
            console.log('beforeUpdate');
        },
        updated : function(){
            console.log('updated');
        }
    //装载应用程序实例的根组件
    }).mount('#app');
    setTimeout(function(){
        vm.text = "水不在深，有龙则灵。";
    },2000);
</script>
```

在浏览器控制台中运行上述代码，页面渲染完成后，结果如图 1.2 所示。

经过两秒钟后调用 setTimeout()方法，修改 text 的内容，触发 beforeUpdate 和 updated 钩子函数，结果如图 1.3 所示。

```
beforeCreate
created
beforeMount
mounted
```

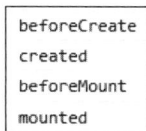

图 1.2　页面渲染后的效果

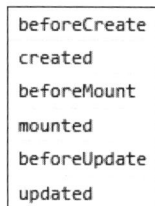

```
beforeCreate
created
beforeMount
mounted
beforeUpdate
updated
```

图 1.3　页面最终效果

1.3.2　常用指令

在 Vue.js 中，为了实现渲染视图的功能，指令是必不可少的。例如，在视图中经常需要通过条件判断控制 DOM 的显示状态，这时就需要使用 v-if、v-else、v-else-if 等指令。下面将对 Vue.js 中的常用指令进行介绍。

1. v-if 指令

v-if 指令可以根据表达式的值来判断是否输出 DOM 元素及其包含的子元素。如果表达式的值为 true，则输出 DOM 元素及其包含的子元素；否则，将 DOM 元素及其包含的子元素移除。

v-if 是一个指令，必须将它添加到一个元素上，根据表达式的结果判断是否输出该元素。如果需要对一组元素进行判断，需要使用<template>元素作为包装元素，并在该元素上使用 v-if，最后的渲染结果里不会包含<template>元素。

例如，根据表达式的结果判断是否输出一组单选按钮，代码如下：

```html
<div id="app">
    <template v-if="show">
        <input type="radio" value="手机">手机
        <input type="radio" value="电脑">电脑
        <input type="radio" value="家电">家电
        <input type="radio" value="家具">家具
    </template>
</div>
<script src="https://unpkg.com/vue@next"></script>
<script type="text/javascript">
    //创建应用程序实例
    const vm = Vue.createApp({
        //返回数据对象
        data(){
            return {
                show : true
            }
        }
    //装载应用程序实例的根组件
    }).mount('#app');
</script>
```

2. v-else 指令

v-else 指令的作用相当于 JavaScript 中的 else 语句，可以将该指令配合 v-if 指令一起使用。

例如，输出用户的年龄，并判断该年龄是否小于 18。如果是，则输出用户未成年；否则输出用户已成年。代码如下：

```html
<div id="app">
    <p>Tom 的年龄是{{age}}</p>
    <p v-if="age<18">Tom 未成年</p>
    <p v-else>Tom 已成年</p>
</div>
<script src="https://unpkg.com/vue@next"></script>
<script type="text/javascript">
    //创建应用程序实例
```

```
        const vm = Vue.createApp({
                //返回数据对象
                data(){
                        return {
                                age: 20
                        }
                }
        //装载应用程序实例的根组件
        }).mount('#app');
</script>
```

3. v-else-if 指令

v-else-if 指令的作用相当于 JavaScript 中的 else if 语句，使用该指令可以进行更多的条件判断，不同的条件对应不同的输出结果。

例如，输出数据对象中的属性 m 和 n 的值，并根据比较两个属性的值，输出比较的结果。代码如下：

```
<div id="app">
        <p>m 的值是{{m}}</p>
        <p>n 的值是{{n}}</p>
        <p v-if="m<n">m 小于 n</p>
        <p v-else-if="m===n">m 等于 n</p>
        <p v-else>m 大于 n</p>
</div>
<script src="https://unpkg.com/vue@next"></script>
<script type="text/javascript">
        //创建应用程序实例
        const vm = Vue.createApp({
                //返回数据对象
                data(){
                        return {
                                m: 16,
                                n: 16
                        }
                }
        //装载应用程序实例的根组件
        }).mount('#app');
</script>
```

4. v-show 指令

v-show 指令是根据表达式的值判断是否显示或隐藏 DOM 元素。当表达式的值为 true 时，元素将被显示；当表达式的值为 false 时，元素将被隐藏，此时为元素添加了一个内联样式 style="display:none"。与 v-if 指令不同，使用 v-show 指令的元素，无论表达式的值为 true 还是 false，该元素都始终会被渲染并保留在 DOM 中。绑定值的改变只是简单地切换元素的 CSS 属性 display。

📢**注意**

> v-show 指令不支持<template>元素，也不支持 v-else 指令。

5. v-for 指令

Vue.js 提供了列表渲染的功能，可将数组或对象中的数据循环渲染到 DOM 中。在 Vue.js 中，列表渲染使用的是 v-for 指令，其效果类似于 JavaScript 中的遍历操作。

v-for 指令将根据接收到的数组中的数据重复渲染相应的 DOM 元素。该指令需要使用 item in items 形式的语法。其中，items 为数据对象中的数组名称，item 为数组元素的别名，通过别名可以获取当前数组遍历的每个元素。

例如，可以使用 v-for 指令将<li>标签循环渲染，输出数组中存储的职位名称，代码如下：

```
<div id="app">
        <ul>
                <li v-for="item in items">{{item.position}}</li>
```

```
        </ul>
    </div>
    <script src="https://unpkg.com/vue@next"></script>
    <script type="text/javascript">
        const vm = Vue.createApp({
            data(){
                return {
                    items : [                          //定义职位数组
                        { position : '前端工程师'},
                        { position : '一二线运维'},
                        { position : '项目经理'}
                    ]
                }
            }
        }).mount('#app');
    </script>
```

在使用 v-for 指令遍历数组时，还可以指定一个参数作为当前数组元素的索引，语法格式为(item,index) in items。其中，items 为数组名称，item 为数组元素的别名，index 为数组元素的索引。

例如，可以使用 v-for 指令将<li>标签循环渲染，输出数组中存储的职位名称和相应的索引，代码如下：

```
<div id="app">
    <ul>
        <li v-for="(item,index) in items">{{index}} - {{item.position}}</li>
    </ul>
</div>
<script src="https://unpkg.com/vue@next"></script>
<script type="text/javascript">
    const vm = Vue.createApp({
        data(){
            return {
                items : [                          //定义职位数组
                    { position : '前端工程师'},
                    { position : '一二线运维'},
                    { position : '项目经理'}
                ]
            }
        }
    }).mount('#app');
</script>
```

1.4　后端技术准备

对于一个全栈项目而言，后端主要由服务器端和数据库组成，它负责处理由前端发送的请求，与数据库进行交互并执行相应的业务逻辑，把处理结果返回前端。Spring Boot 是当下非常流行的一个后端框架，它是在 Spring 的基础上发展而来的、全新的、开源的框架。开发 Spring Boot 的主要动机是简化部署 Web 项目的配置过程。那么，Spring Boot 是如何以更简单的、更灵活的方式开发 Web 项目的呢？Spring Boot 通过自动配置机制简化了 Web 开发流程，程序开发人员只需要通过依赖注入即可获取所需对象，无须手动管理工厂类。它采用约定优先于配置的原则，程序开发人员只需要在配置文件中定义必要的参数，其余配置均采用合理的默认值。即使不进行任何显式配置，项目也能基于内置的默认设置正常启动。Spring Boot 自带 Tomcat 服务器，在项目启动的过程中可以自动完成所有资源的部署操作。Spring Boot 项目启动的速度很快，即使包含庞大的依赖库，也能够在几秒钟内完成部署和启动。下面将对本项目用到的 Spring Boot 中的重点知识进行必要介绍，以确保读者可以顺利完成本项目。

1.4.1　pom.xml 文件

pom.xml 文件是 Maven 构建项目的核心配置文件，程序开发人员可以在此文件中为项目添加新的依赖，添加在<dependencies>标签内部，作为其子标签，格式如下：

```
<dependency>
    <groupId>所属团队</groupId>
    <artifactId>项目 ID</artifactId>
    <version>版本号</version>
    <scope>使用范围（可选）</scope>
</dependency>
```

注意

<dependency>是<dependencies>的子标签，dependencies 是 dependency 的复数形式。

例如，Spring Boot 项目自带的 Web 依赖和 JUnit 单元测试依赖，其在 pom.xml 文件中的代码如下：

```
<dependency>
    <groupId>org.springframework.boot</groupId>
    <artifactId>spring-boot-starter-web</artifactId>
</dependency>

<dependency>
    <groupId>org.springframework.boot</groupId>
    <artifactId>spring-boot-starter-test</artifactId>
    <scope>test</scope>
</dependency>
```

程序开发人员只需要仿照这种格式在<dependencies>标签内部添加其他依赖，而后保存 pom.xml 文件，Maven 就会自动下载依赖中的 JAR 文件并自动将其引入项目中。

1.4.2 配置文件的格式

程序开发人员在配置 Spring Boot 项目的过程中，会在配置文件中配置该项目所需的数据信息。这些数据信息被称作"配置信息"。那么，配置信息都包含哪些内容呢？在实际开发中，配置信息的内容非常丰富，这里仅举例予以说明。

- ☑ Tomcat 服务器。
- ☑ 数据库的连接信息，即用于连接数据库的用户名和密码。
- ☑ Spring Boot 项目的启动端口。
- ☑ 第三方系统或者接口的调用密钥信息。
- ☑ 打印用于发现和定位问题的日志。

Spring Boot 支持多种格式的配置文件，最常用的是 properties 格式（默认格式）和比较新颖的 yml 格式。下面将分别介绍这两种格式的特点。

1. properties 格式

properties 格式是经典的键值对文本格式。也就是说，如果某一个配置文件的格式是 properties 格式，那么这个配置文件的文本格式为键值对。键值对的语法非常简单，具体如下：

```
key=value
```

在上述格式中，"="左侧为键（key），"="右侧为值（value）。在配置文件中，每个键独占一行。如果多个键之间存在层级关系，就需要使用"父键.子键"的格式予以表示。例如，在配置文件中，为一个有三层关系的键赋值的语法如下：

```
key1.key2.key3=value
```

例如，启动 Spring Boot 项目的 Tomcat 端口号为 8080，那么在这个项目的 application.properties 文件中就能够找到如下内容：

```
server.port=8080
```

启动这个项目后，即可在控制台看到如下一行日志：

```
Tomcat started on port(s): 8080 (http) with context path "
```

这行日志表明 Tomcat 根据配置开启的是 8080 端口。

在 application.properties 文件中，"#" 被称作注释符号，用于向其中添加注释信息。例如：

```
# Tomcat 端口
server.port=8080
```

application.properties 文件不支持中文。如果程序开发人员在 application.properties 文件中编写中文，IntelliJ IDEA 会自动将其转化为 Unicode 码，将鼠标指针悬停在 Unicode 码处可以看到对应的中文。

2. yml 格式

yml 是 YAML 的缩写，它是一种可读性高、用于表达数据序列化的文本格式。对于 yml 格式的配置文件，其文本格式也是键值对。只不过，键值对的语法与 Python 语言中的键值对的语法非常相似，具体如下：

```
key: value
```

📢**注意**

英文格式的 ":" 与值之间必须有至少一个空格。

在上述格式中，英文格式的 ":" 左侧为键（key），英文格式的 ":" 右侧为值（value）。需要注意的是，英文格式的 ":" 与值之间只能用空格缩进，不能用 tab 缩进；空格数量表示各层的层级关系。例如，在配置文件中，为一个有三层关系的键赋值的语法如下：

```
key1:
  key2:
    key3: value
```

在 properties 格式的配置文件，即使父键相同，在为每一个父键的子键赋值时也要单独占一行，还要把父键写完整，例如：

```
com.mr.strudent.name=tom
com.mr.strudent.age=21
```

但是在 yml 格式的配置文件中，只需要编写一次父键，并保证两个子键缩进关系相同即可。例如，把上述 properties 格式的键值对修改为 yml 格式的键值对的语句如下：

```
com:
  mr:
    student:
      name: Tom
      age: 21
```

对于 Spring Boot 项目的配置文件，不论是采用 properties 格式，还是采用 yml 格式，都由程序开发人员自行决定。但是，在同一个 Spring Boot 项目中，应尽量只使用一种格式的配置文件。否则，这个 Spring Boot 项目中的 yml 格式的配置文件将被忽略。

1.4.3　注解

在给出注解的概念之前，须明确什么是元数据。所谓元数据，指的是用于描述数据的数据。下面结合某个配置文件里的一行信息，举例说明什么是元数据。

```
<string name="app_name">AnnotionProject</string>
```

上述信息中的数据 app_name 用于描述数据 AnnotionProject，数据 app_name 就是元数据。

那么，什么是注解呢？注解又被称作标注，是一种被加入源码的、具有特殊语法的元数据。需要特别说明的是：

☑ 注解仅是元数据，和业务逻辑无关。

☑ 虽然注解不属于程序本身，但是可以对程序作出解释。

☑ 应用程序中的类、方法、变量、参数、包等程序元素都可以被注解。

在理解了"什么是注解"后，再来了解一下在应用程序中注解的应用体现在哪些方面。

☑ 在编译时进行格式检查。例如，如果被@Override 标记的方法不是父类的某个方法，编译器就会报错。

☑ 减少配置。依据代码的依赖性，使用注解替代配置文件。

☑ 减少重复工作。在程序开发的过程中，通过注解减少对某个方法的调用次数。

Spring Boot 是一个支持海量注解的框架，其自带的常用注解如表 1.1 所示。

表 1.1 Spring Boot 的常用注解

注　　解	标注位置	功　　能
@Autowired	成员变量	自动注入依赖
@Bean	方法	用@Bean 标注方法等价于 XML 中配置的 bean，用于注册 Bean
@Component	类	用于注册组件。当不清楚注册类属于哪个模块时就用这个注解
@ComponentScan	类	开启组件扫描器
@Configuration	类	声明配置类
@ConfigurationProperties	类	用于加载额外的 properties 配置文件
@Controller	类	声明控制器类
@ControllerAdvice	类	可用于声明全局异常处理类和全局数据处理类
@EnableAutoConfiguration	类	开启项目的自动配置功能
@ExceptionHandler	方法	用于声明处理全局异常的方法
@Import	类	用于导入一个或者多个 @Configuration 注解标注的类
@ImportResource	类	用于加载 xml 配置文件
@PathVariable	方法参数	让方法参数从 URL 中的占位符中取值
@Qualifier	成员变量	与@Autowired 配合使用，当 Spring 容器中有多个类型相同的 Bean 时，可以用@Qualifier("name")来指定注入哪个名称的 Bean
@RequestMapping	方法	指定方法可以处理哪些 URL 请求
@RequestParam	方法参数	让方法参数从 URL 参数中取值
@Resource	成员变量	与@Autowired 功能类似，但有 name 和 type 两个参数，可根据 Spring 配置的 bean 的名称进行注入
@ResponseBody	方法	表示方法的返回结果直接写入 HTTP response body 中。如果返回值是字符串，则直接在网页上显示该字符串
@RestController	类	相当于@Controller 和@ResponseBody 的合集，表示这个控制器下的所有方法都被@ResponseBody 标注
@Service	服务的实现类	用于声明服务的实现类
@SpringBootApplication	主类	用于声明项目主类
@Value	成员变量	动态注入，支持"#{ }"与"${ }"表达式

这些注解的编码位置是非常灵活的。当注解用于标注类、成员变量和方法时，注解的编码位置可以在

成员变量的上边，例如：

```
@Autowired
private String name;
```

也可以在成员变量的左边，例如：

```
@Autowired private String name;
```

在 Spring Boot 常用注解中，需要特别说明的是，使用@RequestParam 能够标注方法中的参数。例如：

```
@RequestMapping("/user")
@ResponseBody
public String getUser(@RequestParam Integer id) {
    return "success";
}
```

1.4.4 启动类

使用注解能够启动一个 Spring Boot 项目，这是因为在每一个 Spring Boot 项目中都有一个启动类，并且启动类必须被@SpringBootApplication 注解标注，进而能够调用用于启动一个 Spring Boot 项目的 SpringApplication.run()方法。

在本项目中，com.mr 包下的 RunApplication 类就是启动类。代码如下：

```
package com.mr;

import org.springframework.boot.SpringApplication;
import org.springframework.boot.autoconfigure.SpringBootApplication;

@SpringBootApplication
public class RunApplication {                               //启动类
    public static void main(String[] args) {               //主方法
        SpringApplication.run(RunApplication.class, args);
    }
}
```

@SpringBootApplication 注解虽然重要，但使用起来非常简单，因为这个注解是由多个功能强大的注解整合而成的。打开@SpringBootApplication 注解的源码可以看到它被很多其他注解标注，其中最核心的 3个注解如下：

☑ @SpringBootConfiguration 注解，让项目采用基于 Java 注解的配置方式，而不是传统的 XML 文件配置。当然，如果程序开发人员编写了传统的 XML 配置文件，Spring Boot 也是能够读取这些 XML 文件并识别里面的内容的。

☑ @EnableAutoConfiguration 注解，开启自动配置。这样 Spring Boot 在启动的时候就可以自动加载所有配置文件和配置类了。

☑ @ComponentScan 注解，启用组件扫描器。这样项目才能自动发现并创建各个组件的 Bean，包括 Web 控制器（@Controller）、服务（@Service）、配置类（@Configuration）和其他组件（@Component）。

注意

一个项目可以有多个启动类，但这样的代码毫无意义。一个项目应该只使用一次@SpringBootApplication 注解。

1.4.5 处理 HTTP 请求

在开发 Spring Boot 项目的过程中，Spring Boot 的典型应用是处理 HTTP 请求。所谓处理 HTTP 请求，就是 Spring Boot 把用户通过 URL 地址发送的请求交给不同的业务代码进行处理的过程。

Spring Boot 提供了用于声明控制器类的@Controller 注解。也就是说，在 Spring Boot 项目中，把被@Controller 注解标注的类称作控制器类。控制器类在 Spring Boot 项目中发挥的作用是处理用户发送的 HTTP 请求。Spring Boot 会把不同的用户请求交给不同的控制器进行处理，而控制器则会把处理后得到的结果反馈给用户。

说明

控制器（Controller）定义了应用程序的行为，它负责对用户发送的请求进行解释，并把这些请求映射成相应的行为。

因为@Controller 注解本身被@Component 注解标注，所以控制器类属于组件。这说明在启动 Spring Boot 项目时，控制器类会被扫描器自动扫描。这样，程序开发人员就可以在控制器类中注入 Bean。例如，在控制器中注入 Environment 环境组件，代码如下：

```
@Controller
public class TestController {
    @Autowired
    Environment env;
}
```

Spring Boot 提供了用于映射 URL 地址的@RequestMapping 注解。@RequestMapping 注解可以标注类和方法。如果一个类或者方法被@RequestMapping 注解标注，那么这个类或者方法就能够处理用户通过@RequestMapping 注解映射的 URL 地址发送的请求。

注意

@Controller 注解要结合@RequestMapping 注解一起使用。

@RequestMapping 有几个常用属性，下面主要对 value 属性进行介绍。

value 属性是@RequestMapping 注解的默认属性，用于指定映射的 URL 地址。在单独使用 value 属性时，value 属性可以被隐式调用。调用 value 属性的语法如下：

```
@RequestMapping("test")
@RequestMapping("/test")
@RequestMapping(value= "/test")
@RequestMapping(value={"/test"})
```

上面这 4 种语法所映射的 URL 地址均为"域名/test"。其中，域名指的是当前 Spring Boot 项目所在的域。如果在 IntelliJ IDEA 中启动一个 Spring Boot 项目，那么域名就是 127.0.0.1:8080。

@RequestMapping 注解映射的 URL 地址可以是多层的。例如：

```
@RequestMapping("/shop/books/computer")
```

上述代码映射的完整的 URL 地址是 http://127.0.0.1:8080/shop/books/computer。需要特别注意的是，这个 URL 地址中的任何一层都是不可或缺的，否则将引发 404 错误。

@RequestMapping 注解允许一个方法同时映射多个 URL 地址。其语法如下：

```
@RequestMapping(value = { "/address1", "/address2", "/address3", ....... })
```

1.4.6　Service 层

Spring Boot 中的 Service 层是业务逻辑层，其作用是处理业务需求，封装业务方法，执行 DAO 层中用于访问、处理数据的操作。Service 层通常由一个接口和这个接口的实现类组成。其中，Service 层的接口可以在 Controller 层中被调用，用于实现数据的传递和处理；Service 层的实现类须使用@Service 注解予以标注。

在 Spring Boot 中，把被@Service 注解标注的类称作服务类。@Service 注解属于 Component 组件，可以被 Spring Boot 的组件扫描器扫描到。当启动 Spring Boot 项目时，服务类的对象会被自动地创建，并被注册成 Bean。

Service 层的实现过程如图 1.4 所示，具体实现过程如下：

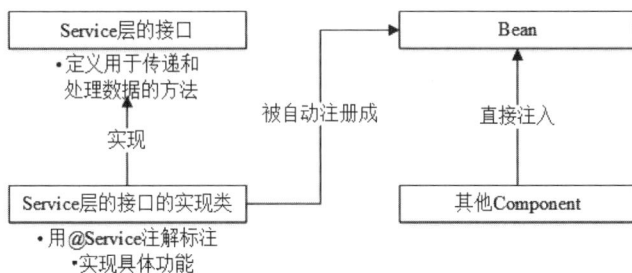

图 1.4　Service 层的实现过程

（1）定义一个 Service 层的接口，在这个接口中定义用于传递和处理数据的方法。例如，定义一个 Service 层的接口 ProductService，代码如下：

```
public interface ProductService {
    …                                //省略用于传递和处理数据的方法
}
```

（2）定义一个 Service 层的接口的实现类，使用@Service 注解予以标注。这个实现类的作用有两个：一个作用是实现 Service 层的接口中的业务方法；另一个作用是执行 DAO 层中用于访问、处理数据的操作。例如，使用@Service 注解标注实现 ProductService 接口的 ProductServiceImpl 类，代码如下：

```
@Service
public class ProductServiceImpl implements ProductService {
    …                    //省略用于实现接口的业务方法和用于执行访问处理数据的操作的代码
}
```

（3）在服务类的对象被自动地创建并被注册成 Bean 之后，其他 Component 组件即可直接注入这个 Bean。

1.5　数据库设计

数据库是一个用于存储数据的仓库。通过数据库管理系统，可以有效地存储、组织和管理数据。本项目使用的是 MySQL 数据库。MySQL 数据库是一个中小型、关系型数据库管理系统，由于其体积小、速度快、总体成本低，尤其是开放源码这一特点，许多大中小型网站都为了降低网站运营成本而选择 MySQL 作为后端数据库。此外，MySQL 可以称得上是目前运行速度最快的 SQL 语言数据库管理系统。SQL 语言，即结构化查询语言，它是世界上最流行的、标准化的数据库语言。在实际开发中，MySQL 不仅为多种编程语言提供了 API，而且支持多线程，同时还优化了 SQL 查询算法，极大地提高了性能、可扩展性、可用性，从而满足用户进行业务访问和业务处理的需求。本项目在 MySQL 数据库中创建一个名为 db_e-bike 的库，在这个库中创建与电瓶车品牌信息对应的表。

电瓶车品牌信息表的名称为 bike，主要用于存储电瓶车的品牌编号、品牌名称、品牌评分、好评率、品牌介绍等，其结构如表 1.2 所示。

表 1.2 bike 表结构

字段名称	数据类型	长度	是否主键	说明
id	INT		主键	电瓶车的品牌编号
brand_name	VARCHAR	20		电瓶车的品牌名称
brand_rating	VARCHAR	10		电瓶车的品牌评分
favorable_rate	VARCHAR	10		电瓶车的好评率
brand_intro	VARCHAR	255		电瓶车的品牌介绍

1.6 后端依赖配置和公共模块设计

在开发 Spring Boot 项目的过程中，程序开发人员不仅需要为当前项目手动添加依赖，而且需要为当前项目手动添加配置信息，还需要为当前项目设计公共模块。

依赖是指当前项目所需的外部库或者模块，通常以 jar 包的形式存在。一个项目中可以包含多个依赖，这些依赖通过 Maven 等工具进行管理。

配置信息是用于为当前项目设置各种参数的信息，它通常被存储在配置文件中，以便在启动当前项目时读取并应用这些参数。

公共模块是一组预先构建的代码模块。这些模块可以被共享和复用，因此它们有助于提高开发效率，减少重复工作，并且使得系统的维护和扩展变得更加容易。

下面将依次对本项目后端的依赖配置和公共模块进行介绍。

1.6.1 添加依赖和配置信息

1. 在 pom.xml 文件中添加依赖

因为本项目把 Maven 作为项目构建工具，而 pom.xml 文件是 Maven 构建项目的核心配置文件，所以需要在 pom.xml 文件中为本项目添加依赖，这些依赖会被添加到 pom.xml 文件中的<dependencies>标签内部。代码如下：

```xml
<?xml version="1.0" encoding="UTF-8"?>
<project xmlns="http://maven.apache.org/POM/4.0.0" xmlns:xsi="http://www.w3.org/2001/XMLSchema-instance"
         xsi:schemaLocation="http://maven.apache.org/POM/4.0.0 https://maven.apache.org/xsd/maven-4.0.0.xsd">
    <modelVersion>4.0.0</modelVersion>
    <parent>
        <groupId>org.springframework.boot</groupId>
        <artifactId>spring-boot-starter-parent</artifactId>
        <version>2.6.3</version>
    </parent>

    <groupId>com.gs</groupId>
    <artifactId>springboot_crud</artifactId>
    <version>0.0.1-SNAPSHOT</version>

    <properties>
        <java.version>1.8</java.version>
    </properties>

    <dependencies>

        <dependency>
            <groupId>com.baomidou</groupId>
            <artifactId>mybatis-plus-boot-starter</artifactId>
            <version>3.4.3</version>
```

```
        </dependency>

        <dependency>
            <groupId>com.alibaba</groupId>
            <artifactId>druid-spring-boot-starter</artifactId>
            <version>1.2.6</version>
        </dependency>

        <dependency>
            <groupId>org.springframework.boot</groupId>
            <artifactId>spring-boot-starter-web</artifactId>
        </dependency>

        <dependency>
            <groupId>mysql</groupId>
            <artifactId>mysql-connector-java</artifactId>
        </dependency>

        <dependency>
            <groupId>org.springframework.boot</groupId>
            <artifactId>spring-boot-starter-test</artifactId>
            <scope>test</scope>
        </dependency>

        <!--lombok-->
        <dependency>
            <groupId>org.projectlombok</groupId>
            <artifactId>lombok</artifactId>
        </dependency>
    </dependencies>

    <build>
        <plugins>
            <plugin>
                <groupId>org.springframework.boot</groupId>
                <artifactId>spring-boot-maven-plugin</artifactId>
            </plugin>
        </plugins>
    </build>
</project>
```

2. 在 application.yml 文件中添加配置信息

本项目采用的是 yml 格式的配置文件，并在 application.yml 文件中添加如下配置信息：

```
server:
  port: 8080
spring:
  datasource:
    druid:
      driver-class-name: com.mysql.cj.jdbc.Driver
      url: jdbc:mysql://localhost:3306/db_e-bike?useUnicode=true&characterEncoding=UTF-8&serverTimezone=GMT%2b8
      username: root
      password: root

mybatis-plus:
  global-config:
    db-config:
      id-type: auto
  configuration:
    log-impl: org.apache.ibatis.logging.stdout.StdOutImpl
```

1.6.2　工具类设计

将一些反复调用的代码封装成工具类，不仅可以提高开发效率，还可以提高代码的可读性。本项目具有两个工具类，分别是全局异常处理类和通用返回类。下面将分别介绍这两个类。

1. 全局异常处理类

当一个 Spring Boot 项目没有对用户触发的异常进行拦截时，用户触发的异常就会触发最底层异常。在实际开发中，程序开发人员必须对最底层异常进行拦截。

拦截全局最底层异常的方式非常简单，只需在全局异常处理类中单独写一个"兜底"的、用于处理异常的方法，并使用@ExceptionHandler(Exception.class)注解予以标注。

本项目的全局异常处理类是 com.mr.controller.util 工具包下的 ProjectExceptionAdvice 类，该类的代码如下：

```
package com.mr.controller.util;

import org.springframework.web.bind.annotation.ExceptionHandler;

public class ProjectExceptionAdvice {
    //拦截所有的异常信息
    @ExceptionHandler
    public R doException(Exception ex){
        ex.printStackTrace();
        return new R("服务器故障，请稍后再试！");
    }
}
```

2. 通用返回类

在实际开发过程中，需要编写很多个控制器。虽然在这些控制器中的方法各不相同，但是这些控制器的作用都是先让后端处理由前端发送的请求，再把由后端返回的结果传递给前端。程序开发人员习惯把由后端返回的所有结果都统一封装成一个类，并把这个类称作"通用返回类"，同时定义这个类为 R 类，这样由后端传递给前端的结果的类型就都是 R 类型了。也就是说，在控制器中，R 类不仅接收了由后端处理的结果，而且被传递给前端，进而统一了返回的类型。

在本项目的 R 类中，包含了 3 个私有的属性，它们分别是表示 Boolean 型对象的 bool、表示实体类对象的 obj 和表示字符串信息的 str。为了方便外部类访问这 3 个私有的属性，需要为它们添加 Getter/Setter 方法。

此外，在 R 类中还包含了 1 个无参构造方法和 4 个有参构造方法，这 4 个有参构造方法分别为只含有 Boolean 型对象的 bool 的构造方法、含有 Boolean 型对象的 bool 和实体类对象的 obj 的构造方法、含有 Boolean 型对象的 bool 和字符串信息的 str 的构造方法、只含有字符串信息的 str 的构造方法。com.mr.controller.util 工具包下的 R 类的代码如下：

```
package com.mr.controller.util;

public class R {                                    //通用返回值类
    private Boolean bool;                           //Boolean 型对象
    private Object obj;                             //实体类对象
    private String str;                             //字符串信息

    //为通用返回值类添加无参构造方法和有参构造方法
    public R() {
    }

    public R(Boolean flag) {
        this.bool = flag;
    }

    public R(Boolean flag, Object data) {
        this.bool = flag;
        this.obj = data;
    }

    public R(Boolean flag, String msg) {
        this.bool = flag;
        this.str = msg;
    }
```

```
    public R(String msg) {
        this.str = msg;
    }

    //分别为上述的 3 个属性添加 Getter/Setter 方法
    public Boolean getFlag() {
        return bool;
    }

    public void setFlag(Boolean flag) {
        this.bool = flag;
    }

    public Object getData() {
        return obj;
    }

    public void setData(Object data) {
        this.obj = data;
    }

    public String getMsg() {
        return str;
    }

    public void setMsg(String msg) {
        this.str = msg;
    }
}
```

1.6.3 实体类设计

实体类又称数据模型类。顾名思义，实体类是一种专门用于保存数据模型的类。每一个实体类都对应着一种数据模型，通常会将类的属性与数据表的字段相对应。虽然实体类的属性都是私有的，但是通过每一个属性的 Getter/Setter 方法，外部类就能够获取或修改实体类的某一个属性值。实体类通常都会提供无参构造方法，并根据具体情况确定是否提供有参构造方法。

本项目只有一个实体类，这个实体类对应的是 com.mr.pojo 包下的 Bike.java 文件，表示电瓶车类。电瓶车类中的品牌编号、品牌名称、品牌评分、好评率、品牌介绍这 5 个属性，与 db_e-bike 库的 bike 表中的 5 个字段相对应。为了方便外部类访问这 5 个私有的属性，需要为它们添加 Getter/Setter 方法。com.mr.pojo 包下的 Bike 类代码如下：

```
package com.mr.pojo;

public class Bike {
    private Integer id;                        //编号
    private String brandName;                  //品牌名称
    private String brandRating;                //品牌评分
    private String favorableRate;              //好评率
    private String brandIntro;                 //品牌介绍
    //分别为上述的 5 个属性添加 Getter/Setter 方法
    public Integer getId() {
        return id;
    }

    public void setId(Integer id) {
        this.id = id;
    }

    public String getBrandName() {
        return brandName;
    }
}
```

```
    public void setBrandName(String brandName) {
        this.brandName = brandName;
    }

    public String getBrandRating() {
        return brandRating;
    }

    public void setBrandRating(String brandRating) {
        this.brandRating = brandRating;
    }

    public String getFavorableRate() {
        return favorableRate;
    }

    public void setFavorableRate(String favorableRate) {
        this.favorableRate = favorableRate;
    }

    public String getBrandIntro() {
        return brandIntro;
    }

    public void setBrandIntro(String brandIntro) {
        this.brandIntro = brandIntro;
    }
}
```

1.6.4　DAO 层设计

本项目的 DAO 层使用了 MyBatisPlus。MyBatisPlus 简称 MP，是一个 MyBatis 的增强工具。MyBatisPlus 在 MyBatis 的基础上只做增强不做改变，专为简化开发、提高开发效率而生。

何以体现 MyBatisPlus 能够简化开发、提高开发效率呢？当使用 MyBatis 时，在编写 Mapper 接口后，不仅需要手动编写对数据执行增、删、改、查等操作的方法，还需要手动编写与每个方法对应的 SQL 语句。例如，使用 MyBatis 读取 t_people 表中的数据，并把读取的数据封装在实体对象中。为此，创建 PeopleMapper 接口作为映射器，在映射器中实现以下 3 个业务：

☑　向 t_people 表添加一个新人员，该人员的数据如下：小丽，女性，20 岁；

☑　将小丽的年龄修改为 19 岁；

☑　删除小丽的所有数据。

PeopleMapper 接口的代码如下：

```
import org.apache.ibatis.annotations.Delete;
import org.apache.ibatis.annotations.Insert;
import org.apache.ibatis.annotations.Update;
public interface PeopleMapper {
    @Insert("insert into t_people(name,gender,age) values('小丽','女',20)")
    boolean addXiaoLi();

    @Update("update t_people set age = 19 where name = '小丽'")
    boolean updateXiaoLi();

    @Delete("delete from t_people where name = '小丽'")
    boolean delXiaoLi();
}
```

当使用 MyBatisPlus 时，只需要创建 Mapper 接口并继承 BaseMapper 接口，此时当前的 Mapper 接口就会获得由 BaseMapper 接口提供的对数据执行增、删、改、查等操作的方法。也就是说，在创建 Mapper 接口后，既不需要手动编写对数据执行增、删、改、查等操作的方法，也不需要手动编写与每个方法对应的 SQL 语句，从而实现简化开发、提高开发效率的目的。在使用 MyBatisPlus 的情况下，可以将上述代码修改如下：

```
import com.baomidou.mybatisplus.core.mapper.BaseMapper;
import com.mr.po.People;

@Mapper
@Repository
public interface PeopleMapper extends BaseMapper<People> {

}
```

简而言之，当使用 MyBatisPlus 时，创建的 Mapper 接口是一个空接口。

本项目的 BikeDao 接口就是 DAO 层。因为 BikeDao 接口继承了 BaseMapper 接口，所以 BikeDao 接口是一个空接口。BikeDao 接口的代码如下：

```
package com.mr.dao;

import com.baomidou.mybatisplus.core.mapper.BaseMapper;
import com.mr.pojo.Bike;
import org.apache.ibatis.annotations.Mapper;
import org.springframework.stereotype.Repository;

@Mapper
@Repository
public interface BikeDao extends BaseMapper<Bike> {                        // Dao 层

}
```

为了让读者能够更深入地理解 BaseMapper 接口，这里给出 BaseMapper 接口的相关代码：

```
package com.baomidou.mybatisplus.core.mapper;

import com.baomidou.mybatisplus.core.conditions.Wrapper;
import com.baomidou.mybatisplus.core.metadata.IPage;
import java.io.Serializable;
import java.util.Collection;
import java.util.List;
import java.util.Map;
import org.apache.ibatis.annotations.Param;

public interface BaseMapper<T> extends Mapper<T> {
    int insert(T entity);
    int deleteById(Serializable id);
    int deleteByMap(@Param("cm") Map<String, Object> columnMap);
    int delete(@Param("ew") Wrapper<T> queryWrapper);
    int deleteBatchIds(@Param("coll") Collection<? extends Serializable> idList);
    int updateById(@Param("et") T entity);
    int update(@Param("et") T entity, @Param("ew") Wrapper<T> updateWrapper);
    T selectById(Serializable id);
    List<T> selectBatchIds(@Param("coll") Collection<? extends Serializable> idList);
    List<T> selectByMap(@Param("cm") Map<String, Object> columnMap);
    T selectOne(@Param("ew") Wrapper<T> queryWrapper);
    Integer selectCount(@Param("ew") Wrapper<T> queryWrapper);
    List<T> selectList(@Param("ew") Wrapper<T> queryWrapper);
    List<Map<String, Object>> selectMaps(@Param("ew") Wrapper<T> queryWrapper);
    List<Object> selectObjs(@Param("ew") Wrapper<T> queryWrapper);
    <E extends IPage<T>> E selectPage(E page, @Param("ew") Wrapper<T> queryWrapper);
    <E extends IPage<Map<String, Object>>> E selectMapsPage(E page, @Param("ew") Wrapper<T> queryWrapper);
}
```

1.7　分页插件模块设计

在主页面上，本项目通过分页插件显示数据总数、分页数、与某个页面对应的数据和分页导航等信息。程序分页显示 10 条数据，共分两页，每一页最多显示 7 条数据，用户通过分页导航可以随意切换并访问这两个分页的数据，如图 1.5 所示。下面将介绍分页插件模块的实现过程。

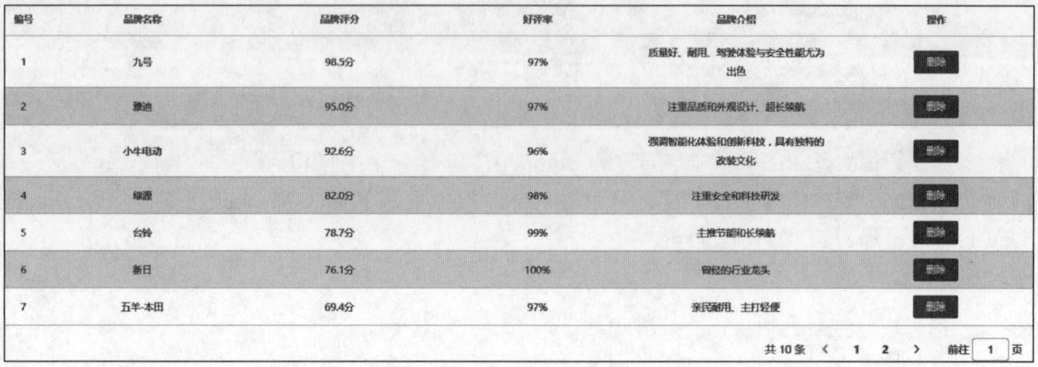

编号	品牌名称	品牌评分	好评率	品牌介绍	操作
1	九号	98.5分	97%	质量好、耐用，驾驶体验与安全性能尤为出色	删除
2	雅迪	95.0分	97%	注重品质和外观设计、超长续航	删除
3	小牛电动	92.6分	96%	强调智能化体验和创新科技，具有独特的改装文化	删除
4	绿源	82.0分	98%	注重安全和科技研发	删除
5	台铃	78.7分	99%	主推节能和长续航	删除
6	新日	76.1分	100%	智能的行业龙头	删除
7	五羊-本田	69.4分	97%	亲民耐用、主打轻便	删除

共 10 条 ‹ 1 2 › 前往 1 页

图 1.5　分页插件的效果图

1.7.1　前端设计

本项目中的 bikes.html 即为主页面。在初始化主页面时，主页面还没有来得及从数据库中获取数据，此时数据总数为 0，并且电瓶车的品牌名称、品牌评分、好评率和品牌介绍的值均为空的字符串。因此，在 bikes.html 中初始化分页插件相关数据的代码如下：

```
<script src="../js/vue.js"></script>
<script>
    var vue = new Vue({
        el: '#app',
        data: {
            dataList: [],                                              //当前页面要展示的列表数据
            dialogFormVisible: false,                                  //添加表单是否可见
            dialogFormVisible4Edit: false,                             //编辑表单是否可见
            formData: {},                                              //表单数据
            rules: {                                                   //校验规则
                brandName: [{required: true, message: '品牌名称为必填项', trigger: 'blur'}],
                brandRating: [{required: true, message: '品牌评分为必填项', trigger: 'blur'}],
                favorableRate: [{required: true, message: '好评率为必填项', trigger: 'blur'}],
                textarea: [{required: true, message: '品牌介绍为必填项', trigger: 'blur'}]
            },
            pagination: {                                              //分页插件的相关数据
                currentPage: 1,                                        //当前页码
                pageSize: 7,                                           //每页显示的记录数
                total: 0,                                              //总记录数
                brandName: "",
                brandRating: "",
                favorableRate: "",
                brandIntro: ""
            }
        },

        //钩子函数，Vue 对象初始化完成后自动执行
        created() {
            //调用查询全部数据
            this.getAll();
        },
        //省略 methods 选项的代码
    })
</script>
```

1.7.2　后端设计

com.mr.config 包下的 PageConfig 类为分页插件配置类，这个类可以为本项目配置分页插件，进而分页

显示与每个页面对应的数据。下面将介绍分页插件的出处及其配置过程。

在介绍分页插件的出处之前，首先了解一下 MyBatis 插件机制。所谓 MyBatis 插件机制，指的是 MyBatis 插件会拦截 Executor、StatementHandler、ParameterHandler 和 ResultSetHandler 这 4 个接口的方法，为了执行自定义的拦截逻辑，需要先利用 JDK 动态代理机制为这些接口的实现类创建代理对象，再执行代理对象的方法。

- ☑ Executor：MyBatis 的内部执行器，它负责调用 StatementHandler 操作数据库，并把结果集通过 ResultSetHandler 予以自动映射。
- ☑ StatementHandler：MyBatis 直接让数据库执行 SQL 脚本的对象。
- ☑ ParameterHandler：MyBatis 为了实现 SQL 带入参数而设置的对象。
- ☑ ResultSetHandler：MyBatis 把 ResultSet 集合映射成 POJO 的接口对象。

MyBatisPlus 依据 MyBatis 插件机制，为程序开发人员提供了 PaginationInnerInterceptor、BlockAttackInnerInterceptor、OptimisticLockerInnerInterceptor 等常用的插件，以便在实际开发中使用。不难发现，这些插件都实现了 InnerInterceptor 接口。

- ☑ PaginationInnerInterceptor：用于实现自动分页的插件。
- ☑ BlockAttackInnerInterceptor：用于防止全表更新与删除的插件
- ☑ OptimisticLockerInnerInterceptor：用于实现乐观锁的插件。

在明确分页插件的出处后，下面将介绍分页插件的配置过程。因为 PageConfig 类是分页插件配置类，所以须使用@Configuration 注解标注 PageConfig 类。在 PageConfig 类中，有一个用于返回 MybatisPlus 插件对象的 mybatisPlusInterceptor()方法。在这个方法中，首先创建一个 MybatisPlus 插件对象，然后让这个 MybatisPlus 插件对象实现自动分页的功能。com.mr.config 包下的 PageConfig 类的代码如下：

```
package com.mr.config;

import com.baomidou.mybatisplus.extension.plugins.MybatisPlusInterceptor;
import com.baomidou.mybatisplus.extension.plugins.inner.PaginationInnerInterceptor;
import org.springframework.context.annotation.Bean;
import org.springframework.context.annotation.Configuration;

@Configuration
public class PageConfig {                                          //分页插件配置类
    @Bean
    public MybatisPlusInterceptor mybatisPlusInterceptor() {
        MybatisPlusInterceptor interceptor = new MybatisPlusInterceptor();  //MybatisPlus 插件对象
        interceptor.addInnerInterceptor(new PaginationInnerInterceptor());   //配置分页插件
        return interceptor;
    }
}
```

1.8　查询电瓶车品牌信息模块设计

在 db_e-bike 库的 bike 表中一共有 10 条电瓶车的品牌信息，这些信息将被分页显示在主页面上。其中，主页面上的第 1 个分页显示了 7 条数据，如图 1.6 所示；主页面上的第 2 个分页显示了 3 条数据，如图 1.7 所示。下面将介绍查询电瓶车品牌信息模块的实现过程。

1.8.1　前端设计

如图 1.6 和图 1.7 所示，电瓶车的品牌信息都显示在了一个表格模型中，这个表格模型的表头分别为编号、品牌名称、品牌评分、好评率、品牌介绍和操作。在分页插件的作用下，这些信息会被分页显示在主页面上。在第 1.7.1 节中，分页插件的相关数据（如当前页码、每页显示的记录数、总记录数等）虽然

编号	品牌名称	品牌评分	好评率	品牌介绍	操作
1	九号	98.5分	97%	质量好、耐用、驾驶体验与安全性能尤为出色	删除
2	雅迪	95.0分	97%	注重品质和外观设计、超长续航	删除
3	小牛电动	92.6分	96%	强调智能化体验和创新科技，具有独特的改装文化	删除
4	绿源	82.0分	98%	注重安全和科技研发	删除
5	台铃	78.7分	99%	主推节能和长续航	删除
6	新日	76.1分	100%	曾经的行业龙头	删除
7	五羊-本田	69.4分	97%	亲民耐用、主打轻便	删除

图 1.6　主页面第 1 个分页的效果图

编号	品牌名称	品牌评分	好评率	品牌介绍	操作
1	小刀	65.6分	92%	爬坡很猛	删除
2	爱玛	63.1分	99%	智能化和舒适性方面表现突出	删除
3	凤凰	51.7分	91.2%	品质过硬、价格亲民	删除

图 1.7　主页面第 2 个分页的效果图

已经被初始化，但是需要以电瓶车的品牌信息为依据予以重置。代码如下：

```
<el-table size="small" current-row-key="id" :data="dataList" stripe highlight-current-row>
    <el-table-column type="index" align="center" label="编号"></el-table-column>
    <el-table-column prop="brandName" label="品牌名称" align="center"></el-table-column>
    <el-table-column prop="brandRating" label="品牌评分" align="center"></el-table-column>
    <el-table-column prop="favorableRate" label="好评率" align="center"></el-table-column>
    <el-table-column prop="brandIntro" label="品牌介绍" align="center"></el-table-column>
    <el-table-column label="操作" align="center">
        <template slot-scope="scope">
            <el-button type="danger" size="mini" @click="handleDelete(scope.row)">删除</el-button>
        </template>
    </el-table-column>
</el-table>

<!--分页插件-->
<div class="pagination-container">
    <el-pagination
            class="pagiantion"
            @current-change="handleCurrentChange"
            :current-page="pagination.currentPage"
            :page-size="pagination.pageSize"
            layout="total, prev, pager, next, jumper"
            :total="pagination.total">
    </el-pagination>
</div>
```

Vue.js 在创建组件实例时会调用 getAll()方法和 handleCurrentChange()方法。getAll()方法用于分页查询，通过对 db_e-bike 库的 bike 表执行查询操作，获取其中所有的电瓶车品牌信息（10 条），并以此为依据确定分页插件的"当前页码""每页显示的记录数"和"总记录数"，即"当前页码"为 1、"每页显示的记录数"为 7、"总记录数"为 10。因此，10 条电瓶车品牌信息将被分页插件分为 2 页，第 1 个分页有 7 条数据，第 2 个分页有 3 条数据。handleCurrentChange()方法用于切换页面，既可以从第 1 个分页切换至第 2 个分页，也可以从第 2 个分页切换至第 1 个分页。代码如下：

```
<script>
    var vue = new Vue({
        //省略初始化分页插件的代码（详见第 1.7.1 节）
```

```
methods: {
    //分页查询
    getAll() {
        param = "?"
        param += "brandName="+this.pagination.brandName;
        param += "&brandRating="+this.pagination.brandRating;
        param += "&favorableRate="+this.pagination.favorableRate;
        param += "&brandIntro="+this.pagination.brandIntro;
        //发送异步请求
        axios.get("/bikes/"+this.pagination.currentPage+"/"+this.pagination.pageSize+param).then((res) => {
            this.pagination.pagesize = res.data.data.size;
            this.pagination.currentPage = res.data.data.current;
            this.pagination.total = res.data.data.total;
            this.dataList = res.data.data.records;
        });
    },
    //切换页码
    handleCurrentChange(currentPage) {
        //修改页面值为当前选中页码值
        this.pagination.currentPage = currentPage;
        //执行查询
        this.getAll();
    },
    //省略其他方法代码
    }
})
</script>
```

1.8.2 后端设计

查询模块的后端设计主要包括查询模块的控制器类设计和服务类设计。下面将分别介绍如何设计查询模块的控制器类和服务类。

1. 控制器类设计

本项目的 BikeController 类为控制器类，被@RestController 注解标注。在 BikeController 类中，定义了两个方法，它们分别是 getAll()方法和 getPage()方法。其中，getAll()方法用于查询所有的电瓶车品牌信息；getPage()方法用于获取显示数据的某个分页。getAll()方法和 getPage()方法的代码分别如下：

```
@GetMapping
public R getAll() {
    return new R(true, bikeService.list());                    //查询所有电瓶车的品牌信息
}

@GetMapping("{currentPage}/{pageSize}")
public R getPage(@PathVariable int currentPage, @PathVariable int pageSize, Bike bike) {
    IPage<Bike> page = bikeService.getPage(currentPage, pageSize, bike);    //获取显示数据的某个分页
    //如果当前页码值大于总页码值，那么重新执行操作，使最大页码值为当前页码
    if (currentPage > page.getPages()) {
        page = bikeService.getPage((int) page.getPages(), pageSize, bike);
    }
    return new R(true, page);
}
```

@GetMapping 用于处理 get 请求，通常在查询数据时使用，@GetMapping 的语法如下：

```
@GetMapping("path")
```

@GetMapping 等价于处理 get 请求的@RequestMapping，@RequestMapping 的语法如下：

```
@RequestMapping(value = "path" , method = RequestMethod.GET)
```

2. 服务类设计

本项目的 BikeService 接口为服务接口。在 BikeService 接口中，定义了一个用于获取显示数据的某个分页的 getPage()方法。在 getPage()方法中，有 3 个参数，它们分别为 int 类型的表示"当前页码"的

currentPage、int 类型的表示"每页显示的记录数"的 pageSize、Bike 类型的表示"电瓶车对象（内含电瓶车品牌信息）"的 bike。此外，该方法具有返回值，返回值是显示"电瓶车对象（内含电瓶车品牌信息）"的某个分页。getPage()方法的代码如下：

```
IPage<Bike> getPage(int currentPage, int pageSize, Bike bike);        //获取用于显示数据的某个分页
```

本项目的 BikeServiceImpl 类是 BikeService 接口的实现类，被@Service 注解标注，即服务类。在 BikeServiceImpl 类中，重写了 BikeService 接口中的 getPage()方法。该方法的主要作用是调用 DAO 层（数据访问对象）执行数据库操作。重写后的 getPage()方法的代码如下：

```
@Override
public IPage<Bike> getPage(int currentPage, int pageSize, Bike bike) {        //获取用于显示数据的某个分页
    LambdaQueryWrapper<Bike> lqw = new LambdaQueryWrapper<Bike>();
    lqw.like(Strings.isNotEmpty(bike.getBrandName()), Bike::getBrandName, bike.getBrandName());
    lqw.like(Strings.isNotEmpty(bike.getBrandRating()), Bike::getBrandRating, bike.getBrandRating());
    lqw.like(Strings.isNotEmpty(bike.getFavorableRate()), Bike::getFavorableRate, bike.getFavorableRate());
    lqw.like(Strings.isNotEmpty(bike.getBrandIntro()), Bike::getBrandIntro, bike.getBrandIntro());
    IPage page = new Page(currentPage,pageSize);
    bikeDao.selectPage(page,lqw);
    return page;
}
```

在上述代码中，LambdaQueryWrapper 是 MyBatisPlus 中的一个功能类，用于构建 lambda 表达式风格的查询条件，它提供了类型安全的条件构造器，可以减少编写字段名称的错误。

1.9　新增电瓶车品牌信息模块设计

如图 1.8 所示，在主页面的头部有一个"新增电瓶车品牌信息"按钮。用户单击这个按钮，程序将弹出"新增电瓶车品牌信息"窗口，如图 1.9 所示。在这个窗口中，用户依次输入电瓶车的品牌名称、品牌评分、好评率和品牌介绍等信息，单击"确定"按钮，完成新增电瓶车品牌信息的操作。下面将介绍新增电瓶车品牌信息模块的实现过程。

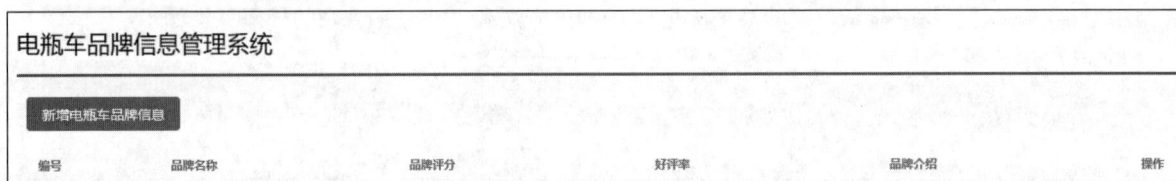

图 1.8　主页面头部的效果图

图 1.9　"新增电瓶车品牌信息"窗口的效果图

1.9.1　前端设计

bikes.html 是本项目的主页面，因此在 bikes.html 的头部添加"新增电瓶车品牌信息"按钮，代码如下：

```html
<div class="filter-container">
    <el-button type="primary" class="butT" @click="handleCreate()">新增电瓶车品牌信息</el-button>
</div>
```

用户单击"新增电瓶车品牌信息"按钮，程序将弹出"新增电瓶车品牌信息"窗口。在这个窗口中，包含 4 个标签、3 个文本框、1 个文本域、1 个"取消"按钮和 1 个"确定"按钮。代码如下：

```html
<div class="add-form">
    <el-dialog title="新增电瓶车品牌信息" :visible.sync="dialogFormVisible">
        <el-form ref="dataAddForm" :model="formData" :rules="rules" label-position="right"
                label-width="100px">
            <el-row>
                <el-col :span="12">
                    <el-form-item label="品牌名称" prop="brandName">
                        <el-input v-model="formData.brandName"/>
                    </el-form-item>
                </el-col>
            </el-row>

            <el-row>
                <el-col :span="12">
                    <el-form-item label="品牌评分" prop="brandRating">
                        <el-input v-model="formData.brandRating"/>
                    </el-form-item>
                </el-col>
                <el-col :span="12">
                    <el-form-item label="好评率" prop="favorableRate">
                        <el-input v-model="formData.favorableRate"/>
                    </el-form-item>
                </el-col>
            </el-row>

            <el-row>
                <el-col :span="24">
                    <el-form-item label="品牌介绍">
                        <el-input v-model="formData.brandIntro" type="textarea"></el-input>
                    </el-form-item>
                </el-col>
            </el-row>
        </el-form>

        <div slot="footer" class="dialog-footer">
            <el-button @click="cancel()">取消</el-button>
            <el-button type="primary" @click="handleAdd()">确定</el-button>
        </div>
    </el-dialog>
</div>
```

Vue.js 在创建组件实例时会分别调用 handleCreate()方法、resetForm()方法、handleAdd()方法和 cancel() 方法。其中，handleCreate()方法用于显示"新增电瓶车品牌信息"窗口；resetForm()方法用于重置表格模型中的数据；handleAdd()方法的作用是，用户在"新增电瓶车品牌信息"窗口中依次输入电瓶车的品牌名称、品牌评分、好评率和品牌介绍等信息，单击"确定"按钮，如果操作成功，那么表格模型中的数据将被重置，进而新增的电瓶车品牌信息会显示在第 2 个分页上；cancel()方法的作用是，如果用户单击窗口中的"取消"按钮，那么窗口将被关闭，并弹出"当前操作取消"的信息。代码如下：

```html
<script>
    var vue = new Vue({
        //省略初始化分页插件的代码（详见第 1.7.1 节）
        methods: {
            //省略第 1.8.1 节中的代码
```

```
//弹出添加窗口
handleCreate() {
    this.dialogFormVisible = true;
    this.resetForm();
},
//重置表单
resetForm() {
    this.formData = {};
},
//添加
handleAdd() {
    axios.post("/bikes", this.formData).then((res) => {
        //判断添加是否成功
        if (res.data.flag) {
            //关闭弹窗
            this.dialogFormVisible = false;
            this.$message.success(res.data.msg);
        } else {
            this.$message.error(res.data.msg);
        }
    }).finally(() => {
        //重新加载数据
        this.getAll();
    });
},
//取消
cancel() {
    this.dialogFormVisible = false;
    this.dialogFormVisible4Edit = false;
    this.$message.info("当前操作取消");
},
//省略其他方法的代码
    }
})
</script>
```

1.9.2 后端设计

新增模块的后端设计主要包括新增模块的控制器类设计和服务类设计。下面将分别介绍如何设计新增模块的控制器类和服务类。

1. 控制器类设计

在 BikeController 类（控制器类）中，定义了一个 insert()方法，该方法用于判断是否成功地执行了新增电瓶车品牌信息的操作。如果操作成功，就返回"添加成功"信息；否则，就返回"添加失败"信息。insert()方法的代码如下：

```
@PostMapping
public R insert(@RequestBody Bike bike) {
    boolean flag = bikeService.insertBike(bike);        //是否成功执行新增电瓶车品牌信息的操作
    return new R(flag, flag ? "添加成功" : "添加失败");
}
```

@PostMapping 用于处理 post 请求，通常在新增数据时使用，@PostMapping 的语法如下：

```
@PostMapping("path")
```

@PostMapping 等价于处理 post 请求的@RequestMapping，@RequestMapping 的语法如下：

```
@RequestMapping(value = "path", method = RequestMethod.POST)
```

2. 服务类设计

在 BikeService 接口（服务接口）中，定义了一个 insertBike()方法，该方法用于判断是否成功地执行了新增电瓶车品牌信息的操作。在 insertBike()方法中，有 1 个参数，即 Bike 类型的表示"电瓶车对象（内含电瓶车品牌信息）"的 bike。此外，该方法具有返回值，返回值是一个布尔值。insertBike()方法的代码如下：

```
boolean insertBike(Bike bike);                          //是否执行新增电瓶车品牌信息的操作
```

在 BikeServiceImpl 类（服务类）中，重写了 BikeService 接口中的 insertBike()方法。该方法的主要作用是调用 DAO 层（数据访问对象）执行数据库操作。重写后的 insertBike()方法的代码如下：

```
@Override
public boolean insertBike(Bike bike) {                  //是否成功执行新增电瓶车品牌信息的操作
    return bikeDao.insert(bike)>0;
}
```

1.10　删除电瓶车品牌信息模块设计

如图 1.6 和图 1.7 所示，在主页面上显示的每一条数据的后面，都有一个"删除"按钮，用户先单击某一个"删除"按钮，再单击删除提示窗口中的"确定"按钮（如图1.10 所示），程序将删除与这个"删除"按钮对应的电瓶车品牌信息，以完成删除电瓶车品牌信息的操作。下面将介绍删除电瓶车品牌信息模块的实现过程。

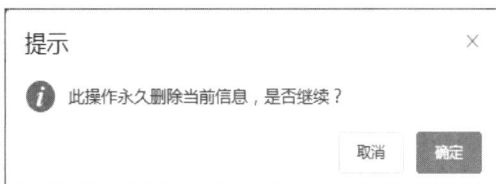

图 1.10　删除提示窗口的效果图

1.10.1　前端设计

在第 1.8.1 节中，已经设计完成了表格模型中的表头。在表头操作中，已经添加了"删除"按钮。为了让"删除"按钮发挥作用，Vue.js 在创建组件实例时会调用 handleDelete()方法：用户在单击"删除"按钮后，如果继续单击删除提示窗口中的"确定"按钮，程序将删除与这个"删除"按钮对应的电瓶车品牌信息，并且表格模型中的数据会被重置；如果单击删除提示窗口中的"取消"按钮，那么窗口将被关闭，并弹出"取消操作"的信息。代码如下：

```
<script>
    var vue = new Vue({
        //省略初始化分页插件的代码（详见第 1.7.1 节）
        methods: {
            // 省略第 1.8.1 节和第 1.9.1 节中的代码
            // 删除
            handleDelete(row) {
                this.$confirm("此操作永久删除当前信息，是否继续？", "提示", {type: "info"}).then((res) => {
                    axios.delete("/bikes/" + row.id).then((res) => {
                        if (res.data.flag) {
                            this.$message.success("删除成功");
                        } else {
                            this.$message.error("数据同步失败，自动刷新");
                        }
                    }).finally(() => {
                        //重新加载数据
                        this.getAll();
                    });
                }).catch(() => {
                    this.$message.info("取消操作");
                });
            },
        }
    })
</script>
```

1.10.2 后端设计

删除模块的后端设计主要包括删除模块的控制器类设计和服务类设计。下面将分别介绍如何设计删除模块的控制器类和服务类。

1. 控制器类设计

在 BikeController 类（控制器类）中，定义了一个用于根据电瓶车的品牌编号删除电瓶车品牌信息的 delete()方法。delete()方法的代码如下：

```
@DeleteMapping("{id}")
public R delete(@PathVariable Integer id) {
    return new R(bikeService.deleteBike(id));                    //删除电瓶车的品牌信息
}
```

@DeleteMapping 用于处理 delete 请求，通常在删除数据时使用，@DeleteMapping 的语法如下：

```
@DeleteMapping("path")
```

@GetMapping 等价于处理 delete 请求的@RequestMapping，@RequestMapping 的语法如下：

```
@RequestMapping(value = "path",method = RequestMethod.DELETE)
```

2. 服务类设计

在 BikeService 接口（服务接口）中，定义了一个 deleteBike()方法，该方法用于判断是否成功地执行了删除电瓶车品牌信息的操作。在 insertBike()方法中，有 1 个参数，即 Integer 类型的表示"电瓶车的品牌编号"的 id。此外，该方法具有返回值，返回值是一个布尔值。deleteBike()方法的代码如下：

```
boolean deleteBike(Integer id);                    //是否执行删除电瓶车品牌信息的操作
```

在 BikeServiceImpl 类（服务类）中，重写了 BikeService 接口中的 deleteBike()方法。该方法的主要作用是调用 DAO 层（数据访问对象）来执行数据库操作。重写后的 deleteBike()方法的代码如下：

```
@Override
public boolean deleteBike(Integer id) {                    //是否成功执行删除电瓶车品牌信息的操作
    return bikeDao.deleteById(id)>0;
}
```

1.11 项目运行

通过前述步骤，我们设计并完成了"电瓶车品牌信息管理系统"项目的开发。下面运行本项目，检验一下我们的开发成果。如图 1.11 所示，在 IntelliJ IDEA 中，单击▶快捷图标，即可运行本项目。

图 1.11　IntelliJ IDEA 的快捷图标

成功运行本项目，打开浏览器，访问 http://localhost:8080/pages/bikes.html，即可看到如图 1.12 所示的电瓶车品牌信息管理系统的主页面。

主页面一共显示 10 条数据。因为一个分页只能显示 7 条数据，所以需要两个分页，即第 1 个分页显示 7 条数据，第 2 个分页显示 3 条数据。用户通过分页导航可以随意切换并访问这两个分页的数据。

用户在单击"新增电瓶车品牌信息"按钮后，需要先在弹出的窗口中依次输入电瓶车的品牌名称、品牌评分、好评率和品牌介绍等信息，再单击"确定"按钮，进而完成新增电瓶车品牌信息的操作。

在主页面上显示的每一条数据的后面，都有一个"删除"按钮，用户先单击某一个"删除"按钮，再单击删除提示窗口中的"确定"按钮，进而完成删除电瓶车品牌信息的操作。

电瓶车品牌信息管理系统

编号	品牌名称	品牌评分	好评率	品牌介绍	操作
1	九号	98.5分	97%	质量好、耐用、驾驶体验与安全性能尤为出色	删除
2	雅迪	95.0分	97%	注重品质和外观设计、超长续航	删除
3	小牛电动	92.6分	96%	强调智能化体验和创新科技，具有独特的改装文化	删除
4	绿源	82.0分	98%	注重安全和科技研发	删除
5	台铃	78.7分	99%	主推节能和长续航	删除
6	新日	76.1分	100%	曾经的行业龙头	删除
7	五羊-本田	69.4分	97%	亲民耐用、主打轻便	删除

共 10 条　〈　**1**　2　〉　前往　1　页

图 1.12　电瓶车品牌信息管理系统的主页面

这样，我们就成功地检验了本项目的运行。

本项目比较简单，虽然只应用了单表查询，但是麻雀虽小，五脏俱全。本项目使用 Vue.js 实现了前端页面、使用 Spring Boot 实现了后端业务逻辑。Vue.js 在创建组件实例时会调用特定的方法，进而达到渲染页面的目的。Spring Boot 在处理业务逻辑时层次分明、结构清晰，Controller 层主要负责具体的业务模块流程的控制，Service 层主要负责业务模块的逻辑应用设计，DAO 层主要负责与数据库进行联络。

1.12　源码下载

虽然本章详细地讲解了如何编码实现"电瓶车品牌信息管理系统"项目的各个功能，但给出的代码都是代码片段，而非源码。为了方便读者学习，本书提供了完整的项目源码，扫描右侧二维码即可下载。

源码下载

## 第2章

寻物启事网站

——Vue.js + Spring Boot + MySQL

在现实生活中，人们丢失物品后，往往面临寻找失物的困难，而拾得物品的人希望归还物品时也常常苦于无法找到失主。因此，搭建一个高效的交流平台，可以让失主方便地发布丢失物品的信息，而拾得人在浏览到相关信息后也能够及时联系平台管理者或直接与失主取得联系，以便归还物品。这样的平台无疑具有极大的实用价值和社会意义。为此，本章将开发一个全栈项目——寻物启事网站。其中，本项目的前端将使用 Vue.js 予以实现，后端将使用 Spring Boot 予以实现，而本项目用于存储数据的工具依然是 MySQL 数据库。

项目微视频

本项目的核心功能及实现技术如下：

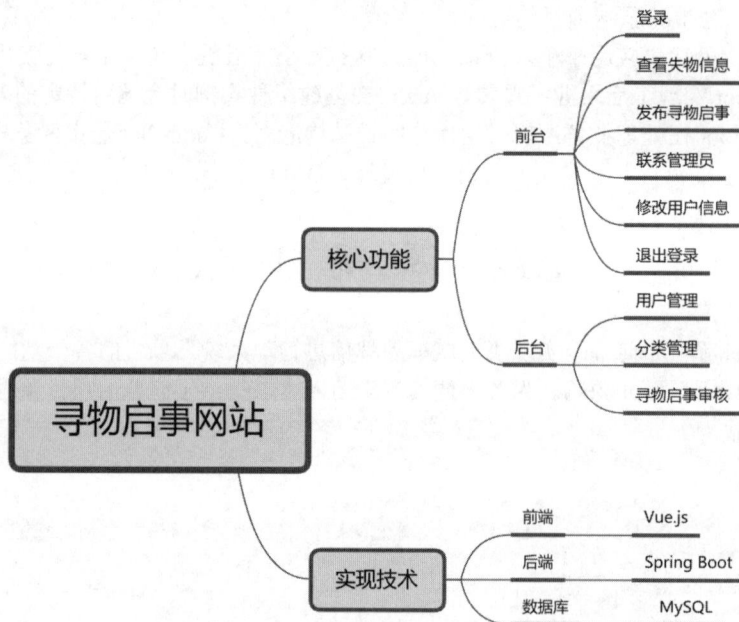

2.1 开发背景

在日常生活中，人们时常因粗心大意而丢失物品，待发现时往往为时已晚，物品早已不知所终。由于信息沟通渠道的不畅通，失主难以与拾得人取得联系，常常无法及时找回失物，从而遭受经济损失。同时，拾得人即便有心归还物品，也常因不知如何联系失主而感到手足无措，无法顺利完成归还。基于这一现实需求，本章将在失主和拾得人之间搭建一个信息交流的平台，即寻物启事网站。该网站是一个全栈项目，为了降低项目开发难度，暂定该项目的用户群体是学校的学生。前端负责把由后端实现的寻物启事、个人中心、管理中心（仅供管理员使用）等功能模块以网页的形式呈现在用户的浏览器上，进而达到与用户进行交互的目的；后端则负责处理由前端发送的请求（例如查看已审核通过的寻物启事、修改用户密码等），并根据这个请求执行相应的业务逻辑，最终把处理结果返回前端。

寻物启事网站将实现以下目标：

- ☑ 让失物信息清晰化、透明化，并且易于管理；
- ☑ 失主在线发布失物信息后，能够让更多人看到信息，并帮忙寻找；
- ☑ 拾得人看到消息后，能够及时联系网站管理员，归还失物；
- ☑ 不让失主和拾得人直接接触，避免不必要的纠纷；
- ☑ 网站页面结构清晰，功能明确，给用户带来良好的体验。

2.2 系 统 设 计

2.2.1 开发环境

本项目的开发及运行环境如下：

- ☑ 操作系统：推荐 Windows 10、11 及以上版本，兼容 Windows7（SP1）。
- ☑ 开发工具：IntelliJ IDEA。
- ☑ 前端实现技术：HTML5、CSS3、JavaScript、Vue.js。
- ☑ 开发语言：Java EE、Spring Boot。
- ☑ 数据库：MySQL 8.0。
- ☑ Web 服务器：Tomcat 9.0 及以上版本。

2.2.2 业务流程

启动项目后，打开浏览器，访问地址 http://localhost: 8080/#/，寻物启事网站的登录页面将被打开。在登录页面上，用户输入正确的用户名和密码后，程序需要对用户的身份进行判断。如果验证成功，则进入下一步验证，即判断用户是否为管理员；如果验证失败，则提示错误。

如果用户的身份是学生，那么程序默认访问的是寻物启事超链接，即程序默认打开的是寻物启事页面。在寻物启事页面的头部有 3 个导航超链接，它们分别是寻物启事超链接、个人中心超链接和退出登录超链接。其中，在寻物启事页面上，学生既可以查看失物信息，也可以发布寻物启事，还可以联系管理员归还失物；在个人中心页面上，学生可以修改用户信息，如联系方式、登录密码等；通过退出登录超链接，则可以退出登录。

如果用户的身份是管理员，那么程序默认访问的是管理中心超链接，即程序默认打开的是管理中心页面。在管理中心页面的头部有 4 个导航超链接，它们分别是寻物启事超链接、个人中心超链接、管理中心超链接和退出登录超链接。其中，在管理中心页面上，包含了 3 个功能，分别是用户管理、分类管理和寻物启事审核。

寻物启事网站的业务流程如图 2.1 所示。

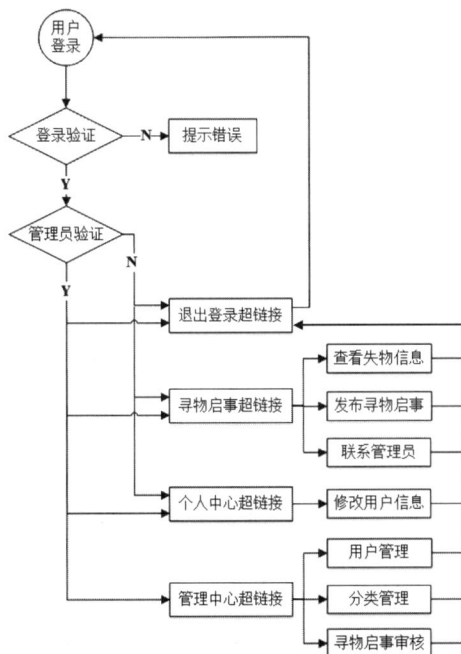

图 2.1 寻物启事网站的业务流程图

33

2.2.3　功能结构

本项目的功能结构已经在章首页中给出，作为一个让失主和拾得人相互交流信息的平台，本项目实现的具体功能如下：

☑　用户登录：用户输入正确的用户名和密码后，即可登录到寻物启事网站；

☑　查看失物信息：已登录的用户可以查看经由管理员审核并且通过审核的失物信息；

☑　发布寻物启事：已登录的、丢失物品的用户可以发布失物信息，并等待管理员审核；

☑　联系管理员：已登录的、拾得失物的用户看到并确认失物信息后，可以联系管理员归还失物；

☑　修改用户信息：已登录的用户可以修改用户名、微信号、手机号码、登录密码等信息；

☑　用户管理：管理员既可以查看用户信息，也可以把用户设置为管理员；

☑　分类管理：管理员对失物进行分类；

☑　寻物启事审核：管理员对已发布并等待审核的失物信息进行审核，通过审核的失物信息将显示在寻物启事页面上。

2.3　技 术 准 备

与第 1 章相同，本项目也是一个使用 MySQL 数据库的、由 Vue.js（实现前端的主要技术）和 Spring Boot（实现后端的主要技术）构建的全栈项目。在第 1 章的第 1.3 节、第 1.4 节和第 1.5 节这 3 节的内容中，不仅介绍了全栈开发的技术体系和前端、后端各自的作用，还介绍了 MySQL 数据库。因此，本章的技术准备相对简单，仅分别对 Vue.js、Spring Boot 和 MySQL 数据库做进一步的概述。

☑　Vue.js：Vue.js 是一个框架，也是一个生态，其功能覆盖了大部分前端开发常见的需求。但 Web 世界是十分多样化的，不同的程序开发人员在 Web 上构建的内容可能在形式和规模上会有很大的不同。考虑到这一点，Vue.js 的设计非常注重灵活性和"可以被逐步集成"这个特点。本项目的前端页面都是由 Vue.js 设计的。例如，登录页面对应的是 Login.vue 文件，寻物启事页面对应的是 SearchGoods.vue 文件，等等。为了便于管理项目，本项目采用了前后端分离的方式，将所有 .vue 文件单独置于一个文件夹中。

☑　Spring Boot：Spring Boot 是一个轻量级的框架，它是 Spring 生态圈的一部分，旨在简化 Spring 应用项目的初始搭建和开发过程。Spring Boot 支持多种流行的数据访问框架，并且可以与 Spring 的事务管理一起使用，为数据访问提供灵活的抽象。此外，Spring Boot 还解决了现有 Web 框架在呈现层和请求处理层之间的分离不足的问题，通过创建 Spring MVC 来改进这一点。在本项目中，Spring MVC 的表现层、控制层、业务逻辑层和数据访问层都发挥着重要作用，共同实现项目中各个模块的功能。

☑　MySQL：MySQL 采用结构化查询语言（SQL），这是一种标准化的数据库访问语言，使得数据的存取更加方便和统一。MySQL 的多种存储引擎支持不同的功能需求，如 InnoDB 支持事务处理，而 MyISAM 则适用于读多写少的场景。MySQL 不仅支持多线程操作，还优化了查询算法，提高了数据处理速度。本项目将继续在 MySQL 中创建数据库，并依次在数据库中创建 5 张数据表，关于这 5 张数据表的内容将在后面的内容中予以介绍。

有关 Vue.js、Spring Boot 和 MySQL 的知识，分别在《Vue.js 从入门到精通》《Spring Boot 从入门到精通》和《Java 从入门到精通（第 7 版）》中进行了详细的讲解，对这些知识不太熟悉的读者可以参考这 3 本书中的相关内容。

2.4 数据库设计

2.4.1 数据库概述

本项目采用的数据库主要包含5张数据表，如表2.1所示。

表 2.1　寻物启事网站的数据库结构

表名	表说明
t_user	用户信息表
t_lost_info	失物信息表
t_kind	失物类别表
sys_role	用户身份表
sys_role_user	用户身份明细表

2.4.2 数据表设计

下面将详细介绍本项目使用的5张表的结构设计。

☑ t_user（用户信息表）：主要用于存储用户编号、用户名、真实姓名、学号、登录密码、手机号码、微信号、身份证号码、用户信息的创建时间、用户信息的更新时间等信息。该数据表的结构如表2.2所示。

表 2.2　用户信息表

字段名称	数据类型	长度	是否主键	说明
user_id	VARCHAR	50	主键	用户编号
user_nick	VARCHAR	50		用户名
user_name	VARCHAR	50		真实姓名
stu_num	VARCHAR	50		学号
user_pwd	VARCHAR	100		登录密码
user_phone	VARCHAR	50		手机号码
wechat_id	VARCHAR	50		微信号
num_id	VARCHAR	50		身份证号码
create_time	DATETIME			用户信息的创建时间
update_time	DATETIME			用户信息的更新时间

☑ t_lost_info（失物信息表）：主要用于存储失物编号、失物分类编号、失物名称、丢失地点、丢失时间、失物描述、失物信息发布人编号、失物信息的发布时间、失物信息的审核状态等信息。该数据表的结构如表2.3所示。

表 2.3　失物信息表

字段名称	数据类型	长度	是否主键	说明
lost_id	VARCHAR	50	主键	失物编号

字段名称	数据类型	长度	是否主键	说明
kind_id	VARCHAR	50		失物分类编号
lost_name	VARCHAR	50		失物名称
lost_place	VARCHAR	50		丢失地点
lost_time	DATETIME			丢失时间
lost_decp	VARCHAR	100		失物描述
user_id	VARCHAR	50		失物信息发布人编号
lost_release_time	DATETIME			失物信息的发布时间
check_status	INT			失物信息的审核状态

☑ t_kind（失物类别表）：主要用于存储失物分类编号、失物分类名称、失物分类的创建时间等信息。该数据表的结构如表 2.4 所示。

表 2.4 失物类别表

字段名称	数据类型	长度	是否主键	说明
kind_id	VARCHAR	50	主键	失物分类编号
kind_name	VARCHAR	50		失物分类名称
create_time	DATETIME			失物分类的创建时间

☑ sys_role（用户身份表）：主要用于存储用户身份编号、用户身份名称等信息。该数据表的结构如表 2.5 所示。

表 2.5 用户身份表

字段名称	数据类型	长度	是否主键	说明
role_id	VARCHAR	50	主键	用户身份编号
role_name	VARCHAR	50		用户身份名称

☑ sys_role_user（用户身份明细表）：主要用于存储用户身份明细编号、用户编号、用户身份编号等信息。该数据表的结构如表 2.6 所示。

表 2.6 用户身份明细表

字段名称	数据类型	长度	是否主键	说明
role_user_id	VARCHAR	50	主键	用户身份明细编号
user_id	VARCHAR	50		用户编号
role_id	VARCHAR	50		用户身份编号

2.5 后端依赖配置和公共模块设计

在使用 Vue.js、Spring Boot 和 MySQL 数据库开发全栈项目时，既要为当前项目添加依赖，也要为当前项目添加配置信息，还要为当前项目设计公共模块。在第 1 章的第 1.6 节中，已经介绍了什么是依赖、什么是配置信息和什么是公共模块。因此，下面将直接对本项目后端的依赖配置和公共模块进行介绍。

2.5.1 添加依赖和配置信息

在开发 Spring Boot 项目的过程中，需要为项目添加依赖和配置信息。下面将分别介绍如何为本项目添加依赖和配置信息。

1. 在 pom.xml 文件中添加依赖

pom.xml 是 Maven 构建项目的核心配置文件，其中存储的是本项目所需的依赖，这些依赖会被添加到 <dependencies>标签的内部。代码如下：

```xml
<?xml version="1.0" encoding="UTF-8"?>

<project xmlns="http://maven.apache.org/POM/4.0.0" xmlns:xsi="http://www.w3.org/2001/XMLSchema-instance"
  xsi:schemaLocation="http://maven.apache.org/POM/4.0.0 http://maven.apache.org/xsd/maven-4.0.0.xsd">
  <modelVersion>4.0.0</modelVersion>

  <groupId>org.example</groupId>
  <artifactId>LostAndFound</artifactId>
  <packaging>pom</packaging>
  <version>1.0-SNAPSHOT</version>

  <parent>
    <groupId>org.springframework.boot</groupId>
    <artifactId>spring-boot-starter-parent</artifactId>
    <version>2.0.2.RELEASE</version>
  </parent>

  <modules>
    <module>core</module>
    <module>edu-business</module>
  </modules>

  <name>LostAndFound</name>

  <properties>
    <spring-cloud.version>Finchley.RELEASE</spring-cloud.version>
    <mysql.version>8.0.21</mysql.version>
    <mybatis.version>2.1.3</mybatis.version>
  </properties>

  <dependencies>
    <dependency>
      <groupId>org.projectlombok</groupId>
      <artifactId>lombok</artifactId>
      <version>1.18.10</version>
      <scope>provided</scope>
    </dependency>
  </dependencies>

  <dependencyManagement>
    <dependencies>
      <!--springcloud-->
      <dependency>
        <groupId>org.springframework.cloud</groupId>
        <artifactId>spring-cloud-dependencies</artifactId>
        <version>${spring-cloud.version}</version>
        <type>pom</type>
        <scope>import</scope>
      </dependency>
      <!--mysql-->
      <dependency>
        <groupId>mysql</groupId>
        <artifactId>mysql-connector-java</artifactId>
        <version>${mysql.version}</version>
      </dependency>
      <!--mybatis-->
```

```
        <dependency>
            <groupId>org.mybatis.spring.boot</groupId>
            <artifactId>mybatis-spring-boot-starter</artifactId>
            <version>${mybatis.version}</version>
        </dependency>
    </dependencies>
  </dependencyManagement>
</project>
```

2. 在 application.yml 文件中添加配置信息

本项目的配置文件是 application.yml，该配置文件采用的是 yml 格式，其中包含如下配置信息：

```yaml
server:
  port: 8661

spring:
  application:
    name: lost
  datasource:
    url:
    jdbc:mysql://localhost:3306/lost_and_found?useUnicode=true&\n
    characterEncoding=UTF-8&serverTimezone=GMT%2b8
    username: root
    password: root
    driver-class-name: com.mysql.cj.jdbc.Driver

mybatis:
  mapper-locations: classpath:/mapper/*
  configuration:
    map-underscore-to-camel-case: true
    log-impl: org.apache.ibatis.logging.stdout.StdOutImpl
```

2.5.2 实体类设计

本项目的公共模块设计指的是实体类设计。在 Java 语言中，一个实体类对应着一种数据模型。下面将介绍与 t_user（用户信息表）和 t_lost_info（失物信息表）这两张数据表对应的实体类。

1. 用户信息类

本项目与 t_user（用户信息表）相对应的实体类是 UserInfo 类，表示用户信息类。除用户身份（roleName）外，UserInfo 类中的每一个属性都与 t_user（用户信息表）中的各个字段是一一对应的。UserInfo 类代码如下：

```java
@Data
public class UserInfo {
    @ApiModelProperty("用户编号")
    private String userId;

    @ApiModelProperty("用户名")
    private String userNick;

    @ApiModelProperty("真实姓名")
    private String userName;

    @ApiModelProperty("学号")
    private String stuNum;

    @ApiModelProperty("密码")
    private String userPwd;

    @ApiModelProperty("手机号码")
    private String userPhone;

    @ApiModelProperty("微信号")
    private String wechatId;
```

```
@ApiModelProperty("身份证号码")
private String numId;

@ApiModelProperty("创建时间")
@JsonFormat(pattern = "yyyy-MM-dd")
private Date createTime;

@ApiModelProperty("更新时间")
@JsonFormat(pattern = "yyyy-MM-dd")
private Date updateTime;

@ApiModelProperty("用户身份")
private String roleName;
}
```

@Data 是一个由 Lombok 提供的注解，在 UserInfo 类上添加@Data 注解后，Lombok 会自动为其生成所有字段的 Getter 和 Setter 方法、equals()方法、hashCode()方法、toString()方法等。

@ApiModelProperty 注解用于对 Java 类中的属性进行标注，表示这个属性是一个 Swagger 模型的属性。@ApiModelProperty 注解用于描述属性的名称、说明、数据类型等信息。

说明

Swagger 模型主要指的是在 API 文档中定义和展示的数据模型。通过 Swagger，程序开发人员可以定义 API 的数据结构，包括请求和响应的格式，这些定义可以帮助其他程序开发人员或客户端应用程序理解如何与 API 进行交互。

2. 失物信息类

本项目与 t_lost_info（失物信息表）相对应的实体类是 LostInfo 类，表示失物信息类。LostInfo 类中的每一个属性都与 t_lost_info（失物信息表）中的各个字段是一一对应的。LostInfo 类代码如下：

```
@Data
public class LostInfo {
    @ApiModelProperty("失物编号")
    private String lostId;

    @ApiModelProperty("失物分类编号")
    @NotBlank(message = "失物分类编号不能为空")
    private String kindId;

    @ApiModelProperty("失物名称")
    @NotBlank(message = "失物名称不能为空")
    private String lostName;

    @ApiModelProperty("丢失地点")
    private String lostPlace;

    @ApiModelProperty("丢失时间")
    @JsonFormat(pattern = "yyyy-MM-dd")
    private Date lostTime;

    @ApiModelProperty("失物描述")
    private String lostDecp;

    @ApiModelProperty("失物信息发布人编号")
    private String userId;

    @ApiModelProperty("失物信息的发布时间")
    @JsonFormat(pattern = "yyyy-MM-dd")
    private Date lostReleaseTime;
```

```
@ApiModelProperty("审核状态")
private Integer checkStatus;

}
```

2.6 登录模块设计

如图 2.2 所示，寻物启事网站的登录页面被打开后，用户需要先在页面上依次输入用户名和密码，再单击"登录"按钮，以完成登录操作。"登录"按钮被单击后，程序将验证当前用户输入的用户名和密码是否正确。如果用户输入的用户名和密码是正确的，则程序将以此为依据判断当前用户的身份是"管理员"，还是"学生"。下面将介绍登录模块的设计过程。

2.6.1 前端设计

图 2.2 登录页面的效果图

寻物启事网站的登录页面由标题、输入框、密码框和"登录"按钮组成。其中，输入框供用户输入用户名，不能为空；密码框供用户输入密码，也不能为空；"登录"按钮则先判断用户输入的用户名和密码是否正确，再判断用户的身份。

寻物启事网站的登录页面对应的是 Login.vue 文件，代码如下：

```html
<template>
  <div class="login-content">
    <h1 style="text-align: center;margin-top: 7vh;margin-bottom: 4vh;color: white">寻物启事网站</h1>

    <el-form class="form-content" ref="form" :model="form">
      <el-form-item>
        <el-input placeholder="用户名" v-model="form.username"></el-input>
      </el-form-item>

      <el-form-item>
        <el-input type="password" placeholder="密码" v-model="form.password"></el-input>
      </el-form-item>

      <el-form-item>
        <el-button type="primary" @click="login" style="width: 100%">登录</el-button>
      </el-form-item>
    </el-form>
  </div>
</template>

<script>
  export default {
    name: "Login",
    data(){
      return{
        form: {
          username: '',
          password: '',
        },
      }
    },
    methods:{
      login(){
        let flag = false
        if(this.form.username===''){
          this.$message.error("用户名不能为空！")
          flag = true
```

```
            }
            else if(this.form.password===""){
                this.$message.error("密码不能为空！")
                flag = true
            }
            if(flag){
                this.$router.push({
                    path: '/'
                })
            }else{
                let that = this
                this.axios.post("http://localhost:8661/core/user/login",{
                    username: this.form.username,
                    password: this.form.password,
                })
                .then(function (res) {
                    if(res.data.code === 200){
                        console.log(res.data);
                        sessionStorage.setItem('userId',res.data.data.userId);
                        sessionStorage.setItem('userNick',res.data.data.userNick)
                        sessionStorage.setItem("token",res.data.data.token);
                        sessionStorage.setItem("userPhone",res.data.data.userPhone);
                        sessionStorage.setItem("roleName",res.data.data.roleName);
                        if(res.data.data.roleName=='student'){
                            that.$router.push({
                                path: '/searchGoods'
                            });
                        }else{
                            that.$router.push({
                                path: '/userManage'
                            });
                        }
                        that.$message.success(res.data.msg);
                    }
                    else{
                        that.$message.error(res.data.msg);
                    }
                }).catch((err)=>{
                    that.$message.error("登录失败,信息："+err);
                });
            }
        }
    }
}
</script>
```

//省略设计样式代码

2.6.2　后端设计

登录模块的后端设计包含 4 个内容，即展示层对象设计、控制器类设计、服务类设计和 DAO 层设计。下面将依次对这 4 个内容进行讲解。

1. 展示层对象设计

展示层对象（view object，VO）主要用于展示层，其作用是把某个指定前端页面的所有数据封装起来。这样，既可以减少传输的数据量，又可以保护数据库中的隐私数据（如用户名、密码等信息），还可以避免数据库结构的外泄。

在本项目中，UserLoginVO 类的对象是与登录模块相对应的展示层对象，因为登录页面仅需要使用用户名和密码，所以 UserLoginVO 类只包含用户名和密码。UserLoginVO 类的代码如下：

```
@Data
public class UserLoginVO {

    @ApiModelProperty("用户名")
    private String username;

    @ApiModelProperty("密码")
    private String password;
}
```

2. 控制器类设计

UserController 类是登录模块的控制器类，被@RestController 注解标注。在 UserController 类中，定义了一个用于登录的 login()方法，其中包含了一个参数，即 UserLoginVO 类的对象。login()方法的代码如下：

```
@PostMapping("/user/login")
@ApiOperation("登录")
public Result<UserInfo> login(@RequestBody UserLoginVO userLoginVO){
    UserInfo userInfo = userService.login(userLoginVO);
    if(userInfo == null){
        return Result.fail("用户名或者密码错误");
    }
    try {
        String token = JwtTokenUtil.createToken(userInfo.getUserId());
        userInfo.setToken(token);
    } catch (Exception e) {
        e.printStackTrace();
    }
    return Result.success(userInfo);
}
```

3. 服务类设计

UserService 接口为登录模块的服务接口。在 UserController 类的 login()方法中，调用了 UserService 接口的 login()方法。UserService 接口的 login()方法不仅有一个参数（即 UserLoginVO 类的对象），而且具有返回值，返回值是一个 UserInfo 类型的、只包含用户名和密码的对象。UserService 接口的 login()方法的代码如下：

```
UserInfo login(UserLoginVO userLoginVO);
```

UserServiceImpl 类是 UserService 接口的实现类，被@Service 注解标注，表示登录模块的服务类。在 UserServiceImpl 类中，重写了 UserService 接口的 login()方法。该方法的作用是调用 DAO 层（数据访问对象）来执行数据库操作。UserServiceImpl 类的 login()方法的代码如下：

```
@Override
public UserInfo login(UserLoginVO userLoginVO) {
    UserInfo userInfo = userMapper.selectByPhone(userLoginVO.getUsername());
    if(userInfo == null){
        return null;
    }
    if(userLoginVO.getPassword().equals(userInfo.getUserPwd())){
        return userInfo;
    }
    return null;
}
```

4. DAO 层设计

UserMapper 接口为登录模块的 DAO 层。在 UserServiceImpl 类的 login()方法中，调用了 UserMapper 接口的 selectByPhone()方法，该方法根据手机号码获取用户信息。因此，selectByPhone()方法的参数是 String 类型的、表示手机号码的 userPhone，返回值是一个 UserInfo 类型的对象。UserMapper 接口的 selectByPhone()方法的代码如下：

```
UserInfo selectByPhone(String userPhone);
```

> **说明**
>
> 在本项目中，与 UserMapper 接口中的方法绑定的 SQL 语句被写在了 UserMapper.xml 文件中。因此，读者可以在 UserMapper.xml 文件中查找与 selectByPhone() 方法绑定的 SQL 语句。

2.7 前端导航超链接设计

前端页面的导航超链接主要有首页头部导航超链接、管理中心左侧导航超链接和退出登录超链接等，每一个超链接都对应着一个前端页面。下面将依次对这些主要的超链接进行介绍。

2.7.1 首页头部导航超链接设计

在登录页面上，用户输入正确的用户名和密码后，程序还要对用户的身份进行判断。如图 2.3 所示，如果用户的身份是学生，那么程序默认访问的是寻物启事超链接。在寻物启事页面的头部有 3 个导航超链接，它们分别是寻物启事超链接、个人中心超链接和退出登录超链接。

如图 2.4 所示，如果用户的身份是管理员，那么程序默认访问的是管理中心超链接。在管理中心页面头部有 4 个导航超链接，即寻物启事超链接、个人中心超链接、管理中心超链接和退出登录超链接。

图 2.3　供学生访问的导航超链接　　　　　　　图 2.4　供管理员访问的导航超链接

寻物启事网站的导航超链接对应的是 HeaderIndex.vue 文件，代码如下：

```
<template>
  <div class="header">
    <div class="content">

      <router-link :to="{name:'SearchGoods'}"
                   style="cursor: pointer;display: inline-block;">
        <!--<i class="iconfont icon-renwu l"></i>-->
        寻物启事
      </router-link>
      <router-link :to="{name:'PersonalInfo'}"
                   style="cursor: pointer;display: inline-block;">
        <!--<i class="iconfont icon-renwu l"></i>-->
        个人中心
      </router-link>
      <router-link v-if="roleName=='admin'" :to="{name:'UserManage'}"
                   style="cursor: pointer;display: inline-block;">
        <!--<i class="iconfont icon-renwu l"></i>-->
        管理中心
      </router-link>
      <div class="user-info">
        <span >{{userNick}}</span>
        <el-button type="text" @click="loginOut">退出登录</el-button>
      </div>
    </div>
  </div>
</template>

<script>
export default {
  name: "HeaderIndex",
  data(){
```

```
        return{
          userNick: sessionStorage.getItem("userNick"),
          roleName: sessionStorage.getItem("roleName")
        }
      },
      methods:{
        loginOut(){
          this.$confirm('确认退出登录？')
          .then(_ => {
            sessionStorage.removeItem("token")
            this.$router.push({
              path: '/'
            })
          }).catch(_ => {});
        }
      }
    }
</script>
```

// 省略设计样式代码

2.7.2 管理中心左侧导航超链接设计

管理员登录以后，程序默认打开的是管理中心页面。在管理中心页面的左侧有 3 个导航超链接，即用户管理、分类管理和寻物启事审核，如图 2.5 所示。通过访问这 3 个超链接，即可打开相应的页面，并实现用户管理、分类管理和寻物启事审核的功能。

管理中心页面的左侧导航超链接对应的是 ManagerIndex.vue 文件，代码如下：

图 2.5 左侧导航超链接的效果图

```
<template>
  <ul class="column">
    <div class="header-logo">
      <i class="iconfont el-icon-user l"></i>
      管理中心
    </div>
    <router-link :to="{name:'UserManage'}"
                 tag="li"
                 style="cursor: pointer;">
      <p class="title">用户管理</p>
    </router-link>
    <router-link :to="{name:'KindManage'}"
                 tag="li"
                 style="cursor: pointer;">
      <p class="title">分类管理</p>
    </router-link>
    <router-link :to="{name:'SearchCheck'}"
                 tag="li"
                 style="cursor: pointer;">
      <p class="title">寻物启事审核</p>
    </router-link>
  </ul>
</template>

<script>
    export default {
        name: "ManagerIndex"
    }
</script>

<style scoped>
  .header-logo{
    height: 100px;line-height:100px;
```

```
    }
    .column{
        text-align: center;
        background-color: #ef9265;

    }
    .title{
        height: 60px;
        /*margin-top: 10px;*/
        background-color: #ef9265;
        line-height: 60px;
        list-style: none;
        color: aliceblue;
        font-family: 宋体;
        font-size: large;
        font-weight: bold;
    }
    .column li.router-link-active .title{
        color: white;
        background: #de7c49;
    }
</style>
```

2.7.3 退出登录超链接设计

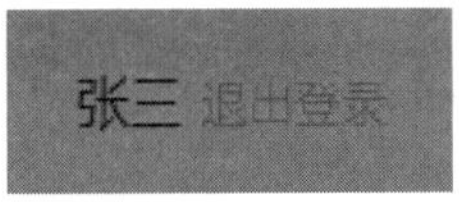

不论是供学生访问的导航超链接，还是供管理员访问的导航超链接，都有退出登录超链接。如图 2.6 所示，以供学生访问的导航超链接为例，程序默认访问的是寻物启事超链接，当用户单击退出登录超链接时，寻物启事页面将跳转到登录页面。下面将介绍退出登录模块的设计过程。

图 2.6 退出登录超链接的效果图

退出登录模块的相关代码被编写在 HeaderIndex.vue 文件（寻物启事网站的导航超链接）中。因为退出登录超链接的作用只是让寻物启事页面、个人中心页面或者管理中心页面跳转到登录页面，所以退出登录模块不需要控制器类、服务类或者 DAO 层的支持。退出登录模块的代码如下：

```
<template>
    <div class="header">
        <div class="content">
            //省略部分代码
            <div class="user-info">
                <span >{{userNick}}</span>
                <el-button type="text" @click="loginOut">退出登录</el-button>
            </div>
        </div>
    </div>
</template>

<script>
export default {
    name: "HeaderIndex",
    data(){
        return{
            userNick: sessionStorage.getItem("userNick"),
            roleName: sessionStorage.getItem("roleName")
        }
    },
    methods:{
        loginOut(){
            this.$confirm('确认退出登录? ')
            .then(_ => {
                sessionStorage.removeItem("token")
                this.$router.push({
                    path: '/'
                })
            }).catch(_ => {});
```

```
        }
      }
    }
  }
</script>
//省略部分代码
```

2.8 查看失物信息模块设计

在寻物启事页面上，先通过卡片组件显示每一条失物信息，再通过分页插件显示与某个页面相对应的全部失物信息、失物信息的总条数、每个分页可显示的记录条数、分页数和分页导航等信息，如图 2.7 所示。此外，通过下拉列表还能够对每页可显示的记录条数进行设置，如图 2.8 所示。下面将介绍查看失物信息模块的设计过程。

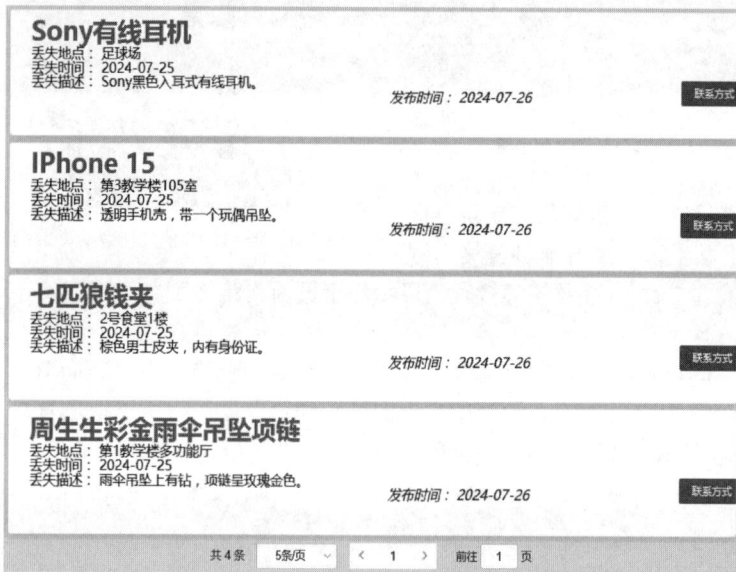

图 2.7 查看失物信息模块的效果图

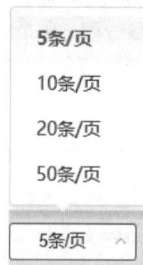

图 2.8 设置每页可显示的记录条数

2.8.1 前端设计

在寻物启事页面上，包含了卡片组件和分页插件。卡片组件用于显示每一条失物信息，每一条失物信息的内容都是相同的，即失物名称、丢失地点、丢失时间、丢失描述和发布时间。分页插件用于把全部的失物信息按照每个分页可显示的记录条数予以显示。

寻物启事页面对应的是 SearchGoods.vue 文件，代码如下：

```
<template>
  <el-container>
    <el-header>
      <HeaderIndex/>
    </el-header>
    <el-main>
        //省略部分代码
        <div class="card_header" style="border: 0px solid red;height: 5vh;line-height: 5vh">
          <span class="title" style="float: left;font-weight: bolder;font-size: 30px;color: #f86d0f;">
            {{ item.lostName }}
          </span>
        </div>
        <div class="clearfix" style="border: 0px solid #0452d9;height: 14vh;">
```

```
                        <ul style="text-align: left">
                            <li>
                                <label>丢失地点：</label>
                                <span class="weight">{{ item.lostPlace }}</span>
                            </li>
                            <li>
                                <label>丢失时间：</label>
                                <span class="weight">{{ item.lostTime }}</span>
                            </li>
                            <li>
                                <label>丢失描述：</label>
                                <span class="weight">{{ item.lostDecp }}</span>
                            </li>

                            <li style="text-align: right">
                                <i>
                                    <label>发布时间：</label>
                                    <span class="weight">{{ item.lostReleaseTime }}</span>
                                </i>
                            </li>
                        </ul>
                    </div>
                    //省略部分代码
            <el-pagination
                @size-change="handleSizeChange"
                @current-change="handleCurrentChange"
                :current-page="page.pageNum"
                :page-sizes="[5, 10, 20, 50]"
                :page-size="page.pageSize"
                layout="total, sizes, prev, pager, next, jumper"
                :total="page.total">
            </el-pagination>
            //省略部分代码

        </el-main>
    </el-container>
</template>

<script>
    import HeaderIndex from "./HeaderIndex";
    export default {
        name: "SearchGoods",
        components:{HeaderIndex},
        data () {
            return {

                dataTable: [],
                checkList: 1,
                dialogVisible: false,
                dialogCommentVisible: false,
                page: {
                    pageSize: 5,
                    pageNum: 1,
                    pages: 4,
                    total: 20
                },
                dialogData: null,
                date: [],
                searchContent: '',
                kindId: '',
                kinds: {},
                form: {

                },
                userPhone: sessionStorage.getItem("userPhone"),
                code: '',
                comments: [],
                send: {
```

```
            content: '',
        },
        searchGood: {},
    }
},
//省略部分代码
</script>

//省略设计样式代码
```

如图 2.7 所示，在寻物启事页面的卡片组件上，每一条失物信息的右下角都有一个"联系方式"按钮。已登录的用户在单击"联系方式"按钮后，程序将弹出物品信息对话框，如图 2.9 所示。在物品信息对话框中，将显示失物信息和管理员的联系方式。用户打开物品信息对话框并确认失物信息后，即可联系管理员归还失物。

联系管理员模块的页面设计仅涉及寻物启事页面的卡片组件，而寻物启事页面对应的是 SearchGoods.vue 文件，因此在 SearchGoods.vue 文件中不仅需要为卡片组件添加"联系方式"按钮，还需要添加物品信息对话框。代码如下：

图 2.9　物品信息对话框

```html
<div style="border: 0px solid #bc0aff;width: 10vh;float:right;height: 19vh;">
    <div style="">
        <el-button style="width: 80px" type="primary" size="mini" @click="queryOne(index)" v-on:click="dialogVisible=true">
            联系方式
        </el-button>
        <el-dialog title="物品信息" :visible.sync="dialogVisible">
            <div class="basic-info" style="border: 0px solid red;width: 90%;margin:0 auto;text-align: left;">
                <ul style="text-align: left;">
                    <li>
                        <label>失物名称：</label>
                        <span class="weight">{{ form.lostName }}</span>
                    </li>
                    <li>
                        <label>丢失地点：</label>
                        <span class="weight">{{ form.lostPlace }}</span>
                    </li>
                    <li>
                        <label>丢失时间：</label>
                        <span class="weight">{{ form.lostTime }}</span>
                    </li>
                    <li>
                        <label>丢失描述：</label>
                        <span class="weight">{{ form.lostDecp }}</span>
                    </li>
                </ul>
            </div>
            <div style="border: 0px solid red;width: 90%;height: 5vh;margin:0 auto;">
                <span >请再次确认物品信息，如果确认，请联系管理员，管理员电话 13307118899。</span>
            </div>
            <el-button @click="dialogVisible = false">关闭</el-button>
        </el-dialog>
    </div>
</div>
```

2.8.2　后端设计

查看失物信息模块的后端设计也包含 4 个内容，即数据传输对象设计、控制器类设计、服务类设计和 DAO 层设计。下面将依次对这 4 个内容进行讲解。

1. 数据传输对象设计

数据传输对象（data transfer object，DTO）用于在展示层与服务层之间进行数据传输。在本项目中，PageInfoDTO 类的对象是与查看失物信息模块相对应的数据传输对象，代码如下：

```
public class PageInfoDTO<T> extends PageVO implements Serializable {
    @ApiModelProperty("总记录数")
    private long total;

    @ApiModelProperty("总页数")
    private int pages;

    @ApiModelProperty("记录数据")
    private List<T> list;

    public void setTotal(long total) {
        this.total = total;
    }
    public void setPages(int pages) {
        this.pages = pages;
    }
    public List<T> getList() {
        return list;
    }
    public void setList(List<T> list) {
        this.list = list;
    }
    public static <T> PageInfoDTO<T> to(PageInfo<T> pageInfo) {
        PageInfoDTO<T> page = new PageInfoDTO<>();
        page.setList(pageInfo.getList());
        page.setPageSize(pageInfo.getPageSize());
        page.setPageNum(pageInfo.getPageNum());
        page.setTotal(pageInfo.getTotal());
        page.setPages(pageInfo.getPages());
        return page;
    }
}
```

2. 控制器类设计

LostController 类是查看失物信息模块的控制器类，被@RestController 注解标注。在 LostController 类中，定义了一个用于列表查询寻物启事的 getList()方法。getList()方法的代码如下：

```
@PostMapping(value = "/losts")
@ApiOperation("列表查询寻物启事")
public Result<PageInfoDTO<LostInfo>> getList(@RequestBody LostInfoVO lostInfoVO){
    PageInfoDTO<LostInfo> list = lostService.getList(lostInfoVO);
    return Result.success(list);
}
```

说明

> 在本项目中，LostInfoVO 类的对象是与查看失物信息模块相对应的展示层对象，读者可以在 LostInfoVO.java 文件中查看相关代码。

3. 服务类设计

LostService 接口为查看失物信息模块的服务接口。在 LostController 类的 getList()方法中，调用了 LostService 接口的 getList()方法。LostService 接口的 getList()方法不仅有一个参数（即 LostInfoVO 类的对象），而且具有返回值，返回值是一个 PageInfoDTO 类的对象。LostService 接口的 getList()方法的代码如下：

```
PageInfoDTO<LostInfo> getList(LostInfoVO lostInfoVO);
```

LostServiceImpl 类是 LostService 接口的实现类，被@Service 注解标注，表示查看失物信息模块的服务类。在 LostServiceImpl 类中，重写了 LostService 接口的 getList()方法。该方法的作用是调用 DAO 层（数据访问对象）执行数据库操作。LostServiceImpl 类的 getList()方法的代码如下：

```
@Override
public PageInfoDTO<LostInfo> getList(LostInfoVO lostInfoVO) {
    PageHelper.startPage(lostInfoVO.getPageNum(),lostInfoVO.getPageSize());
    List<LostInfo> lostInfoList = lostMapper.selectList(lostInfoVO);
    PageInfo<LostInfo> pageInfo=new PageInfo<>(lostInfoList);
    return PageInfoDTO.to(pageInfo);
}
```

4. DAO 层设计

LostMapper 接口为查看失物信息模块的 DAO 层。在 LostServiceImpl 类的 getList()方法中，调用了 LostMapper 接口的 selectList()方法，该方法用于列表查询寻物启事。selectList()方法的参数是 LostInfoVO 类的对象；返回值是一个用于存储失物信息的列表。LostMapper 接口的 selectList()方法的代码如下：

```
List<LostInfo> selectList(LostInfoVO lostInfoVO);
```

✓说明

在本项目中，与 LostMapper 接口中的方法绑定的 SQL 语句被写在了 LostMapper.xml 文件中。因此，读者可以在 LostMapper.xml 文件中查找与 selectList()方法绑定的 SQL 语句。

2.9 发布寻物启事模块设计

在寻物启事页面上，有一个发布寻物启事超链接，如图 2.10 所示。已登录的用户在单击发布寻物启事超链接后，寻物启事页面将跳转到如图 2.11 所示的发布寻物启事页面。在发布寻物启事页面上，用户需要先输入失物信息，再单击"确定发布"按钮，以完成发布寻物启事的操作。下面将介绍发布寻物启事模块的设计过程。

图 2.10 发布寻物启事超链接的效果图

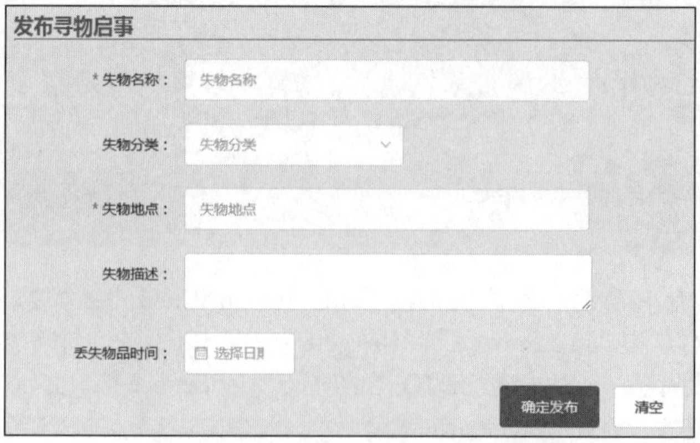

图 2.11 发布寻物启事页面的效果图

2.9.1 前端设计

在发布寻物启事页面上，包含了标签、输入框、下拉列表、文本域、时间选择器、按钮等组件。其中，每一个组件都设置了提示信息，例如时间选择器上的提示信息是"选择日期"。

发布寻物启事页面对应的是 AddSearchGoods.vue 文件，代码如下：

```html
<template>
  <el-container>
    <el-header>
      <HeaderIndex/>
    </el-header>
    <el-main>
      <div class="center" style="border: 0px solid red;width: 80%;margin: 0 auto">
        <div class="header-info" style="font-size:20px;font-weight:bolder;
color:#f86d0f;border:0px solid black;height: 4vh;line-height: 4vh;text-align: left;">
          发布寻物启事
        </div>
        <hr>
        <div class="form-content">
          <el-form ref="form" :model="form" label-width="120px" :rules="rules">
            <div class="basic-info" style="border: 0px solid red;width: 90%;margin:3vh auto;height: 50vh;text-align: left;">
              <el-form-item label="失物名称：" prop="lostName">
                <el-input v-model="form.lostName" style="width: 400px" placeholder="失物名称"></el-input>
              </el-form-item>
              <el-form-item label="失物分类：">
                <el-select v-model="form.kindId" placeholder="失物分类">
                  <el-option v-for="item in kinds" :key="item.kindId" :label="item.kindName" :value="item.kindId">
                  </el-option>
                </el-select>
              </el-form-item>
              <el-form-item label="失物地点：" prop="lostPlace">
                <el-input v-model="form.lostPlace" placeholder="失物地点" style="width: 400px"></el-input>
              </el-form-item>
              <el-form-item label="失物描述：">
                <el-input type="textarea" v-model="form.lostDecp" style="width: 50%"></el-input>
              </el-form-item>
              <el-form-item label="丢失物品时间：">
                <el-col :span="11">
                  <el-date-picker type="date" placeholder="选择日期" v-model="form.lostTime" style="width: 30%">
                  </el-date-picker>
                </el-col>
                <!--<el-col class="line" :span="1">-</el-col>
                <el-col :span="11">
                  <el-time-picker placeholder="选择时间" v-model="form.date2" style="width: 30%;"></el-time-picker>
                </el-col>-->
              </el-form-item>
            </div>
            <el-form-item>
              <el-button type="primary" @click="AddSearchGoods">确定发布</el-button>
              <el-button>清空</el-button>
            </el-form-item>
          </el-form>
        </div>
      </div>
    </el-main>
  </el-container>
</template>

<script>
  import HeaderIndex from "./HeaderIndex";
  export default {
    name: "AddSearchGoods",
    components: {HeaderIndex},
    data() {
      return {
        form: {
          lostName:'',
          kindId: '',
          lostPlace: '',
```

```
                    lostDecp: ",
                    lostTime: ",
                    lostPhoto: "
                },
                kinds: {},
                rules:{
                    lostName:[{required: true, message: '请填写物品名称', trigger: 'blur'}],
                    lostPlace: [{required: true, message: '请填写丢失地点信息', trigger: 'blur'}],
                }
            }
        },
        created() {
            this.queryKind()
        },
        methods: {
            queryKind(){
                let that = this
                this.axios.get('http://localhost:8661/core/kinds')
                    .then(function (res) {
                        if (res.data.code === 200) {
                            console.log(res.data)
                            that.kinds = res.data.data
                        } else {
                            that.$message.error(res.data.msg)
                        }
                    })
            },
            handleAvatarSuccess(res, file) {
                console.log(res.data)
                console.log(res.data)
                this.form.lostPhoto = 'http://localhost:8661/'+res.data
                console.log(this.form.lostPhoto)
            },
            AddSearchGoods(){
                let that = this
                this.axios.post('http://localhost:8661/core/lost',{
                    kindId: this.form.kindId,
                    lostName: this.form.lostName,
                    lostPlace: this.form.lostPlace,
                    lostTime:this.form.lostTime,
                    lostDecp: this.form.lostDecp,
                    lostPhoto: this.form.lostPhoto,
                    userId: sessionStorage.getItem("userId"),
                })
                    .then(function (res) {
                        if (res.data.code === 200) {
                            console.log(res.data)
                            that.$message.success(res.data.msg)
                            that.$router.push({
                                path: '/searchGoods'
                            })
                        } else {
                            that.$message.error(res.data.msg)
                        }
                    })
                }
            }
        }
    }
//省略部分代码
</style>
```

2.9.2 后端设计

发布寻物启事模块的后端设计包含控制器类设计、服务类设计和 DAO 层设计，下面将依次对这 3 个内容进行讲解。

1. 控制器类设计

LostController 类是发布寻物启事模块的控制器类。在 LostController 类中，定义了一个用于发布寻物

启事的 addLost()方法。addLost()方法的代码如下:

```
@PostMapping(value = "/lost")
@ApiOperation("发布寻物启事")
public Result<String> addLost(@RequestBody @Valid LostInfo lostInfo){
    int result = lostService.addLost(lostInfo);
    if(result==1){
        return Result.success("发布寻物启事成功");
    }
    return Result.fail("发布寻物启事失败");
}
```

2. 服务类设计

LostService 接口为发布寻物启事模块的服务接口。在 LostController 类的 addLost()方法中,调用了 LostService 接口的 addLost()方法。LostService 接口的 addLost()方法不仅有一个参数(即 LostInfo 类的对象),而且具有返回值,返回值是一个 int 类型、表示是否成功发布寻物启事的变量(1 表示成功,0 表示失败)。LostService 接口的 addLost()方法的代码如下:

```
int addLost(LostInfo lostInfo);
```

LostServiceImpl 类是 LostService 接口的实现类,即发布寻物启事模块的服务类。在 LostServiceImpl 类中,重写了 LostService 接口的 addLost()方法。该方法的作用是调用 DAO 层(数据访问对象)执行数据库操作。LostServiceImpl 类的 addLost()方法的代码如下:

```
@Override
public int addLost(LostInfo lostInfo) {
    lostInfo.setLostId(UUID.randomUUID().toString().replace("-",""));
    lostInfo.setLostReleaseTime(new Date());
    lostInfo.setCreateTime(new Date());
    lostInfo.setLostStatus(0);
    lostInfo.setCheckStatus(0);
    lostInfo.setCommentNum(0);
    int result = lostMapper.insertLostInfo(lostInfo);
    return result;
}
```

3. DAO 层设计

LostMapper 接口为发布寻物启事模块的 DAO 层。在 LostServiceImpl 类的 addLost()方法中,调用了 LostMapper 接口的 insertLostInfo()方法,该方法用于发布寻物启事。insertLostInfo()方法的参数是 LostInfo 类的对象,返回值是 int 类型、表示是否成功发布寻物启事的变量(1 表示成功,0 表示失败)。LostMapper 接口的 insertLostInfo()方法的代码如下:

```
int insertLostInfo(LostInfo lostInfo);
```

说明

在本项目中,与 LostMapper 接口中的方法绑定的 SQL 语句被写在了 LostMapper.xml 文件中。因此,读者可以在 LostMapper.xml 文件中查找与 insertLostInfo()方法绑定的 SQL 语句。

2.10　修改用户信息模块设计

不论是供学生访问的导航超链接,还是供管理员访问的导航超链接,都有个人中心超链接。以供学生访问的导航超链接为例,程序默认访问的是寻物启事超链接,当用户单击个人中心超链接时,寻物启事页面将跳转到如图 2.12 所示的个人中心页面。在个人中心页面上,用户可以先单击图标按钮,对微信号、手机号码或者密码进行修改,再单击"确定修改个人信息"按钮,以完成修改用户信息的操作。下面将介绍修改用户信息模块的设计过程。

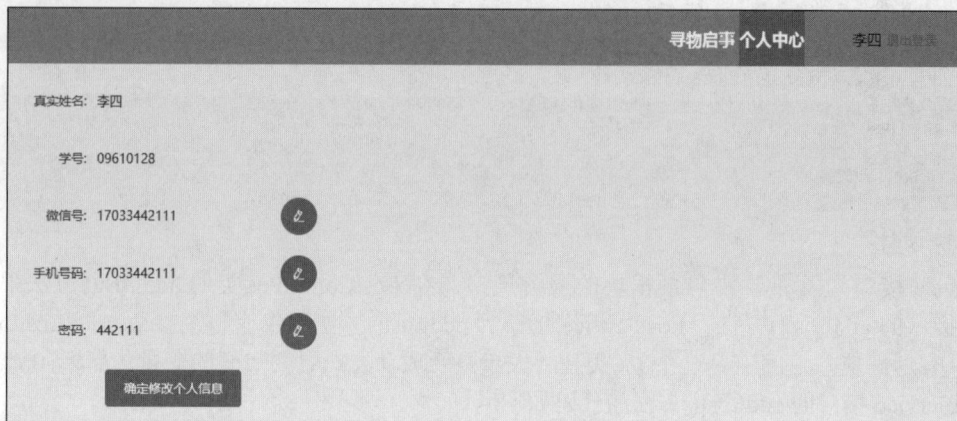

图 2.12　个人中心页面的效果图

2.10.1　前端设计

在个人中心页面上，包含了标签、输入框、（图标）按钮等组件。个人中心页面为已登录的用户提供了修改微信号、手机号码或者密码的功能。

个人中心页面对应的是 PersonalInfo.vue 文件，代码如下：

```html
<template>
  <el-container>
    <el-header>
      <HeaderIndex/>
    </el-header>
    <el-container>
      <el-main>
        <div>
          <el-form :label-position='left' label-width="80px" :model="tableData">
            <el-form-item label="真实姓名:">
              <span v-show="!inputLock.realname" class="content">{{ tableData.userName }}</span>
              <el-input v-model="tableData.userName" v-if="inputLock.realname" ></el-input>
            </el-form-item>
            <el-form-item label="学号:">
              <span v-show="!inputLock.num" class="content">{{ tableData.stuNum }}</span>
              <el-input v-model="tableData.stuNum" v-if="inputLock.num"></el-input>
            </el-form-item>
            <el-form-item label="微信号:">
              <span v-show="!inputLock.wx" class="content">{{ tableData.wechatId }}</span>
              <el-input v-model="tableData.wechatId" v-if="inputLock.wx"></el-input>
              <el-button class="button" type="primary" icon="el-icon-edit" circle @click="openLock('wx')"></el-button>
            </el-form-item>
            <el-form-item label="手机号码:">
              <span v-show="!inputLock.telephone" class="content">{{ tableData.userPhone }}</span>
              <el-input v-model="tableData.userPhone" v-if="inputLock.telephone" ></el-input>
              <el-button class="button" type="primary" icon="el-icon-edit" circle @click="openLock('telephone')">
              </el-button>
            </el-form-item>
            <el-form-item label="密码:">
              <span v-show="!inputLock.password" class="content">{{ tableData.userPwd }}</span>
              <el-input v-model="tableData.userPwd" v-if="inputLock.password"></el-input>
              <el-button class="button" type="primary" icon="el-icon-edit" circle @click="openLock('password')">
              </el-button>
            </el-form-item>
            <el-form-item>
              <el-button class="button" type="primary" @click="updateUser">确定修改个人信息</el-button>
            </el-form-item>
```

```
            </el-form>
          </div>
        </el-main>
      </el-container>
    </el-container>
</template>

<script>
  import HeaderIndex from "../HeaderIndex";
  export default {
    name: "PersonalInfo",
    components: {HeaderIndex},
    data () {
      return {
        tableData: {
          userNick: '',
          userName: '',
          stuNum: '',
          wechatId: '',
          userPhone: '',
          userPwd: '',
        },
        inputLock: {
          name: false,
          realname: false,
          num: false,
          wx: false,
          telephone: false,
          password: false
        }
      }
    },
    created () {
      this.queryUser()
    },
    methods: {
      openLock (key) {
        this.inputLock[key] = !this.inputLock[key]
      },
      queryUser () {
        const content = this
        this.axios.get('http://localhost:8661/core/user/'+sessionStorage.getItem("userId")).then(function (res) {
          console.log(res.data)
          content.tableData = res.data.data
        })
      },
      updateUser(){
        const content = this
        this.axios.put('http://localhost:8661/core/user/',{
          userId: sessionStorage.getItem("userId"),
          userNick: this.tableData.userNick,
          userName: this.tableData.userName,
          stuNum: this.tableData.stuNum,
          wechatId: this.tableData.wechatId,
          userPhone: this.tableData.userPhone,
          userPwd: this.tableData.userPwd,
        }).then(function (res) {
          if(res.data.code == 200){
            content.$message.success(res.data.msg)
            content.queryUser();
          }
        })
      }
    }
  }
</script>
//省略部分代码
```

2.10.2 后端设计

修改用户信息模块的后端设计也包含控制器类设计、服务类设计和 DAO 层设计，下面将依次对这 3 个内容进行讲解。

1. 控制器类设计

UserController 类是修改用户信息模块的控制器类，被@RestController 注解标注。在 UserController 类中，定义了一个用于更新用户信息的 updateUser()方法。updateUser()方法的代码如下：

```
@PutMapping("/user")
@ApiOperation("更新用户信息")
public Result<String> updateUser(@RequestBody UserInfo userInfo){
    int result = userService.updateUser(userInfo);
    if(result == 1){
        return Result.success("修改成功");
    }
    return Result.success("修改失败");
}
```

2. 服务类设计

UserService 接口为修改用户信息模块的服务接口。在 UserController 类的 updateUser()方法中，调用了 UserService 接口的 updateUser()方法。UserService 接口的 updateUser()方法不仅有一个参数（即 UserInfo 类的对象），而且具有返回值，返回值是一个 int 类型、表示是否成功修改用户信息的变量（1 表示成功，0 表示失败）。UserService 接口的 updateUser()方法的代码如下：

```
int updateUser(UserInfo userInfo);
```

UserServiceImpl 类是 UserService 接口的实现类，被@Service 注解标注，表示修改用户信息模块的服务类。在 UserServiceImpl 类中，重写了 UserService 接口的 updateUser()方法。该方法的作用是调用 DAO 层（数据访问对象）执行数据库操作。UserServiceImpl 类的 updateUser()方法的代码如下：

```
@Override
public int updateUser(UserInfo userInfo) {
    userInfo.setUpdateTime(new Date());
    return userMapper.updateUser(userInfo);
}
```

3. DAO 层设计

UserMapper 接口为修改用户信息模块的 DAO 层。在 UserServiceImpl 类的 updateUser()方法中，调用了 UserMapper 接口的 updateUser()方法，该方法用于更新用户信息。UserMapper 接口的 updateUser()方法不仅有一个参数（即 UserInfo 类的对象），而且具有返回值，返回值是一个 int 类型，表示是否成功修改用户信息的变量（1 表示成功，0 表示失败）。UserMapper 接口的 updateUser()方法的代码如下：

```
int updateUser(UserInfo userInfo);
```

> **说明**
>
> 在本项目中，与 UserMapper 接口中的方法绑定的 SQL 语句被写在了 UserMapper.xml 文件中。因此，读者可以在 UserMapper.xml 文件中查找与 updateUser()方法绑定的 SQL 语句。

2.11 用户管理模块设计

如图 2.13 所示，用户管理页面用于显示用户编号、用户名、真实姓名、学号、手机号码、微信号、身份证号码、密码、添加时间、管理员（用户身份）等信息。

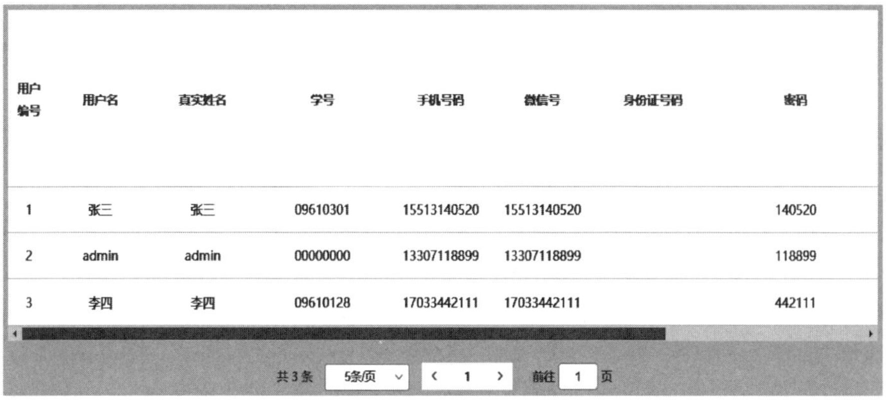

用户编号	用户名	真实姓名	学号	手机号码	微信号	身份证号码	密码
1	张三	张三	09610301	15513140520	15513140520		140520
2	admin	admin	00000000	13307118899	13307118899		118899
3	李四	李四	09610128	17033442111	17033442111		442111

共3条　5条/页　〈　1　〉　前往　1　页

图 2.13　用户管理页面的效果图

同时，该页面也用于修改用户身份，即管理员通过 switch 开关按钮能够设置用户的身份是"学生"，还是"管理员"，如图 2.14 所示。也就是说，用户管理模块有两个功能，一个是列表查询用户信息，另一个是修改用户的身份。列表查询用户信息的设计过程与列表查询寻物启事的设计过程相同，读者可参照第 2.8 节。下面将着重介绍如何设计修改用户身份的功能。

学号	手机号码	微信号	身份证号码	密码	添加时间	管理员
09610301	15513140520	15513140520		140520	2024-05-09	⬜
00000000	13307118899	13307118899		118899	2024-05-09	⬛
09610128	17033442111	17033442111		442111	2024-05-09	⬜

共3条　5条/页　〈　1　〉　前往　1　页

图 2.14　使用 switch 开关按钮修改用户身份的效果图

2.11.1　前端设计

在用户管理页面上，包含了表格组件、分页插件和 switch 开关按钮。在 Vue3 中，el-switch 是一个非常有用的组件，用于创建一个开关按钮，通过这个开关按钮可以切换某个状态的开启和关闭操作。如图 2.14 所示，如果用户的身份是学生，那么开关按钮是关闭的；如果用户的身份是管理员，那么开关按钮是开启的。

用户管理页面对应的是 UserManage.vue 文件，代码如下：

```
<template>
  <el-container>
    <el-header>
      <HeaderIndex/>
    </el-header>
    <el-container>
      <el-aside width="200px">
        <ManagerIndex/>
```

```html
            </el-aside>
            <el-main>
              <div class="main-content" style="">
                <el-main>
                  <el-table :data="dataTable">
                    <el-table-column type="index" label="用户编号" width="50" align="center">
                    </el-table-column>
                    <el-table-column prop="userNick" label="用户名" width="120" align="center">
                    </el-table-column>
                    <el-table-column prop="userName" label="真实姓名" width="120" align="center">
                    </el-table-column>
                    <el-table-column prop="stuNum" label="学号" width="160" align="center">
                    </el-table-column>
                    <el-table-column prop="userPhone" label="手机号码" width="120" align="center">
                    </el-table-column>
                    <el-table-column prop="wechatId" label="微信号" width="120" align="center">
                    </el-table-column>
                    <el-table-column prop="numId" label="身份证号码" width="140" align="center">
                    </el-table-column>
                    <el-table-column prop="userPwd" label="密码" width="200" align="center">
                    </el-table-column>
                    <el-table-column prop="createTime" label="添加时间" width="120" align="center">
                    </el-table-column>
                    <el-table-column label="管理员" width="200" align="center" >
                      <template class="handle" #default="scope">
                        <el-switch
                          v-model="scope.row.roleName"
                          active-color="#13ce66"
                          inactive-color="#ff4949"
                          active-value="admin"
                          inactive-value="student"
                          @change="changeRole(scope.row)">
                        </el-switch>
                      </template>
                    </el-table-column>
                  </el-table>
                </el-main>
              </div>

              <div class="page">
                <el-pagination
                  @size-change="handleSizeChange"
                  @current-change="handleCurrentChange"
                  :current-page="pagnination.pageNum"
                  :page-sizes="[5, 10, 20, 30, 50]"
                  :page-size="pagnination.pageSize"
                  layout="total, sizes, prev, pager, next, jumper"
                  :total="pagnination.total">
                </el-pagination>
              </div>
            </el-main>
        </el-container>
      </el-container>
</template>

<script>
  import HeaderIndex from "../HeaderIndex";
  import ManagerIndex from "./ManagerIndex";
  import {validateEMail,validatePhone} from "../../util/rule";
  export default {
    name: "UserManage",
    components: {HeaderIndex,ManagerIndex},
    data(){
      return{
        dialogVisible: false,
        userName: ',
        pagnination: {                    //页码信息
          pageSize: 5,                    //每页显示数据条数
```

```
            pageNum: 1,                                //当前页
            pages: 0,                                  //总页数
            total: 0                                   //总记录数
          },
          form: {
            userNick: '',
            userName: '',
            stuNum: '',
            userPhone: '',
            wechatId: '',
            numId: '',
          },
          dataTable: [],
        }
      },
      created() {
        this.queryUser()
      },
      methods:{
        queryUser(){
          let that = this
          this.axios.post('http://localhost:8661/core/users',{
            userName: this.userName,
            pageNum: this.pagnination.pageNum,
            pageSize: this.pagnination.pageSize,
          })
          .then(function (res) {
            if (res.data.code === 200) {
              console.log(res.data)
              that.pagnination.pages = res.data.data.pages
              that.pagnination.total = res.data.data.total
              that.dataTable = res.data.data.list
            } else {
              that.$message.error(res.data.msg)
            }
          })
        },
        handleSizeChange (val) {
          //刷新列表，刷新网页，回到第一页。
          this.pagnination.pageSize = val;
          this.queryUser();
        },
        handleCurrentChange (val) {
          //刷新列表，刷新页面，跳转到该页。
          this.pagnination.pageNum = val;
          this.queryUser();
        },
        changeRole(index){
          let that = this
          this.axios.post('http://localhost:8661/core/user/role',{
            roleName: index.roleName,
            userId: index.userId
          })
          .then(function (res) {
            if (res.data.code === 200) {
              console.log(res.data)
              that.$message.success(res.data.msg)
              that.queryUser()
            } else {
              that.$message.error(res.data.msg)
            }
          })
        }
      }
    }
</script>

//省略设计样式代码
```

2.11.2　后端设计

用户管理模块的后端设计包含展示层对象设计、控制器类设计、服务类设计和 DAO 层设计。下面将依次对这 4 个内容进行讲解。

1. 展示层对象设计

在本项目中，RoleInfoVO 类的对象是与用户管理模块中修改用户身份的功能相对应的展示层对象，其中只包含用户身份名称和用户编号这两个属性。RoleInfoVO 类中的每一个属性都与 sys_role（用户身份表）中的各个字段是一一对应的。代码如下：

```
@Data
public class RoleInfoVO {
    @ApiModelProperty("用户身份名称")
    private String roleName;

    @ApiModelProperty("用户 id")
    private String userId;
}
```

2. 控制器类设计

UserController 类是用户管理模块的控制器类。在 UserController 类中，定义了一个用于修改用户身份的 updateRole()方法。updateRole()方法的代码如下：

```
@PostMapping("/user/role")
@ApiOperation("修改用户身份")
public Result<String> updateRole(@RequestBody RoleInfoVO roleInfoVO){
    int result = userService.updateRole(roleInfoVO);
    if(result == 1){
        return Result.success("修改成功");
    }
    return Result.success("修改失败");
}
```

3. 服务类设计

UserService 接口为用户管理模块的服务接口。在 UserController 类的 updateRole()方法中，调用了 UserService 接口的 updateRole()方法。UserService 接口的 updateRole()方法不仅有一个参数（即 RoleInfoVO 类的对象），而且具有返回值，返回值是一个 int 类型、表示是否成功修改用户身份的变量（1 表示成功，0 表示失败）。UserService 接口的 updateRole()方法的代码如下：

```
int updateRole(RoleInfoVO roleInfoVO);
```

UserServiceImpl 类是 UserService 接口的实现类，即用户管理模块的服务类。在 UserServiceImpl 类中，重写了 UserService 接口的 updateRole()方法。该方法的作用是调用 DAO 层（数据访问对象）执行数据库操作。UserServiceImpl 类的 updateRole()方法的代码如下：

```
@Override
public int updateRole(RoleInfoVO roleInfoVO) {
    String roleId = userMapper.selectByRoleName(roleInfoVO.getRoleName());
    int result = userMapper.updateRole(roleInfoVO.getUserId(),roleId);
    return result;
}
```

4. DAO 层设计

UserMapper 接口为用户管理模块的 DAO 层。在 UserServiceImpl 类的 updateRole()方法中，分别调用了 UserMapper 接口的 selectByRoleName()方法和 updateRole()方法。selectByRoleName()方法用于获取用户身份编号，updateRole()方法用于修改用户身份。UserMapper 接口的 selectByRoleName()方法和 updateRole()方法的代码如下：

```
String selectByRoleName(String roleName);
int updateRole(@Param("userId") String userId,@Param("roleId") String roleId);
```

说明

在本项目中，与 UserMapper 接口中的方法绑定的 SQL 语句被写在了 UserMapper.xml 文件中。因此，读者可以在 UserMapper.xml 文件中查找与 selectByRoleName()方法和 updateRole()方法绑定的 SQL 语句。

2.12 分类管理模块设计

如图 2.15 所示，分类管理页面有两个功能：一个是列表查询分类，另一个是新增分类。其中，程序把列表查询分类的结果显示在表格组件中，新增分类则是通过如图 2.16 所示的对话框予以实现。下面将介绍分类管理模块的设计过程。

图 2.15　分类管理页面的效果图

图 2.16　新增分类的效果图

2.12.1　前端设计

在分类管理页面上，包含了表格组件和按钮插件。表格组件用于显示已添加的失物分类编号、失物分类名称和失物分类的创建时间；按钮组件用于新增分类，用户单击"新增分类"按钮，在弹出的对话框中输入新的分类名，单击"添加"按钮，以完成新增分类的操作。

分类管理页面对应的是 KindManage.vue 文件，代码如下：

```html
<template>
  <el-container>
    <el-header>
      <HeaderIndex/>
    </el-header>
    <el-container>
      <el-aside width="200px">
        <ManagerIndex/>
      </el-aside>
      <el-main>
        <div class="button-info" style="border: 0px solid red;height: 5vh;line-height: 5vh;">
          <el-button type="primary" @click="dialogVisible = true">新增分类</el-button>
          <el-dialog title="分类信息" :visible.sync="dialogVisible" >
            <el-form ref="form" :model="form" label-width="80px">
              <el-form-item label="分类名" prop="stuName">
                <el-input placeholder="分类名" v-model="form.kindName"></el-input>
              </el-form-item>
              <el-form-item>
                <el-button type="primary" @click="addKind">添加</el-button>
                <el-button @click="dialogVisible = false">取消</el-button>
              </el-form-item>
            </el-form>
          </el-dialog>
        </div>
        <div class="main-content" style="">
          <el-main>
            <el-table :data="dataTable">
              <el-table-column type="index" label="序号" width="50" align="center">
              </el-table-column>
              <el-table-column prop="kindName" label="分类名" width="120" align="center">
              </el-table-column>
              <el-table-column prop="createTime" label="添加时间" width="120" align="center">
              </el-table-column>
            </el-table>
          </el-main>
        </div>
      </el-main>
    </el-container>
  </el-container>
</template>

<script>
  import HeaderIndex from "../HeaderIndex";
  import ManagerIndex from "./ManagerIndex";
  export default {
    name: "KindManage",
    components: {HeaderIndex,ManagerIndex},
    data(){
      return{
        userName: ',
        dialogVisible: false,
        dataTable: [],
        form: {
          kindName: ',
        }
      }
    },
    created() {
      this.queryKind()
    },
    methods:{
      queryKind(){
        let that = this
        this.axios.get('http://localhost:8661/core/kinds')
          .then(function (res) {
            if (res.data.code === 200) {
              console.log(res.data)
              that.dataTable = res.data.data
            } else {
```

```
                that.$message.error(res.data.msg)
            }
        })
    },
    handleSizeChange (val) {
        //刷新列表，刷新网页，回到第一页。
        this.pagnination.pageSize = val;
        this.queryUser();
    },
    handleCurrentChange (val) {
        //刷新列表，刷新页面，跳转到该页。
        this.pagnination.pageNum = val;
        this.queryUser();
    },
    addKind(){
        let that = this
        this.axios.post('http://localhost:8661/core/kind',{
            kindName: this.form.kindName
        })
        .then(function (res) {
            if (res.data.code === 200) {
                console.log(res.data)
                that.$message.success(res.data.msg)
                that.dialogVisible=false
                that.queryKind()
            } else {
                that.$message.error(res.data.msg)
            }
        })
    },
    deleteKind(index){
        let that = this
        this.axios.delete('http://localhost:8661/core/kind/'+index.kindId)
        .then(function (res) {
            if (res.data.code === 200) {
                console.log(res.data)
                that.$message.success(res.data.msg)
                that.queryKind()
            } else {
                that.$message.error(res.data.msg)
            }
        })
    }
  }
 }
}
</script>
```

//省略设计样式代码

2.12.2　后端设计

用户管理模块的后端设计也包含数据传输对象设计、控制器类设计、服务类设计和 DAO 层设计。下面将依次对这 4 个内容进行讲解。

1. 数据传输对象设计

在本项目中，KindDTO 类的对象是与分类管理模块相对应的数据传输对象，其中包含 3 个属性，即失物分类编号、失物分类名称和失物分类的创建时间。KindDTO 类中的每一个属性都与 t_kind（失物类别表）中的各个字段是一一对应的。代码如下：

```
@Data
public class KindDTO {
    @ApiModelProperty("失物分类编号")
    private String kindId;

    @ApiModelProperty("失物分类名称")
    private String kindName;
```

```
@ApiModelProperty("失物分类的创建时间")
@JsonFormat(pattern = "yyyy-MM-dd")
private Date createTime;
}
```

2. 控制器类设计

KindController 类是分类管理模块的控制器类，被@RestController 注解标注。在 KindController 类中，定义了一个用于列表查询分类的 getList()方法和一个用于新增分类的 addKind()方法。getList()方法和 addKind()方法的代码分别如下：

```
@GetMapping(value = "/kinds")
@ApiOperation("列表查询分类")
public Result<List<KindDTO>> getList(){
    List<KindDTO> list = kindService.getList();
    if(list == null){
        return Result.fail("无分类信息");
    }
    return Result.success(list);
}

@PostMapping("/kind")
@ApiOperation("新增分类")
public Result<String> addKind(@RequestBody KindDTO kindDTO){
    int result = kindService.addKind(kindDTO);
    if(result == 1){
        return Result.success("新增分类成功");
    }
    return Result.fail("新增分类失败");
}
```

3. 服务类设计

KindService 接口为分类管理模块的服务接口。在 KindController 类的 getList()方法和 addKind()方法中，分别调用了 KindService 接口的 getList()方法和 addKind()方法。KindService 接口的 getList()方法是一个无参方法；addKind()方法不仅有一个参数（即 KindDTO 类的对象），而且具有返回值，返回值是 int 类型，表示是否成功添加新的分类的变量（1 表示成功，0 表示失败）。KindService 接口的 getList()方法和 addKind()方法的代码分别如下：

```
List<KindDTO> getList();
int addKind(KindDTO kindDTO);
```

KindServiceImpl 类是 KindService 接口的实现类，被@Service 注解标注，表示分类管理模块的服务类。在 KindServiceImpl 类中，重写了 KindService 接口的 getList()方法和 addKind()方法。这两个方法的作用都是调用 DAO 层（数据访问对象）执行数据库操作。KindServiceImpl 类的 getList()方法和 addKind()方法的代码分别如下：

```
@Override
public List<KindDTO> getList() {
    List<KindDTO> kindDTOS=kindMapper.selectList();
    return kindDTOS;
}

@Override
public int addKind(KindDTO kindDTO) {
    Kind kind=new Kind();
    BeanUtils.copyProperties(kindDTO,kind);
    kind.setKindId(UUID.randomUUID().toString().replace("-",""));
    kind.setCreateTime(new Date());
    kind.setUpdateTime(new Date());
    int result = kindMapper.insert(kind);
    return result;
}
```

4. DAO 层设计

KindMapper 接口为分类管理模块的 DAO 层。在 KindServiceImpl 类的 getList() 方法中，调用了 KindMapper 接口的 selectList() 方法，该方法用于列表查询分类；在 KindServiceImpl 类的 addKind() 方法中，调用了 KindMapper 接口的 insert() 方法，该方法用于新增分类。其中，selectList() 方法没有参数；insert() 方法不仅有一个参数（即 Kind 类的对象），而且具有返回值，返回值是 int 类型，表示是否成功添加新的分类的变量（1 表示成功，0 表示失败）。KindMapper 接口的 selectList() 方法和 insert() 方法的代码分别如下：

```
List<KindDTO> selectList();
int insert(Kind kind);
```

说明

在本项目中，与 KindMapper 接口中的方法绑定的 SQL 语句被写在了 KindMapper.xml 文件中。因此，读者可以在 KindMapper.xml 文件中查找与 selectList() 方法和 insert() 方法绑定的 SQL 语句。

2.13 寻物启事审核模块设计

如图 2.17 所示，在寻物启事审核页面上，默认显示的是已发布但未审核的失物信息。每一条失物信息的右侧都会有"不通过"和"通过"两个按钮。如果管理员单击"通过"按钮，那么已发布的失物信息通过审核，将被显示在如图 2.18 所示的寻物启事页面上；如果管理员单击"不通过"按钮，那么已发布的失物信息没有通过审核，将不会显示在寻物启事页面上。下面介绍寻物启事审核模块的设计过程。

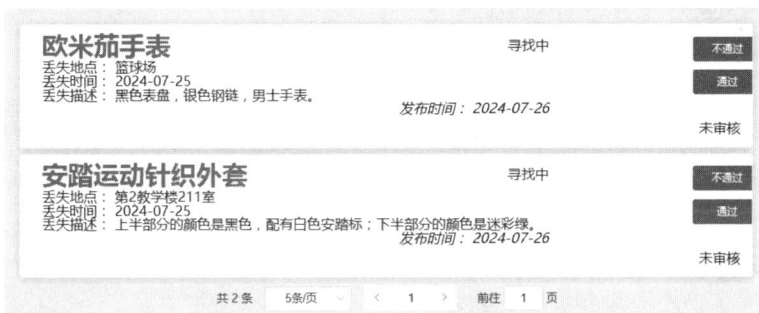

图 2.17　寻物启事审核页面的效果图

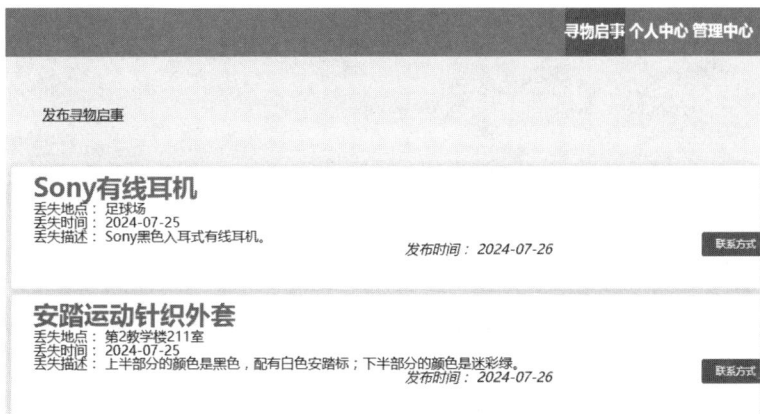

图 2.18　审核通过后寻物启事页面的效果图

2.13.1 前端设计

在寻物启事审核页面上，包含卡片组件、分页插件和按钮组件。卡片组件用于显示每一条已发布但未审核的失物信息，每一条失物信息的内容都是相同的，即失物名称、丢失地点、丢失时间、丢失描述和发布时间。分页插件用于把全部的已发布但未审核的失物信息按照每个分页可显示的记录条数予以显示。按钮组件则允许管理员对已发布但未审核的失物信息进行审核，只有审核通过的失物信息才能显示在寻物启事页面上。

寻物启事审核页面对应的是 SearchCheck.vue 文件，代码如下：

```
<template>
  <el-container>
    <el-header>
      <HeaderIndex/>
    </el-header>
    <el-container>
      <el-aside width="200px">
        <ManagerIndex/>
      </el-aside>
      <el-main>
        <div class="header-search" style="border: 0px solid red;width: 80%;margin:0 auto">
          <div>
            <el-radio v-model="checkStatus" :label="0">未审核</el-radio>
            <el-radio v-model="checkStatus" :label="1">审核不通过</el-radio>
            <el-radio v-model="checkStatus" :label="2">审核通过</el-radio>
          </div>
          <el-button type="primary" icon="el-icon-search" @click="querySearchGoods">搜索</el-button>
        </div>

        <div class="list" style="">
          <ul class="infinite-list" style="overflow:auto">
            <li style="border: 0px solid red;margin: 1vh auto;width: 80%;"
            v-for="(item,index) in dataTable" :key="item.lostId" :value="item" :label="item" class="infinite-list-item">
              <el-card :body-style="{ padding: '1vh',height: '20vh' }">
                <div style="border: 0px solid green;display: inline-block;width: 70%;
                float:left;margin-left: 3vh;height: 19vh" class="card_text">
                  <div class="card_header" style="border: 0px solid red;height: 5vh;line-height: 5vh">
                    <span class="title" style="float: left;font-weight: bolder;font-size: 30px;color: #f86d0f;">
                    {{ item.lostName }}</span>
                    <span style="float: right" :class=" item.lostStatus ? 'gray' : '' ">
                    {{ item.lostStatus ? '已归还' : '寻找中' }}</span>
                  </div>
                  <div class="clearfix" style="border: 0px solid #0452d9;height: 14vh;">
                    <ul style="text-align: left">
                      <li>
                        <label>丢失地点：</label>
                        <span class="weight">{{ item.lostPlace }}</span>
                      </li>
                      <li>
                        <label>丢失时间：</label>
                        <span class="weight">{{ item.lostTime }}</span>
                      </li>
                      <li>
                        <label>丢失描述：</label>
                        <span class="weight">{{ item.lostDecp }}</span>
                      </li>
                      <li style="text-align: right">
                        <i>
                          <label>发布时间：</label>
                          <span class="weight">{{ item.lostReleaseTime }}</span>
                        </i>
                      </li>
                    </ul>
                  </div>
                </div>
```

```
            <div style="border: 0px solid #bc0aff;width: 10vh;float:right;height: 19vh;">
                <div style="height: 15vh;border: 0px solid red;">
                    <div style="height: 6vh;line-height: 6vh">
                        <el-button v-if="item.checkStatus==0 || item.checkStatus==2" style="width: 80px;"
                        type="primary" size="mini" @click="updateCheckStatus(index,1)">不通过</el-button>
                    </div>
                    <div style="height: 6vh;line-height: 6vh">
                        <el-button v-if="item.checkStatus==0 || item.checkStatus==1"style="width: 80px"
                        type="primary" size="mini" @click="updateCheckStatus(index,2)">通过</el-button>
                    </div>
                    <!--<el-tooltip :content="'Switch value: ' + item.checkStatus?'审核通过':'审核不通过'" placement="top">
                        <el-switch
                            v-model="item.checkStatus"
                            active-color="#13ce66"
                            inactive-color="#ff4949"
                            active-value="1"
                            inactive-value="0"
                        @change="updateCheckStatus(index)">
                        </el-switch>
                    </el-tooltip>-->
                </div>
                <div style=" height: 5vh;line-height: 5vh;border: 0px solid red">
                    <span v-if="item.checkStatus == 0">未审核</span>
                    <span v-if="item.checkStatus == 1">不通过</span>
                    <span v-if="item.checkStatus == 2">通过</span>
                </div>
            </div>
        </el-card>
    </li>
    </ul>
    <el-pagination
        @size-change="handleSizeChange"
        @current-change="handleCurrentChange"
        :current-page="page.pageNum"
        :page-sizes="[5, 10, 20, 50]"
        :page-size="page.pageSize"
        layout="total, sizes, prev, pager, next, jumper"
        :total="page.total">
    </el-pagination>
    </div>
    </el-main>
    </el-container>
    </el-container>
</template>

<script>
    import HeaderIndex from "../HeaderIndex";
    import ManagerIndex from "./ManagerIndex";
    export default {
        name: "SearchCheck",
        components: {HeaderIndex,ManagerIndex},
        data () {
            return {
                date: [],
                dataTable: [],
                checkStatus: 0,
                dialogVisible: false,
                page: {
                    pageSize: 5,
                    pageNum: 1,
                    pages: 4,
                    total: 20
                },
                dialogData: null,
                kinds: {}
            }
        },
```

```
created () {
    this.querySearchGoods()
    this.queryKind()
},
methods: {
    querySearchGoods() {
        const that = this
        this.axios.post('http://localhost:8661/core/losts', {
            beginTime: this.date[0],
            endTime: this.date[1],
            pageNum: this.page.pageNum,
            pageSize: this.page.pageSize,
            checkStatus: this.checkStatus,
        }).then(function (res) {
            if (res.data.code === 200) {
                that.page.pages = res.data.data.pages
                that.page.total = res.data.data.total
                that.dataTable = res.data.data.list
            } else {
                that.$message.error(res.data.msg)
            }
        })
    },
    handleSizeChange(val) {
        //刷新列表，刷新网页，回到第一页。
        this.page.pageSize = val
        this.querySearchGoods()
    },
    handleCurrentChange(val) {
        //刷新列表，刷新页面，跳转到该页。
        this.page.pageNum = val
        this.querySearchGoods()
    },

    queryKind(){
        let that = this
        this.axios.get('http://localhost:8661/core/kinds')
            .then(function (res) {
                if (res.data.code === 200) {
                    console.log(res.data)
                    that.kinds = res.data.data
                } else {
                    that.$message.error(res.data.msg)
                }
            })
    },
    updateCheckStatus(index,status){

        const that = this
        this.axios.put('http://localhost:8661/core/lost/status/'+ this.dataTable[index].lostId+'/'+status)
            .then(function (res) {
                if (res.data.code === 200) {
                    that.$message.success(res.data.msg)
                    that.querySearchGoods()
                } else {
                    that.$message.error(res.data.msg)
                }
            })
        }
    }
}
}
</script>
//省略部分代码
```

2.13.2　后端设计

寻物启事审核模块的后端设计包含控制器类设计、服务类设计和 DAO 层设计，下面将依次对这 3 个内容进行讲解。

1. 控制器类设计

LostController 类也是寻物启事审核模块的控制器类。在 LostController 类中，定义了一个用于修改寻物启事的审核状态的 updateCheckStatus()方法。updateCheckStatus()方法的代码如下：

```
@PutMapping("/lost/status/{lostId}/{status}")
@ApiOperation("修改寻物启事的审核状态")
public Result<String> updateCheckStatus(
        @PathVariable(name = "lostId") @ApiParam(name = "lostId",value = "失物 id") String lostId,
        @PathVariable(name = "status") @ApiParam(name = "status",value = "审核状态") String status){
    int result=lostService.updateCheckStatus(lostId,status);
    if(result==1){
        return Result.success("审核状态修改成功");
    }
    return Result.fail("审核状态修改失败");
}
```

2. 服务类设计

LostService 接口也是寻物启事审核模块的服务接口。在 LostController 类的 updateCheckStatus()方法中，调用了 LostService 接口的 updateCheckStatus()方法。LostService 接口的 updateCheckStatus()方法不仅有两个参数，而且具有返回值，返回值是一个 int 类型、表示是否成功修改寻物启事的审核状态的变量（1 表示成功，0 表示失败）。LostService 接口的 updateCheckStatus()方法的代码如下：

```
int updateCheckStatus(String lostId, String status);
```

LostServiceImpl 类是 LostService 接口的实现类，被@Service 注解标注，表示寻物启事审核模块的服务类。在 LostServiceImpl 类中，重写了 LostService 接口的 updateCheckStatus()方法。该方法的作用是调用 DAO 层（数据访问对象）执行数据库操作。LostServiceImpl 类的 updateCheckStatus()方法的代码如下：

```
@Override
public int updateCheckStatus(String lostId, String status) {
    return lostMapper.updateCheckStatus(lostId,status);
}
```

3. DAO 层设计

LostMapper 接口也是寻物启事审核模块的 DAO 层。在 LostServiceImpl 类的 updateCheckStatus()方法中，调用了 LostMapper 接口的 updateCheckStatus()方法，该方法用于修改寻物启事的审核状态。updateCheckStatus()方法不仅有两个参数，而且具有返回值，返回值是一个 int 类型、表示是否成功修改寻物启事的审核状态的变量（1 表示成功；0 表示失败）。LostMapper 接口的 updateCheckStatus()方法的代码如下：

```
int updateCheckStatus(@Param("lostId")String lostId, @Param("status")String status);
```

2.14 项 目 运 行

通过前述步骤，我们设计并完成了"寻物启事网站"项目的开发。"寻物启事网站"项目是一个前后端分离的项目，因此运行该项目需要两个步骤：首先启动后端，然后启动前端。下面运行本项目，检验一下我们的开发成果。如图 2.19 和图 2.20 所示，首先选择 LostApplication，单击▶快捷图标，然后选择 start，单击▶快捷图标，即可运行本项目。

图 2.19　启动后端的快捷图标　　　　　　　图 2.20　启动前端的快捷图标

启动项目后，寻物启事网站的登录页面将被打开，如图 2.21 所示。

图 2.21　登录页面的效果图

如果用户的身份是学生，那么程序默认打开的是寻物启事页面。在寻物启事页面的头部有 3 个导航超链接，它们分别是寻物启事超链接、个人中心超链接和退出登录超链接，如图 2.22 所示。其中，在寻物启事页面上，学生既可以查看失物信息，也可以发布寻物启事，还可以联系管理员归还失物；在个人中心页面上，学生可以修改用户信息，如微信号、手机号码、密码等。

如果用户的身份是管理员，那么程序默认打开的是管理中心页面。在管理中心页面的头部有 4 个导航超链接，它们分别是寻物启事超链接、个人中心超链接、管理中心超链接和退出登录超链接，如图 2.23 所示。其中，在管理中心页面上，包含了 3 个功能，它们分别是用户管理、分类管理和寻物启事审核。

图 2.22　供学生访问的导航超链接

图 2.23　供管理员访问的导航超链接

这样，我们就成功地检验了本项目的运行。

Vue.js 虽然不能直接被引入 HTML 中，但是可以通过<script>标签被引入到 HTML 中。此外，在 Vue.js 中，.vue 文件是单文件组件，它们允许被打包在一个文件中，进而达到前后端分离的目的。需要特别说明的是，本书第 1 章的前端页面设计是通过<script>标签把 Vue.js 引入到 HTML 中的，本书第 2 章（即本项目）的前端页面设计则是把所有的.vue 文件打包在一个文件中。

对于一个 Spring Boot 项目，PO 持久化对象（persistant object），即实体类对象，用于与数据库形成映射关系；VO 代表值对象（value object），它是一种特殊的 Java 对象，主要用于把某个指定页面的所有数据封装起来，减少传输数据量，避免数据库中的数据外泄；DTO 代表数据传输对象（data transfer object），是一种用于在不同层之间传递数据的 Java 对象。

2.15　源码下载

虽然本章详细地讲解了如何编码实现"寻物启事网站"项目的各个功能，但给出的代码都是代码片段，而非源码。为了方便读者学习，本书提供了完整的项目源码，扫描右侧二维码即可下载。

源码下载

## 第 3 章

明日之星物业管理系统

——Vue.js + Spring Boot + MySQL

随着 IT 技术的不断发展，物业管理系统已经成为当今社区管理的核心工具。它不仅规范了物业公司的服务行为和工作标准，还有效减轻了物业公司员工的工作负担，提高了工作效率。同时，它还能建立与住户的便捷互动渠道，方便住户了解服务、查询费用，对有偿服务实施透明化管理，增强诚信度，提升住户满意度。本章将开发一个全栈项目——明日之星物业管理系统。本项目依然使用 Vue.js 设计前端页面，使用 Spring Boot 实现后端的业务逻辑，使用 MySQL 数据库存储数据。

项目微视频

本项目的核心功能及实现技术如下：

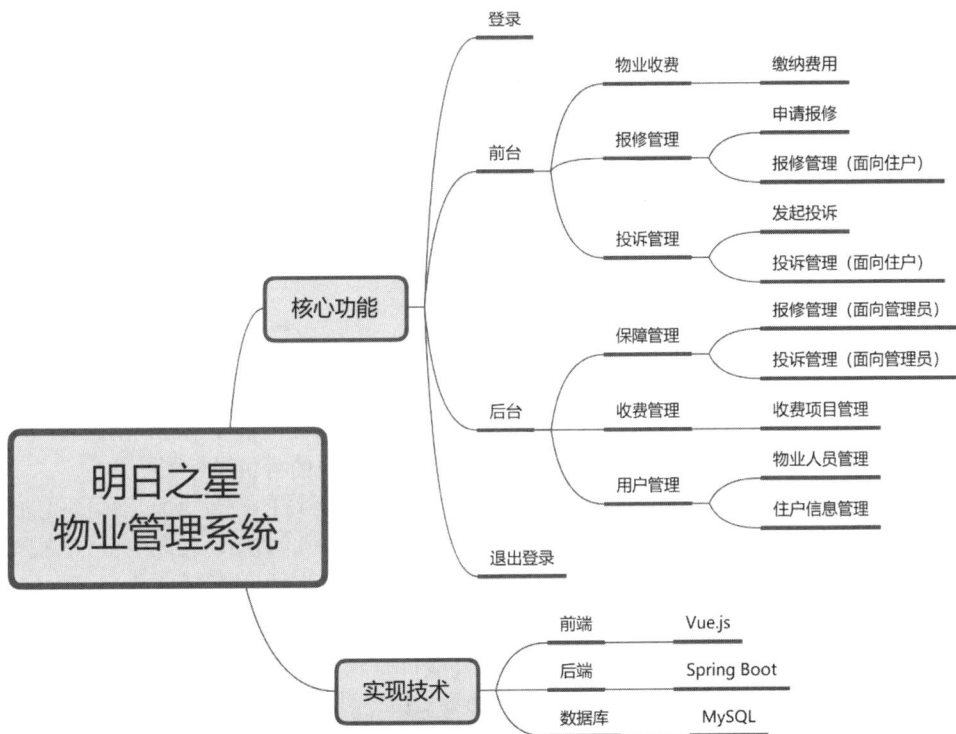

3.1 开发背景

物业公司在日常管理中常面临管理效率低下、信息传递不畅、收费透明度不足等问题。传统管理方式需要投入大量人力物力，不仅运营成本高，还易出错或延误。因此，开发一个智能化的物业管理系统，用当今先进的 IT 技术支持物业公司日常管理，无疑是十分有意义的。该系统能规范服务行为，提高工作效率，进而提升服务质量。该项目是一个全栈项目，由前端和后端组成。前端负责把由后端为住户提供的物业收费、报修管理和投诉管理等功能模块或者为管理员提供的保障管理、收费管理和用户管理等功能模块以网页的方式呈现在用户的浏览器上，进而达到与用户进行交互的目的；后端则负责处理由前端发送的请求（如住户缴纳费用，管理员对住户信息执行增、删、改、查等操作），并根据这个请求执行相应的业务逻辑，并把处理结果返回前端。

明日之星物业管理系统将实现以下目标：

- ☑ 页面简洁清晰、操作简单方便；
- ☑ 在物业和住户之间建立有效的互动；
- ☑ 在住户的监督和反馈下，规范物业的日常服务行为和工作标准；
- ☑ 住户报修以后，住户和物业管理员都可以跟进维修进度；
- ☑ 物业对有偿的便民服务予以透明化处理；
- ☑ 提升对物业人员信息和住户信息的管理效率。

3.2　系统设计

3.2.1　开发环境

本项目的开发及运行环境如下：

- ☑ 操作系统：推荐 Windows 10、11 及以上版本，兼容 Windows7（SP1）。
- ☑ 开发工具：IntelliJ IDEA。
- ☑ 前端实现技术：HTML5、CSS3、JavaScript、Vue.js。
- ☑ 开发语言：Java EE、Spring Boot。
- ☑ 数据库：MySQL 8.0。
- ☑ Web 服务器：Tomcat 9.0 及以上版本。

3.2.2　业务流程

启动项目后，打开浏览器，访问 http://localhost:8080 地址，明日之星物业管理系统的登录页面将被打开。在登录页面上，用户输入正确的用户名和密码后，程序将对用户的身份进行判断。

如果用户的身份是住户，那么程序打开的是明日之星物业管理系统的前台页面。在页面的侧边栏上，为住户提供了 3 个功能模块，分别是物业收费、报修管理和投诉管理。其中，使用物业收费下的缴纳费用功能，能够查询当月未缴纳的收费项目、收费金额和缴费的创建时间。报修管理包含申请报修和报修管理（面向住户）两个功能：使用申请报修功能，能够通知物业公司对报修内容进行维修；使用报修管理（面向住户）功能，能够跟进物业公司的维修进度。投诉管理包含发起投诉和投诉管理（面向住户）两个功能：使用发起投诉功能，可以阐述对物业公司服务的满意程度；使用投诉管理（面向住户）功能，可以跟进物业公司对投诉原因的反馈。

如果用户的身份是管理员，那么程序打开的是明日之星物业管理系统的后台页面。在页面的侧边栏上，同样为管理员提供了 3 个功能模块，分别是保障管理、收费管理和用户管理。其中，保障管理包含报修管理（面向管理员）和投诉管理（面向管理员）两个功能：使用报修管理（面向管理员）功能，能够确认住户的报修内容是否被处理；使用投诉管理（面向管理员）功能，能够确认住户的投诉原因是否被反馈。收费管理包含收费项目管理功能，使用该功能可以新增收费项目，其中包含收费项目名称、收费金额、创建时间等信息。用户管理包含物业人员管理和住户信息管理两个功能：使用物业人员管理功能，能够对物业人员信息执行增、删、改、查等操作；使用住户信息管理的功能，能够对住户信息执行增、删、改、查等操作。

明日之星物业管理系统的业务流程如图 3.1 所示。

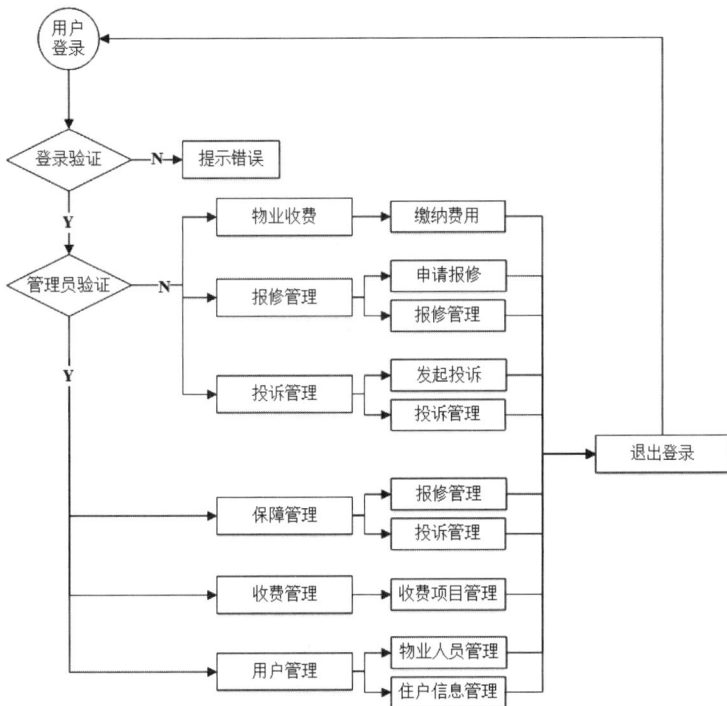

图 3.1　明日之星物业管理系统的业务流程图

3.2.3　功能结构

本项目的功能结构已经在章首页中给出。本项目实现的具体功能如下：

- ☑　用户登录：支持住户和管理员的登录操作。
- ☑　缴纳费用：供住户查询当月未缴纳的收费项目、收费金额和缴费的创建时间。
- ☑　申请报修：供住户通知物业公司对报修内容进行维修。
- ☑　报修管理（面向住户）：供住户跟进物业公司的维修进度。
- ☑　发起投诉：供住户阐述对物业公司服务的满意程度。
- ☑　投诉管理（面向住户）：供住户跟进物业公司对投诉原因的反馈。
- ☑　报修管理（面向管理员）：供管理员确认住户的报修内容是否被处理。
- ☑　投诉管理（面向管理员）：供管理员确认住户的投诉原因是否被反馈。
- ☑　收费项目管理：供管理员新增收费项目，其中包含收费项目名称、收费金额、创建时间等信息。
- ☑　物业人员管理：供管理员对物业人员信息执行增、删、改、查等操作。
- ☑　住户信息管理：供管理员对住户信息执行增、删、改、查等操作。
- ☑　退出登录：支持住户和管理员的退出登录操作。

3.3　技　术　准　备

本项目仍然是一个使用 MySQL 数据库的、由 Vue.js（实现前端的主要技术）和 Spring Boot（实现后端的主要技术）构建的全栈项目。下面将结合本项目的相关内容分别对 Vue.js、Spring Boot 和 MySQL 数据库做进一步的介绍。内容如下：

☑ Vue.js：Vue.js 的主要目的是简化前端开发人员的工作流程，提供一种更易于理解和使用的方式构建 Web 应用程序。本项目的缴纳费用、申请报修、发起投诉、收费项目管理、物业人员管理、住户信息管理等页面均是使用 Vue.js 编写的页面。

☑ Spring Boot：Spring Boot 是一个服务于框架的框架。也可以说，Spring Boot 是一个工具，这个工具简化了 Spring 的配置。本项目在使用 Spring Boot 实现增、删、改、查时的主要步骤是：定义实体类→创建访问 DAO 层的接口→创建服务类→创建控制器类并使用服务类。

☑ MySQL：MySQL 是一种关系型数据库管理系统，它将数据保存在不同的表中，而不是将所有数据放在一个大仓库内，这样可以提升数据的访问速度和灵活性。本项目使用的数据库依然是 MySQL，用于连接 MySQL 的相关信息被存储在 application.properties 文件中，代码如下：

```
#数据库驱动：
spring.datasource.driver-class-name=com.mysql.cj.jdbc.Driver
#数据源名称
spring.datasource.name=defaultDataSource
#数据库连接地址
spring.datasource.url=jdbc:mysql://127.0.0.1:3306/estate_management?serverTimezone=UTC\
    &useUnicode=true&characterEncoding=UTF-8
#数据库用户名&密码：
spring.datasource.username=root
spring.datasource.password=root
```

有关 Vue.js、Spring Boot 和 MySQL 的知识，分别在《Vue.js 从入门到精通》《Spring Boot 从入门到精通》和《Java 从入门到精通（第 7 版）》中进行了详细的讲解，对这些知识不太熟悉的读者可以参考这 3 本书中的相关内容。

3.4　数据库设计

3.4.1　数据库概述

本项目采用的数据库主要包含 4 张数据表，如表 3.1 所示。

表 3.1　明日之星物业管理系统的数据库结构

表名	表说明
sys_user	用户信息表
sys_repair	报修信息表
sys_complaint	投诉信息表
sys_charge_type	收费信息表

3.4.2　数据表设计

下面将详细介绍本项目使用的 4 张表的结构设计。

☑ sys_user（用户信息表）：主要用于存储物业人员信息和住户信息。该数据表的结构如表 3.2 所示。

表 3.2　sys_user 表结构

字段名称	数据类型	长度	是否主键	说明
id	VARCHAR	50	主键	用户编号

字段名称	数据类型	长度	是否主键	说明
user_name	VARCHAR	20		用户名称
full_name	VARCHAR	20		真实姓名
password	VARCHAR	100		用户密码
status	CHAR	1		用户状态（0 表示正常，1 表示停用）
phone	VARCHAR	11		用户手机号
login_ip	VARCHAR	50		用户最后登录 IP
login_date	DATETIME			用户最后登录时间
address	VARCHAR	100		用户住址

☑ sys_repair（报修信息表）：主要用于存储报修的相关信息。该数据表的结构如表 3.3 所示。

表 3.3　sys_repair 表结构

字段名称	数据类型	长度	是否主键	说明
id	INT		主键	申请报修编号
user_id	VARCHAR	50		用户编号
user_name	VARCHAR	255		用户名称
title	VARCHAR	255		用户报修内容
phone	VARCHAR	12		用户手机号
date	DATETIME			申请报修的时间
text	LONGTEXT			用户报修的详细说明
address	VARCHAR	50		用户住址
is_examine	INT			管理员是否审核
examine_data	LONGTEXT			管理员予以处理的回执数据

☑ sys_complaint（投诉信息表）：主要用于存储投诉的相关信息。该数据表的结构如表 3.4 所示。

表 3.4　sys_complaint 表结构

字段名称	数据类型	长度	是否主键	说明
id	INT		主键	投诉编号
user_id	VARCHAR	50		用户编号
user_name	VARCHAR	255		用户名称
phone	VARCHAR	12		用户手机号
title	VARCHAR	255		投诉原因
address	VARCHAR	50		用户住址
text	LONGTEXT			用户投诉的详细说明
is_examine	INT			管理员是否审核
examine_data	LONGTEXT			管理员予以处理的回执数据
date	DATETIME			发起投诉的时间

☑ sys_charge_type（收费信息表）：主要用于存储收费项目的相关信息。该数据表的结构如表 3.5 所示。

表 3.5 sys_charge_type 表结构

字段名称	数据类型	长度	是否主键	说明
id	INT		主键	收费项目编号
charge_name	VARCHAR	20		收费项目名称
charge_money	INT			收费金额
create_time	DATETIME			缴费的创建时间
update_time	DATETIME			缴费的修改时间

3.5 后端依赖配置和公共模块设计

在开发本项目时，不仅需要为其添加依赖，也需要为其添加配置信息，还需要为其设计公共模块。与第 2 章相同，本项目的公共模块设计指的也是实体类设计。下面将直接对本项目后端的依赖配置和公共模块进行介绍。

3.5.1 添加依赖和配置信息

添加依赖和配置信息是每一个 Spring Boot 项目都必不可少的环节。下面将分别介绍如何为本项目添加依赖和配置信息。

1. 添加依赖

因为本项目也是使用 Maven 构建的 Spring Boot 项目，所以 pom.xml 文件是核心配置文件，用于存储本项目所需的依赖，这些依赖会被添加到<dependencies>标签的内部。代码如下：

```xml
<?xml version="1.0" encoding="UTF-8"?>
<project xmlns="http://maven.apache.org/POM/4.0.0" xmlns:xsi="http://www.w3.org/2001/XMLSchema-instance"
    xsi:schemaLocation="http://maven.apache.org/POM/4.0.0 https://maven.apache.org/xsd/maven-4.0.0.xsd">
    <modelVersion>4.0.0</modelVersion>
    <groupId>com.kum</groupId>
    <artifactId>em_server</artifactId>
    <version>0.0.1-SNAPSHOT</version>
    <name>em_server</name>
    <description>Demo project for Spring Boot</description>

    <properties>
        <java.version>1.8</java.version>
        <project.build.sourceEncoding>UTF-8</project.build.sourceEncoding>
        <project.reporting.outputEncoding>UTF-8</project.reporting.outputEncoding>
        <spring-boot.version>2.3.7.RELEASE</spring-boot.version>
    </properties>

    <dependencies>
        <dependency>
            <groupId>org.springframework.boot</groupId>
            <artifactId>spring-boot-starter-quartz</artifactId>
        </dependency>
        <dependency>
            <groupId>org.springframework.boot</groupId>
            <artifactId>spring-boot-starter-security</artifactId>
        </dependency>
        <dependency>
            <groupId>org.springframework.boot</groupId>
            <artifactId>spring-boot-starter-web</artifactId>
```

```xml
        </dependency>
        <dependency>
            <groupId>com.alibaba</groupId>
            <artifactId>fastjson</artifactId>
            <version>1.2.72</version>
        </dependency>
        <dependency>
            <groupId>org.springframework.boot</groupId>
            <artifactId>spring-boot-devtools</artifactId>
            <scope>runtime</scope>
            <optional>true</optional>
        </dependency>
        <dependency>
            <groupId>com.baomidou</groupId>
            <artifactId>mybatis-plus-boot-starter</artifactId>
            <version>3.3.0</version>
        </dependency>
        <dependency>
            <groupId>mysql</groupId>
            <artifactId>mysql-connector-java</artifactId>
            <scope>runtime</scope>
        </dependency>
        <dependency>
            <groupId>org.projectlombok</groupId>
            <artifactId>lombok</artifactId>
            <optional>true</optional>
        </dependency>
        <dependency>
            <groupId>com.github.qcloudsms</groupId>
            <artifactId>qcloudsms</artifactId>
            <version>1.0.6</version>
        </dependency>
        <!--定时任务-->
        <dependency>
            <groupId>org.springframework.boot</groupId>
            <artifactId>spring-boot-starter-quartz</artifactId>
        </dependency>
        <!--验证码生成库-->
        <dependency>
            <groupId>com.github.penggle</groupId>
            <artifactId>kaptcha</artifactId>
            <version>2.3.2</version>
        </dependency>
        <!--自定义 yml-->
        <dependency>
            <groupId>org.springframework.boot</groupId>
            <artifactId>spring-boot-configuration-processor</artifactId>
            <optional>true</optional>
        </dependency>
        <dependency>
            <groupId>org.springframework.boot</groupId>
            <artifactId>spring-boot-starter-test</artifactId>
            <scope>test</scope>
            <exclusions>
                <exclusion>
                    <groupId>org.junit.vintage</groupId>
                    <artifactId>junit-vintage-engine</artifactId>
                </exclusion>
            </exclusions>
        </dependency>
        <dependency>
            <groupId>org.springframework.security</groupId>
            <artifactId>spring-security-test</artifactId>
            <scope>test</scope>
        </dependency>
        <dependency>
            <groupId>org.apache.commons</groupId>
            <artifactId>commons-lang3</artifactId>
```

```xml
                <version>3.10</version>
            </dependency>
        </dependencies>

    <dependencyManagement>
        <dependencies>
            <dependency>
                <groupId>org.springframework.boot</groupId>
                <artifactId>spring-boot-dependencies</artifactId>
                <version>${spring-boot.version}</version>
                <type>pom</type>
                <scope>import</scope>
            </dependency>
        </dependencies>
    </dependencyManagement>

    <build>
        <plugins>
            <plugin>
                <groupId>org.apache.maven.plugins</groupId>
                <artifactId>maven-compiler-plugin</artifactId>
                <version>3.8.1</version>
                <configuration>
                    <source>1.8</source>
                    <target>1.8</target>
                    <encoding>UTF-8</encoding>
                </configuration>
            </plugin>
            <plugin>
                <groupId>org.springframework.boot</groupId>
                <artifactId>spring-boot-maven-plugin</artifactId>
                <version>2.3.7.RELEASE</version>
                <configuration>
                    <mainClass>com.kum.EmServerApplication</mainClass>
                </configuration>
                <executions>
                    <execution>
                        <id>repackage</id>
                        <goals>
                            <goal>repackage</goal>
                        </goals>
                    </execution>
                </executions>
            </plugin>
        </plugins>
    </build>
</project>
```

2. 添加配置信息

Spring Boot 支持多种格式的配置文件，最常用的是 properties 格式（默认格式），而 yml 格式是一种比较新颖的格式，也比较常用。一个 Spring Boot 项目可以加载多个配置文件，本项目加载了两个配置文件，分别 application.properties 和 application.yml。

application.properties 包含如下的配置信息：

```properties
#应用名称
spring.application.name=em_server

#应用服务 Web 访问端口
server.port=8082

#数据库驱动：
spring.datasource.driver-class-name=com.mysql.cj.jdbc.Driver
#数据源名称
spring.datasource.name=defaultDataSource
#数据库连接地址
spring.datasource.url=jdbc:mysql://127.0.0.1:3306/estate_management?serverTimezone=UTC\
```

```
         &useUnicode=true&characterEncoding=UTF-8
#数据库用户名&密码：
spring.datasource.username=root
spring.datasource.password=root
```

application.yml 包含如下的配置信息：

```
#设置 Session 过期时间
server:
  servlet:
    session:
      timeout: 1D

#MybatisPlus 开启日志
mybatis-plus:
  configuration:
    log-impl: org.apache.ibatis.logging.stdout.StdOutImpl
```

3.5.2　实体类设计

在 Java 语言中，实体类与数据模型存在着一一对应的关系。在第 3.4.2 节中，已经介绍了本项目的 4 张数据表。下面将介绍与这 4 张数据表对应的实体类。

1. 用户信息类

本项目与 sys_user（用户信息表）相对应的实体类是 SysUser 类，表示用户信息类。SysUser 类中的每一个属性都对应着 sys_user（用户信息表）中的一个字段。SysUser 类代码如下：

```
@Builder
@Data
@AllArgsConstructor
@NoArgsConstructor
public class SysUser {
    @TableId(type = IdType.ASSIGN_UUID)
    private String id;              //用户编号
    private String userName;        //用户名称
    private String fullName;        //真实姓名
    private String password;        //用户密码
    private String status;          //用户状态（0正常，1停用）
    private String phone;           //用户手机号
    private String loginIp;         //用户最后登录 IP
    private Date loginDate;         //用户最后登录时间
    private String address;         //用户住址
}
```

上述代码中，@Builder、@Data、@AllArgsConstructor 和@NoArgsConstructor 都是由 Lombok 库提供的注解，具体作用如下：

☑ @Builder 用于实现 Builder 模式。Builder 模式是一种设计模式，即使用@Builder 注解自动生成一个内部的 Builder 类及其构建方法，从而简化代码的编写。

☑ @Data 用于为实体类中的所有字段自动生成 Getter 方法、Setter 方法、equals()方法、hashCode()方法、toString()方法等。

☑ @AllArgsConstructor 用于自动生成一个包含所有参数的构造函数。

☑ @NoArgsConstructor 用于自动生成一个无参的构造函数。

2. 报修信息类

本项目与 sys_repair（报修信息表）相对应的实体类是 SysRepair 类，表示报修信息类。SysRepair 类中的每一个属性都对应着 sys_repair（报修信息表）中的一个字段。SysRepair 类代码如下：

```
@Data
@AllArgsConstructor
@NoArgsConstructor
```

```
public class SysRepair {
    @TableId(type = IdType.AUTO)

    private Integer id;                          //主键编号
    private String userId;                       //用户编号
    private String userName;                     //用户名称
    private String title;                        //用户报修内容
    private String phone;                        //用户手机号
    private String address;                      //用户住址
    private Date date;                           //申请报修的时间
    private String text;                         //用户报修的详细说明
    private Integer isExamine;                   //管理员是否审核
    private String examineData;                  //管理员予以处理的回执数据
}
```

3. 投诉信息类

本项目与 sys_complaint（投诉信息表）相对应的实体类是 SysComplaint 类，表示投诉信息类。SysComplaint 类中的每一个属性都对应着 sys_complaint（投诉信息表）中的一个字段。SysComplaint 类代码如下：

```
@Data
@AllArgsConstructor
@NoArgsConstructor
public class SysComplaint {
    @TableId(type = IdType.AUTO)
    private Integer id;                          //主键编号
    private String userId;                       //用户 ID
    private String userName;                     //用户名称
    private String title;                        //投诉原因
    private String phone;                        //用户手机号
    private String address;                      //用户住址
    private Date date;                           //发起投诉的时间
    private String text;                         //用户投诉的详细说明
    private Integer isExamine;                   //管理员是否审核
    private String examineData;                  //管理员予以处理的回执数据
}
```

4. 收费信息类

本项目与 sys_charge_type（收费信息表）相对应的实体类是 SysChargeType 类，表示收费信息类。SysChargeType 类中的每一个属性都对应着 sys_charge_type（收费信息表）中的一个字段。SysChargeType 类代码如下：

```
@Data
@AllArgsConstructor
@NoArgsConstructor
public class SysChargeType {
    @TableId(type = IdType.AUTO)
    private Integer id;                          //主键编号
    private String chargeName;                   //收费项目名称
    private Integer chargeMoney;                 //收费金额
    @TableField(fill = FieldFill.INSERT)
    private Date createTime;                     //缴费的创建时间
    @TableField(fill = FieldFill.INSERT_UPDATE)
    private Date updateTime;                     //缴费的修改时间
}
```

3.6　登录模块设计

如图 3.2 所示，明日之星物业管理系统的登录页面被打开后，用户需要先在页面上依次输入用户名、密码和验证码，再单击"登录"按钮，以完成登录操作。"登录"按钮被单击后，程序将验证当前用户输入的用户名和密码是否正确。如果用户输入的用户名和密码是正确的，则程序将以此为依据判断当前用户的身份是"管理员"还是"住户"。下面将介绍登录模块的设计过程。

3.6.1　前端设计

明日之星物业管理系统的登录页面是由标题、用户名输入框、密码框、验证码输入框和"登录"按钮组成的。其中，用户名输入框、密码框和验证码输入框均不能为空；"登录"按钮先判断用户输入的用户名和密码，再判断用户的身份。

明日之星物业管理系统的登录页面对应的是 home.vue 文件，代码如下：

图 3.2　登录页面的效果图

```html
<template>
  <a-layout class="content">
    <a-layout>
      <a-layout-sider width="500" style="background: #eff2f5; margin: 0 auto;">
        <a-card title="用户登录">
          <div class="login">
            <a-input v-model="login_form_data.userName" placeholder="请输入用户名">
              <a-icon slot="prefix" type="user" />
              <a-tooltip slot="suffix" title="输入用户名或手机号">
                <a-icon type="info-circle" style="color: rgba(0, 0, 0, 0.45);" />
              </a-tooltip>
            </a-input>
            <br />
            <br />
            <a-input-password v-model="login_form_data.passWord" placeholder="请输入密码" />
            <br />
            <br />
            <el-row :gutter="20">
              <el-col :span="12" :offset="0">
                <a-input v-model="login_form_data.code" placeholder="请输入验证码" />
              </el-col>
              <el-col :span="12" :offset="0">
                <img
                  @click="() => {
                    login_img_src += '?time=' + new Date().getTime()
                  }"
                  :src="login_img_src"
                  style="height: 32px; width: 100px; border: 1px solid;"
                />
              </el-col>
            </el-row>
            <br />
            <el-row :gutter="20">
              <el-col :span="5" :offset="0">
                <a-button type="primary" @click="home_login()">登录</a-button>
              </el-col>
            </el-row>
          </div>
        </a-card>
      </a-layout-sider>
    </a-layout>
  </a-layout>
</template>

<script>
import { login, isAdmin } from '@/api/requests/rq-manage.js'
import notice_list from '@/views/home/notice_list.vue'
import rq_facilities_list from '@/views/home/rq_facilities_list.vue'
import estate_user_list from '@/views/home/estate_user_list.vue'
export default {
  name: 'home',
```

```
components: {
  'notice-list': notice_list,
  'rq-facilities-list': rq_facilities_list,
  'estate-user-list': estate_user_list,
},
data () {
  return {
    login_form_data: {},
    key: 'em_notice',
    noTitleKey: 'rq_facilities',
  }
},
created () {
  if (localStorage.getItem("isLogin")) {
    this.$store.dispatch('user/login', this.form).then(res => {
      this.$router.push('/')
    })

  }
},
methods: {
  home_login () {
    login(this.login_form_data).then(res => {
      if (res.code == 200) {
        this.$success({
          title: '登录成功',
        });
        localStorage.setItem("username", res.data.userName)
        this.$store.dispatch('user/login', this.form).then(res => {
          setTimeout(() => {
          window.location.href = '/'
        }, 1000)
        })
      } else {
        this.$error({
          title: '登录失败',
          content: res.msg,
        });
      }
    })
  },
  onTabChange (key, type) {
    console.log(key, type);
    this[type] = key;
  },
},
}
</script>
```

3.6.2 后端设计

登录模块的后端设计包含 4 个内容，即控制器类设计、登录类对象设计、服务类设计和 DAO 层设计。下面将依次对这 4 个内容进行讲解。

1. 控制器类设计

SysLoginController 类是登录模块的控制器类，被@RestController 注解标注。在 SysLoginController 类中，定义了一个用于登录的 login()方法和一个用于生成登录验证码的 getKaptchaImage()方法，代码如下：

```
@PostMapping("/login")
private AjaxResult login(@RequestBody SysLogin sysLogin) {
    if (!sysLoginService.checkCode(sysLogin.getCode())) {
        return AjaxResult.error("未输入验证码或填写错误");
    }
    SysUser user = sysLoginService.login(sysLogin);
    if (user == null) {
```

```
            return AjaxResult.error("用户名或密码错误");
        }
        JSONObject jsonObject = new JSONObject();
        jsonObject.put("userName",user.getUserName());
        System.out.println(jsonObject);
        return AjaxResult.success(jsonObject);
}
//登录验证码
@GetMapping("/login/code")
public void getKaptchaImage(HttpServletRequest request, HttpServletResponse response) throws Exception {
    response.setDateHeader("Expires", 0);
    response.setHeader("Cache-Control", "no-store, no-cache, must-revalidate");
    response.addHeader("Cache-Control", "post-check=0, pre-check=0");
    response.setHeader("Pragma", "no-cache");
    response.setContentType("image/jpeg");
    String capText = producer.createText();
    //将 sessionId 或其他代表用户身份的信息和验证码文本存入 Redis
    System.out.println(String.format("%s - %s", request.getSession().getId(), capText));
    request.getSession().setAttribute(Constants.KAPTCHA_SESSION_KEY, capText);
    BufferedImage bi = producer.createImage(capText);
    ServletOutputStream out = response.getOutputStream();
    ImageIO.write(bi, "jpg", out);
    out.flush();
    out.close();
}
```

2. 登录类对象设计

在 SysLoginController 类的 login()方法中，有一个参数，即 SysLogin 类的对象，它就是登录类对象，其作用是把登录页面的所有数据封装起来，进而减少传输的数据量。SysLogin 类的代码如下：

```
@Data
@AllArgsConstructor
@NoArgsConstructor
public class SysLogin {
    //用户在 Session 之中存储的 key 名称
    public static final String LOGIN_USER_SESSION_KEY = "user_permissions";

    //登录用户名
    private String userName;

    //登录密码
    private String passWord;

    //验证码
    private String code;
}
```

3. 服务类设计

SysLoginService 类被@Service 注解标注，表示登录模块的服务类。在 SysLoginController 类的 login()方法和 getKaptchaImage()方法中，分别调用了 SysLoginService 类的用于检查输入的验证码是否正确的 checkCode()方法和 login()方法，这两个方法的实现代码如下：

```
public boolean checkCode(String code){
    HttpServletRequest request = RequestUtils.getCurrentRequest();
    System.out.println(request.getSession().getId());
    String sCode = (String) request.getSession().getAttribute(Constants.KAPTCHA_SESSION_KEY);
    if(sCode == null || !code.equals(sCode)){
        return false;
    }
    return true;
}

public SysUser login(SysLogin sysLogin){
    //用户验证
    Authentication authentication = null;
```

```
try
{
    //该方法会调用 UserDetailsServiceImpl.loadUserByUsername
    authentication = authenticationManager
        .authenticate(new UsernamePasswordAuthenticationToken(sysLogin.getUserName(), sysLogin.getPassWord()));
}
catch (Exception e)
{
    e.printStackTrace();
    return null;
}
LoginUser loginUser = (LoginUser) authentication.getPrincipal();
List<String> userAcl = sysUserService.findUserAcl(loginUser.getUser().getId());
loginUser.setPermissions(userAcl);
//将登录信息存储到 Session 中
setUserInfoToSession(loginUser);
//删除验证码信息
removeLoginCode();
return loginUser.getUser();
}
```

在 SysLoginService 类的 login()方法中，调用了 SysUserService 类的 findUserAcl()方法，该方法用于获取包含用户身份的用户信息。SysUserService 类被@Service 注解标注，表示用户服务类。SysUserService 类的 findUserAcl()方法的代码如下：

```
public List<String> findUserAcl(String userId) {
    List<String> userAcl = sysUserMapper.findUserAcl(userId);
    return userAcl;
}
```

4. DAO 层设计

在 SysUserService 类的 findUserAcl()方法中，调用了 SysUserMapper 接口（DAO 层）的 findUserAcl()方法，该方法用于根据用户编号获取包含用户身份的用户信息，代码如下：

```
@Select("SELECT a.`name` FROM sys_user u   \n" +
    "JOIN sys_user_role ur ON u.id = ur.user_id\n" +
    "JOIN sys_role_acl ra ON ur.role_id = ra.role_id \n" +
    "JOIN sys_acl a ON ra.acl_id = a.id \n" +
    "WHERE u.id = #{userId}")
public List<String> findUserAcl(String userId);
```

3.7　侧边栏设计

如果已经登录的用户是住户，程序将在如图 3.3 所示的侧边栏中提供物业收费、报修管理和投诉管理 3 个功能模块。在物业收费功能模块下，只有缴纳费用一个功能；在报修管理功能模块下，包含申请报修和报修管理两个功能；在投诉管理功能模块下，包含发起投诉和投诉管理两个功能。每个功能都对应着一个超链接。侧边栏（面向住户）的设计对应的是 user.js 文件，代码如下：

```
export default [
{
    path: '/user/',
    component: Layout,
    redirect: '/user/pay',
    meta: {
        title: '物业收费'
    },
    children: [
        {
            path: 'pay',
            name: 'user_pay',
```

```
            component: () => import('@/views/admin/user/user_pay.vue'),
            meta: {
              title: '缴纳费用',
            }
          },

      ]
    },
    {
      path: '/user/repair',
      component: Layout,
      redirect: '/user/repair/add',
      meta: {
        title: '报修管理'
      },
      children: [
        {
          path: 'add',
          name: 'rq_repair',
          component: () => import('@/views/admin/rq/guarantee/rq_repair_add.vue'),
          meta: {
            title: '申请报修',
          }
        },
        {
          path: 'manager',
          name: 'rq_repair',
          component: () => import('@/views/admin/rq/guarantee/rq_repair_manager.vue'),
          meta: {
            title: '报修管理',
          }
        },

      ]
    },
    {
      path: '/user/complaint',
      component: Layout,
      redirect: '/user/complaint/add',
      meta: {
        title: '投诉管理'
      },
      children: [
        {
          path: 'add',
          name: 'rq_complaint',
          component: () => import('@/views/admin/rq/guarantee/rq_complaint_add.vue'),
          meta: {
            title: '发起投诉',
          }
        },
        {
          path: 'manager',
          name: 'rq_complaint',
          component: () => import('@/views/admin/rq/guarantee/rq_complaint_manager.vue'),
          meta: {
            title: '投诉管理',
          }
        },
      ]
    },
]
```

　　如果已经登录的用户是管理员，那么程序将在如图3.4所示的侧边栏中为管理员提供保障管理、收费管理和用户管理3个功能模块。在保障管理功能模块下，包含报修管理和投诉管理两个功能；在收费管理功能模块下，只有收费项目管理一个功能；在用户管理功能模块下，包含物业人员管理和住户信息管理两个功能。每个功能都对应着一个超链接。

物业收费	∨
报修管理	∨
投诉管理	∨

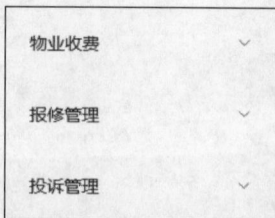

图 3.3　侧边栏（面向住户）的效果图

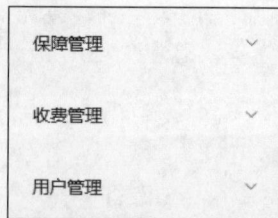

保障管理	∨
收费管理	∨
用户管理	∨

图 3.4　侧边栏（面向管理员）的效果图

侧边栏（面向管理员）的设计对应的是 admin.js 文件，代码如下：

```
export default [
  {
    path: '/guarantee-manager',
    component: Layout,
    redirect: '/guarantee-manager/repair',
    meta: {
      title: '保障管理'
    },
    children: [
      {
        path: 'repair',
        name: 'rq_repair',
        component: () => import('@/views/admin/rq/guarantee/rq_repair_manager.vue'),
        meta: {
          title: '报修管理',
        }
      },
      {
        path: 'complaint',
        name: 'rq_complaint',
        component: () => import('@/views/admin/rq/guarantee/rq_complaint_manager.vue'),
        meta: {
          title: '投诉管理',
        }
      },
    ]
  },
  {
    path: '/charge-manager',
    component: Layout,
    redirect: '/charge-manager/type',
    meta: {
      title: '收费管理'
    },
    children: [
      {
        path: 'type',
        name: 'rq_charge_type',
        component: () => import('@/views/admin/rq/charge/rq_charge_type.vue'),
        meta: {
          title: '收费项目管理',
        }
      },
    ]
  },
  {
    path: '/user-manager',
    component: Layout,
    redirect: '/user-manager/estate_user',
    meta: {
      title: '用户管理'
    },
    children: [
      {
        path: 'estate_user',
```

```
        name: 'estate_user',
        component: () => import('@/views/admin/user/estate_user_manager.vue'),
        meta: {
            title: '物业人员管理',
        }
    },
    {
        path: 'household',
        name: 'user_household',
        component: () => import('@/views/admin/user/user_household.vue'),
        meta: {
            title: '住户信息管理',
        }
    },
    ]
  }
]
```

3.8　缴纳费用模块设计

如图 3.5 所示，住户使用缴纳费用功能时，能够查询当月未缴纳的收费项目、收费金额和缴费的创建时间。住户如果已缴纳某一项收费项目（如保安费），那么可以自行单击插槽（slot）组件将其中蓝色的"未缴纳"修改为红色的"已缴纳"，如图 3.6 所示。下面将介绍缴纳费用模块的设计过程。

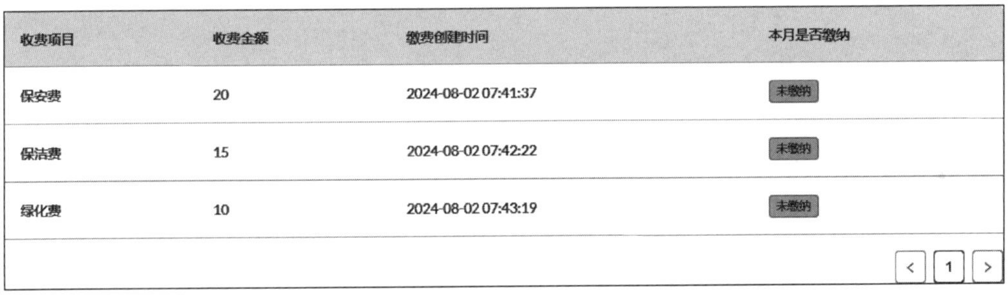

收费项目	收费金额	缴费创建时间	本月是否缴纳
保安费	20	2024-08-02 07:41:37	未缴纳
保洁费	15	2024-08-02 07:42:22	未缴纳
绿化费	10	2024-08-02 07:43:19	未缴纳
			< 1 >

图 3.5　缴纳费用页面的效果图

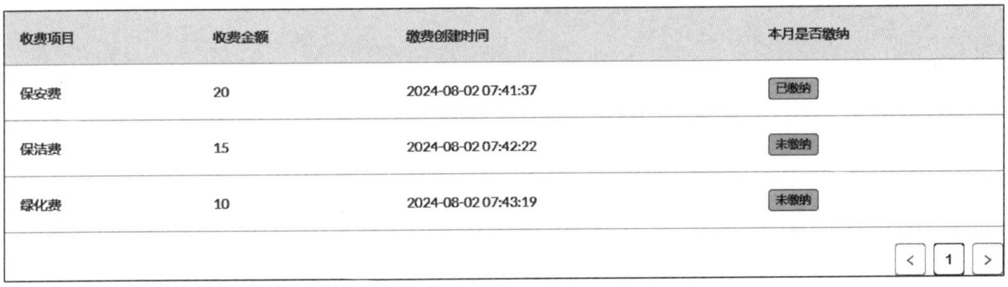

收费项目	收费金额	缴费创建时间	本月是否缴纳
保安费	20	2024-08-02 07:41:37	已缴纳
保洁费	15	2024-08-02 07:42:22	未缴纳
绿化费	10	2024-08-02 07:43:19	未缴纳
			< 1 >

图 3.6　已缴纳某一项收费项目的效果图

3.8.1　前端设计

缴纳费用页面是由分页插件、表格组件和插槽组件组成的。其中，表格组件的表头依次为收费项目、收费金额、缴费创建时间和本月是否缴纳。

缴纳费用页面对应的是 user_pay.vue 文件，代码如下：

```
<template>
  <page-main>
```

```
    <a-table :loading="loading" :data-source="payRecord_data_list">
      <a-table-column key="chargeName" title="收费项目" data-index="chargeName" />
      <a-table-column key="chargeMoney" title="收费金额" data-index="chargeMoney" />
      <a-table-column key="createTime" title="缴费创建时间" data-index="createTime" >
        <template slot-scope="text, record">
          {{rTime(text)}}
        </template>
      </a-table-column>
      <a-table-column key="isPayment" title="本月是否缴纳" data-index="isPayment">
        <template slot-scope="text, record">
          <a-tag v-if="text" color="red">已缴纳</a-tag>
          <a-tag v-else color="blue" @click="pay_fess(record.chargeTypeId)">未缴纳</a-tag>
        </template>
      </a-table-column>
    </a-table>
  </page-main>
</template>

<script>
import { getPayRecordOfMonth, payFess } from '@/api/requests/rq-manage.js'
import { Success, Warning } from '@/util/message.js'
import { rTime } from '@/util/time.js'

export default {
  name: 'user_pay',
  data () {
    return {
      rTime,
      loading: false,
      payRecord_data_list: [],
    }
  },
  created () {
    this.get_payRecordOfMonth()
  },
  methods: {
    get_payRecordOfMonth () {
      getPayRecordOfMonth().then(res => {
        this.payRecord_data_list = res.data
      })
    },
    pay_fess (chargeTypeId) {
      payFess(chargeTypeId).then(res => {
        this.$success({
          title: '支付物业费用回执',
          // JSX support
          content: (
            <div>
              <p>操作成功！</p>
            </div>
          ),
        });
        this.get_payRecordOfMonth()
      })
    }
  },
}
</script>
```

3.8.2　后端设计

缴纳费用模块的后端设计包含控制器类设计、服务类设计和 DAO 层设计，下面将依次对这 3 个内容进行讲解。

1. 控制器类设计

SysUserController 类是缴纳费用模块的控制器类，被@RestController 注解标注。在 SysUserController 类中，定义了一个用于获取缴纳费用的 getPayRecordOfMonth()方法，代码如下：

```
@GetMapping("/pay/record/month")
public AjaxResult getPayRecordOfMonth(){
    LoginUser user = RequestUtils.getCurrentLoginUser();
    return AjaxResult.success(sysUserPlayRecordService.findByOfMonth(user.getUser().getId()));
}
```

2. 服务类设计

SysUserPlayRecordService 类被@Service 注解标注，表示缴纳费用模块的服务类。在 SysUserController 类的 getPayRecordOfMonth()方法中，调用了 SysUserPlayRecordService 类的 findByOfMonth()方法，该方法根据用户编号获取当月需要缴费的费用，代码如下：

```
public List<JSONObject> findByOfMonth(String userId) {
    List<JSONObject> result = new ArrayList<>();
    Calendar instance = Calendar.getInstance();
    int currentMonth = instance.get(Calendar.MONTH) + 1;
    List<SysChargeType> list = sysChargeTypeService.list();
    list.forEach(item -> {
        JSONObject jsonObject = new JSONObject();
        jsonObject.put("chargeTypeId", item.getId());
        jsonObject.put("chargeName", item.getChargeName());
        jsonObject.put("chargeMoney", item.getChargeMoney());
        jsonObject.put("createTime", item.getCreateTime());
        boolean isPayment = false;
        if (findByChargeTypeIdAndNowMonth(userId,item.getId(),currentMonth)) {
            isPayment = true;
        }
        jsonObject.put("isPayment", isPayment);
        result.add(jsonObject);
    });
    return result;
}
```

在 SysUserPlayRecordService 类的 findByOfMonth()方法中，调用了 SysChargeTypeService 类的 list()方法，该方法用于列表查询收费项目。SysChargeTypeService 类被@Service 注解标注，表示收费项目管理服务类。SysChargeTypeService 类的 list()方法的代码如下：

```
public List<SysChargeType> list(){
    return sysChargeTypeMapper.selectList(null);
}
```

3. DAO 层设计

在 SysChargeTypeService 类的 list()方法中，调用了 SysChargeTypeMapper 接口（DAO 层）的 selectList()方法，该方法用于列表查询收费项目。SysChargeTypeMapper 接口的代码如下：

```
@Mapper
public interface SysChargeTypeMapper extends BaseMapper<SysChargeType> {
    public void list();
}
```

说明

BaseMapper 是 MyBatis-Plus 提供的一个通用 Mapper 接口，它封装了常用的 CRUD（增、删、改、查）方法，使得程序开发人员无须编写基本的数据库操作代码，从而专注于业务逻辑的实现。通过继承 BaseMapper 接口，程序开发人员可以直接使用这些方法，从而简化开发过程。

3.9 申请报修模块设计

图 3.7 申请报修页面的效果图

如图 3.7 所示，住户使用申请报修功能时，能够通知物业公司对报修内容进行维修。住户首先需要按要求填写相应的内容（每一项都是必填项），然后单击"保存"按钮，以完成申请报修的操作。下面将介绍申请报修模块的设计过程。

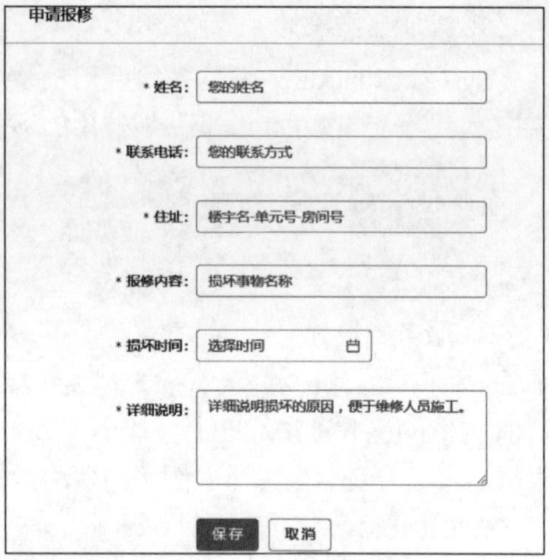

3.9.1 前端设计

申请报修页面对应的是 rq_repair_add.vue 文件，它是由标题、标签、输入框、时间选择器、文本域、按钮等组件组成的，代码如下：

```
<template>
  <page-main>
    <a-card title="申请报修">
      <a-form-model
        ref="current_form"
        :rules="rules"
        :model="current_form"
        style="width: 80vh;"
        :label-col="labelCol"
        :wrapper-col="wrapperCol"
      >
        <a-form-model-item label="姓名" prop="userName">
          <a-input v-model="current_form.userName" placeholder="您的姓名" />
        </a-form-model-item>
        <a-form-model-item label="联系电话" prop="phone">
          <a-input v-model="current_form.phone" placeholder="您的联系方式" />
        </a-form-model-item>
        <a-form-model-item label="住址" prop="address">
          <a-input v-model="current_form.address" placeholder="楼宇名-单元号-房间号" />
        </a-form-model-item>
        <a-form-model-item label="报修内容" prop="title">
          <a-input v-model="current_form.title" placeholder="损坏事物名称" />
        </a-form-model-item>
        <a-form-model-item label="损坏时间" prop="date1">
          <a-date-picker
            v-model="current_form.date1"
            @change="Form_date_changeHandler"
            placeholder="选择时间"
          />
        </a-form-model-item>

        <a-form-model-item label="详细说明" prop="text">
          <a-input
            v-model="current_form.text"
            type="textarea"
            :rows="4"
            placeholder="详细说明损坏的原因，便于维修人员施工。"
          />
        </a-form-model-item>
        <a-form-model-item style="margin-left: 33.3%;">
          <a-button type="primary" @click="Save_Repair">保存</a-button>
          <a-button style="margin-left: 10px;">取消</a-button>
        </a-form-model-item>
```

```
        </a-form-model>
      </a-card>
    </page-main>
</template>

<script>
import { addRepair } from '@/api/requests/rq-manage.js'
import { Success, Warning } from '@/util/message.js'

export default {
  data () {
    return {
      current_form: {},
      labelCol: { span: 8 },
      wrapperCol: { span: 14 },
      rules: {
        userName: [{ required: true, message: '此项为必填项', trigger: 'blur' }],
        phone: [{ required: true, message: '此项为必填项', trigger: 'blur' }],
        address: [{ required: true, message: '此项为必填项', trigger: 'blur' }],
        title: [{ required: true, message: '此项为必填项', trigger: 'blur' }],
        date1: [{ required: true, message: '此项为必填项', trigger: 'change' }],
        text: [{ required: true, message: '此项为必填项', trigger: 'blur' }],
      },
    }
  },
  created () {
    this.current_form.date = new Date()
  },
  methods: {
    Save_Repair () {
      this.$refs.current_form.validate(v => {
        if (v) {
          addRepair(this.current_form).then(res => {
            if (res.code == 200) {
              Success(this, '操作成功! ')
            }
          })
        }
      })
    },
    Form_date_changeHandler (date) {
      this.current_form.date = date._d
    }
  },
}
</script>
```

3.9.2 后端设计

申请报修模块的后端设计包含控制器类设计、服务类设计和 DAO 层设计，下面将依次对这 3 个内容进行讲解。

1. 控制器类设计

SysRepairController 类是申请报修模块的控制器类，被@RestController 注解标注。在 SysRepairController 类中，定义了一个用于执行添加操作的 addFacilities()方法，代码如下：

```
@PreAuthorize("@ps.hasPermi('system:repair:save')")
@PostMapping("/add")
public AjaxResult addFacilities(@RequestBody SysRepair sysRepair) {
    sysRepairService.add(sysRepair);
    return AjaxResult.success();
}
```

在 SysRepairController 类的 addFacilities()方法中，有一个参数，即 SysRepair 类的对象，它就是报修管理类对象，其作用是把如图 3.8 和图 3.9 所示的报修管理页面的所有数据封装起来，进而减少传输的数据量。

说明

因为报修管理类对象封装的数据包含申请报修页面传输的数据，所以报修管理类对象可以作为申请报修页面用于传输数据的载体。

2. 服务类设计

SysRepairService 类被@Service 注解标注，表示申请报修模块的服务类。在 SysRepairController 类的 addFacilities()方法中，调用了 SysRepairService 类的 add()方法，该方法用于添加申请报修页面中的数据，代码如下：

```
public void add(SysRepair sysRepair) {
    String userId = RequestUtils.getCurrentLoginUser().getUser().getId();
    sysRepair.setUserId(userId);
    save(sysRepair);
}
```

在 SysRepairService 类的 add()方法中，调用了 SysRepairService 类的 save()方法，该方法用于保存申请报修页面中的数据，代码如下：

```
public void save(SysRepair sysRepair) {
    if (findById(sysRepair.getId()) != null) {
        sysRepairMapper.updateById(sysRepair);
        return;
    }
    sysRepairMapper.insert(sysRepair);
}
```

3. DAO 层设计

在 SysRepairService 类的 save()方法中，调用了 SysRepairMapper 接口（DAO 层）的 insert()方法，该方法用于添加申请报修页面中的数据。SysRepairMapper 接口的代码如下：

```
@Mapper
public interface SysRepairMapper extends BaseMapper<SysRepair> {
}
```

说明

因为 SysRepairMapper 接口继承了 BaseMapper 接口，所以程序开发人员可以直接使用 BaseMapper 接口中常用的 CRUD（增、删、改、查）方法，从而简化开发过程。

3.10 报修管理（面向住户）模块设计

如图 3.8 所示，住户使用报修管理（面向住户）的功能时，能够根据"是否处理"下的状态（"未处理"或者"已处理"）跟进物业公司的维修进度。如果已申请的报修被处理，那么住户可以通过单击"已处理"插槽（slot），在弹出的详细信息对话框中查看管理员的回执数据，如图 3.9 所示。下面将介绍报修管理（面向住户）模块的设计过程。

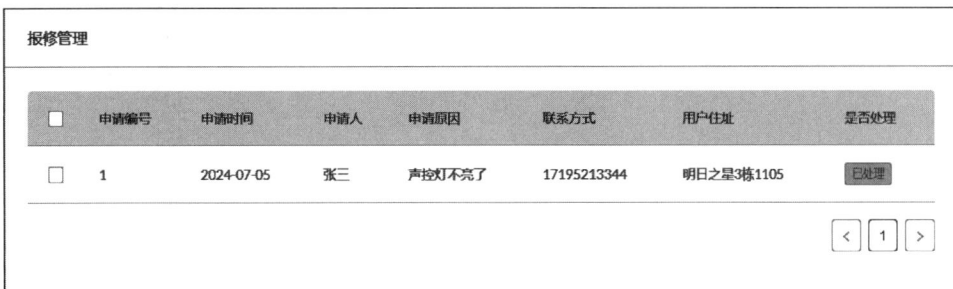

图 3.8　报修管理（面向住户）页面的效果图

图 3.9　详细信息对话框的效果图

3.10.1　前端设计

报修管理（面向住户）页面对应的是 rq_repair_manager.vue 文件，它是由分页插件、表格组件和插槽组件组成的。其中，表格组件的表头依次为申请编号、申请时间、申请人、申请原因、联系方式、用户住址和是否处理。rq_repair_manager.vue 文件的代码如下：

```
<a-card :loading="loading" title="报修管理">
  <div class="head" v-if="!IisUser">
    <a-button
      type="danger"
      v-if="table_selectedRowKeys.length > 0"
      style="height: 38px; margin-left: 10px;"
      @click="Del_batchData"
    >删除已选择的报修申请</a-button>
  </div>
  <a-table
    :data-source="repair_data_list"
    :row-selection="{ selectedRowKeys: table_selectedRowKeys, onChange: Table_selectChange }"
  >
    <a-table-column key="id" title="申请编号" data-index="id" />
    <a-table-column key="date" title="申请时间" data-index="date">
      <!-- rTime -->
      <template slot-scope="text, record">
        <span>{{String(record.date).substr(0,10)}}</span>
      </template>
    </a-table-column>
    <a-table-column key="userName" title="申请人" data-index="userName" />
```

```
        <a-table-column key="title" title="申请原因" data-index="title" />
        <a-table-column key="phone" title="联系方式" data-index="phone" />
        <a-table-column key="address" title="用户住址" data-index="address" />
        <a-table-column key="isExamine" title="是否处理" data-index="isExamine">
          <template slot-scope="text, record">
                <a-tooltip placement="top">
    <template slot="title">
        <span>点我查看详情</span>
    </template>
    <div @click="See_repairDateModal(record)">
                        <a-tag :color="record.isExamine == 1 ? 'red' : 'blue'" >
          {{
          record.isExamine == 1 ? '已处理' : '未处理'
          }}
          </a-tag>
        </div>
    </a-tooltip>
      </template>
    </a-table-column>
    <a-table-column v-if="!isUser" key="action" title="操作">
      <template slot-scope="text, record">
        <a-button-group>
          <a-button
            :disabled="record.isExamine == 1"
            type="primary"
            @click="Edit_repairData(record)"
          >审核</a-button>
            <a-button type="danger" @click="Del_repairData(record.id)">删除</a-button>
        </a-button-group>
      </template>
    </a-table-column>
  </a-table>
</a-card>
<!—对话框 -->
<a-modal
  v-model="repair_save_modalVisible"
  :title="repair_save_title"
  ok-text="确认"
  cancel-text="取消"
  :maskClosable="false"
  :destroyOnClose="false"
  @ok="Save_repairData"
>
```

3.10.2　后端设计

报修管理（面向住户）模块的后端设计包含控制器类设计、服务类设计和 DAO 层设计，下面将依次对这 3 个内容进行讲解。

1. 控制器类设计

SysRepairController 类是报修管理（面向住户）模块的控制器类，被@RestController 注解标注。在 SysRepairController 类中，定义了一个 getListByUserId()方法，该方法用于获取与用户编号相对应的申请报修的数据，代码如下：

```
@GetMapping("/list/user")
public AjaxResult getListByUserId() {
    String userId = RequestUtils.getCurrentLoginUser().getUser().getId();
    return AjaxResult.success(sysRepairService.findByUserId(userId));
}
```

2. 服务类设计

SysRepairService 类被@Service 注解标注，表示报修管理（面向住户）模块的服务类。在 SysRepairController 类的 getListByUserId()方法中，调用了 SysRepairService 类的 findByUserId()方法，该方

法根据用户编号查询申请报修的数据，代码如下：

```
public List<SysRepair> findByUserId(String userId){
    QueryWrapper<SysRepair> wrapper = new QueryWrapper<>();
    wrapper.eq("user_id",userId);
    return sysRepairMapper.selectList(wrapper);
}
```

3. DAO 层设计

在 SysRepairService 类的 findByUserId() 方法中，调用了 SysRepairMapper 接口（DAO 层）的 selectList()方法，该方法根据用户编号查询申请报修的数据。SysRepairMapper 接口的代码如下：

```
@Mapper
public interface SysRepairMapper extends BaseMapper<SysRepair> {
}
```

3.11　发起投诉模块设计

如图 3.10 所示，住户使用发起投诉的功能时，可以阐述对物业公司服务的满意程度。住户首先需要按要求填写相应的内容（每一项都是必填项），然后单击"保存"按钮，以完成发起投诉的操作。下面将介绍发起投诉模块的设计过程。

3.11.1　前端设计

发起投诉页面对应的是 rq_complaint_add.vue 文件，它是由标题、标签、输入框、文本域、按钮等组件组成的，代码如下：

图 3.10　发起投诉页面的效果图

```
<template>
  <page-main>
    <a-card title="发起投诉">
      <a-form-model
        ref="current_form"
        :rules="rules"
        :model="current_form"
        style="width: 80vh;"
        :label-col="labelCol"
        :wrapper-col="wrapperCol"
      >
        <a-form-model-item label="姓名" prop="userName">
          <a-input v-model="current_form.userName" placeholder="您的姓名" />
        </a-form-model-item>
        <a-form-model-item label="联系电话" prop="phone">
          <a-input v-model="current_form.phone" placeholder="您的联系方式" />
        </a-form-model-item>
        <a-form-model-item label="投诉原因" prop="title">
          <a-input v-model="current_form.title" placeholder="投诉事物名称" />
        </a-form-model-item>
        <a-form-model-item label="住址" prop="address">
          <a-input v-model="current_form.address" placeholder="楼宇名-单元号-房间号" />
        </a-form-model-item>
        <a-form-model-item label="详细说明" prop="text">
          <a-input v-model="current_form.text" type="textarea" :rows="4" placeholder="详细说明投诉的具体原因" />
        </a-form-model-item>
        <a-form-model-item style="margin-left: 33.3%;">
          <a-button type="primary" @click="Save_Complaint">保存</a-button>
          <a-button style="margin-left: 10px;">取消</a-button>
```

```
          </a-form-model-item>
        </a-form-model>
      </a-card>
    </page-main>
  </template>

<script>
import { addComplaint } from '@/api/requests/rq-manage.js'
import { Success, Warning } from '@/util/message.js'

export default {
  data () {
    return {
      current_form: {},
      labelCol: { span: 8 },
      wrapperCol: { span: 14 },
      rules: {
        userName: [{ required: true, message: '此项为必填项', trigger: 'blur' }],
        phone: [{ required: true, message: '此项为必填项', trigger: 'blur' }],
        title: [{ required: true, message: '此项为必填项', trigger: 'blur' }],
        address: [{ required: true, message: '此项为必填项', trigger: 'blur' }],
        text: [{ required: true, message: '此项为必填项', trigger: 'blur' }],
      },
    }
  },
  created () {
  },
  methods: {
    Save_Complaint () {
      this.$refs.current_form.validate(v => {
        if (v) {
          addComplaint(this.current_form).then(res => {
            if (res.code == 200) {
              Success(this, '操作成功！')
            }
          })
        }
      })
    }
  },
}
</script>
```

3.11.2 后端设计

发起投诉模块的后端设计包含控制器类设计、服务类设计和 DAO 层设计，下面将依次对这 3 个内容进行讲解。

1. 控制器类设计

SysComplaintController 类是发起投诉模块的控制器类，被 @RestController 注解标注。在 SysComplaintController 类中，定义了一个用于执行添加操作的 addFacilities()方法，代码如下：

```
@PreAuthorize("@ps.hasPermi('system:complaint:save')")
@PostMapping("/add")
public AjaxResult addFacilities(@RequestBody SysComplaint sysComplaint) {
    sysComplaintService.add(sysComplaint);
    return AjaxResult.success();
}
```

在 SysComplaintController 类的 addFacilities()方法中，有一个参数，即 SysComplaint 类的对象，它就是投诉管理类对象，其作用是把如图 3.11 和图 3.12 所示的投诉管理页面的所有数据封装起来，进而减少传输的数据量。

✎ 说明

因为投诉管理类对象封装的数据包含发起投诉页面传输的数据，所以投诉管理类对象可以作为发起投诉页面用于传输数据的载体。

2. 服务类设计

SysComplaintService 类被@Service 注解标注，表示发起投诉模块的服务类。在 SysComplaintController 类的 addFacilities()方法中，调用了 SysComplaintService 类的 add()方法，该方法用于添加发起投诉页面中的数据，代码如下：

```
public void add(SysComplaint sysComplaint) {
    String userId = RequestUtils.getCurrentLoginUser().getUser().getId();
    sysComplaint.setUserId(userId);
    sysComplaint.setDate(new Date());
    save(sysComplaint);
}
```

在 SysComplaintService 类的 add()方法中，调用了 SysComplaintService 类的 save()方法，该方法用于保存发起投诉页面中的数据，代码如下：

```
public void save(SysComplaint sysComplaint) {
    if (findById(sysComplaint.getId()) != null) {
        sysComplaintMapper.updateById(sysComplaint);
        return;
    }
    sysComplaintMapper.insert(sysComplaint);
}
```

3. DAO 层设计

在 SysComplaintService 类的 save()方法中，调用了 SysComplaintMapper 接口（DAO 层）的 insert()方法，该方法用于添加发起投诉页面中的数据。SysComplaintMapper 接口的代码如下：

```
@Mapper
public interface SysComplaintMapper extends BaseMapper<SysComplaint> {
}
```

✎ 说明

因为 SysComplaintMapper 接口继承了 BaseMapper 接口，所以程序开发人员可以直接使用 BaseMapper 接口中常用的 CRUD（增、删、改、查）方法，从而简化开发过程。

3.12 投诉管理（面向住户）模块设计

如图 3.11 所示，住户使用投诉管理（面向住户）功能时，能够根据"是否处理"下的状态（"未处理"或者"已处理"）跟进物业公司对投诉原因的反馈。如果已发起的投诉被处理，那么住户可以通过单击"已处理"插槽（slot），在弹出的详细信息对话框中查看管理员的回执数据，如图 3.12 所示。下面将介绍投诉管理（面向住户）模块的设计过程。

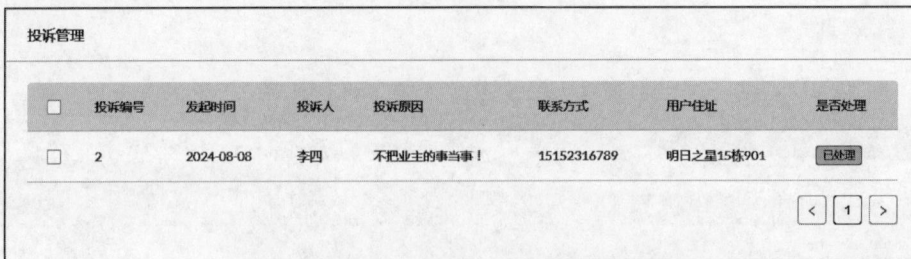

图 3.11　投诉管理（面向住户）页面的效果图

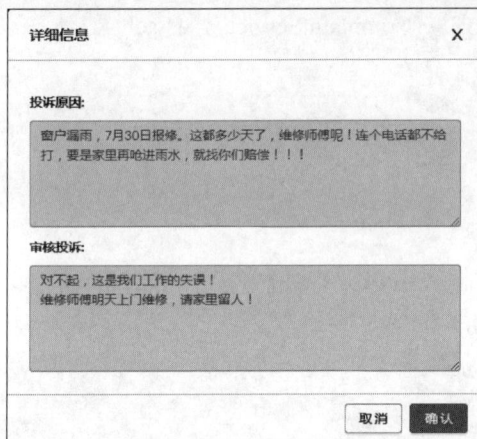

图 3.12　"发起投诉是否处理"对话框的效果图

3.12.1　前端设计

投诉管理（面向住户）页面对应的是 rq_complaint_ manager.vue 文件，它是由分页插件、表格组件和插槽组件组成的。其中，表格组件的表头依次为投诉编号、发起时间、投诉人、投诉原因、联系方式、用户住址和是否处理。rq_complaint_manager.vue 文件的代码如下：

```html
<a-card :loading="loading" title="投诉管理">
  <div class="head" v-if="lisUser">
    <a-button
      type="danger"
      v-if="table_selectedRowKeys.length > 0"
      style="height: 38px; margin-left: 10px;"
      @click="Del_batchData"
    >删除已选择的投诉</a-button>
  </div>
  <a-table
    :data-source="complaint_data_list"
    :row-selection="{ selectedRowKeys: table_selectedRowKeys, onChange: Table_selectChange }"
  >
    <a-table-column key="id" title="投诉编号" data-index="id" />
    <a-table-column key="date" title="发起时间" data-index="date">
      <!-- rTime -->
      <template slot-scope="text, record">
        <span>{{String(record.date).substr(0,10)}}</span>
      </template>
    </a-table-column>
    <a-table-column key="userName" title="投诉人" data-index="userName" />
    <a-table-column key="title" title="投诉原因" data-index="title" />
    <a-table-column key="phone" title="联系方式" data-index="phone" />
    <a-table-column key="address" title="用户住址" data-index="address" />
    <a-table-column key="isExamine" title="是否处理" data-index="isExamine">
      <template slot-scope="text, record">
          <a-tooltip placement="top">
```

```
    <template slot="title">
        <span>点我查看详情</span>
    </template>
    <div @click="See_complaintDateModal(record)">
            <a-tag :color="record.isExamine == 1 ? 'red' : 'blue'" >
                {{
                record.isExamine == 1 ? '已处理' : '未处理'
                }}
            </a-tag>
        </div>
    </a-tooltip>
        </template>
    </a-table-column>
    <a-table-column key="action" title="操作" v-if="!isUser">
        <template slot-scope="text, record">
            <a-button-group>
                <a-button
                    :disabled="record.isExamine == 1"
                    type="primary"
                    @click="Edit_complaintData(record)"
                >审核</a-button>
                <a-button type="danger" @click="Del_complaintData(record.id)">删除</a-button>
            </a-button-group>
        </template>
    </a-table-column>
</a-table>
</a-card>
<!-- 提示框 -->
<a-modal
    v-model="complaint_save_modalVisible"
    :title="complaint_save_title"
    ok-text="确认"
    cancel-text="取消"
    :maskClosable="false"
    :destroyOnClose="false"
    @ok="Save_complaintData"
>
```

3.12.2 后端设计

投诉管理（面向住户）模块的后端设计包含控制器类设计、服务类设计和 DAO 层设计，下面将依次对这 3 个内容进行讲解。

1. 控制器类设计

SysComplaintController 类是投诉管理（面向住户）模块的控制器类，被@RestController 注解标注。在 SysComplaintController 类中，定义了一个 getListByUserId()方法，该方法用于获取与用户编号相对应的发起投诉的数据，代码如下：

```
@GetMapping("/list/user")
public AjaxResult getListByUserId(){
    String userId = RequestUtils.getCurrentLoginUser().getUser().getId();
    return AjaxResult.success(sysComplaintService.findByUserId(userId));
}
```

2. 服务类设计

SysComplaintService 类被@Service 注解标注，表示投诉管理（面向住户）模块的服务类。在 SysComplaintController 类的 getListByUserId()方法中，调用了 SysComplaintService 类的 findByUserId()方法，该方法根据用户编号查询发起投诉的数据，代码如下：

```
public List<SysComplaint> findByUserId(String userId){
    QueryWrapper<SysComplaint> wrapper = new QueryWrapper<>();
    wrapper.eq("user_id",userId);
    return sysComplaintMapper.selectList(wrapper);
}
```

3. DAO 层设计

在 SysComplaintService 类的 findByUserId()方法中，调用了 SysComplaintMapper 接口（DAO 层）的 selectList()方法，该方法根据用户编号查询发起投诉的数据。SysComplaintMapper 接口的代码如下：

```
@Mapper
public interface SysComplaintMapper extends BaseMapper<SysComplaint> {
}
```

3.13　报修管理（面向管理员）模块设计

如图 3.13 所示，管理员使用报修管理（面向管理员）功能时，能够根据"是否处理"下的状态（"未处理"或者"已处理"）确认住户的报修内容是否被处理。

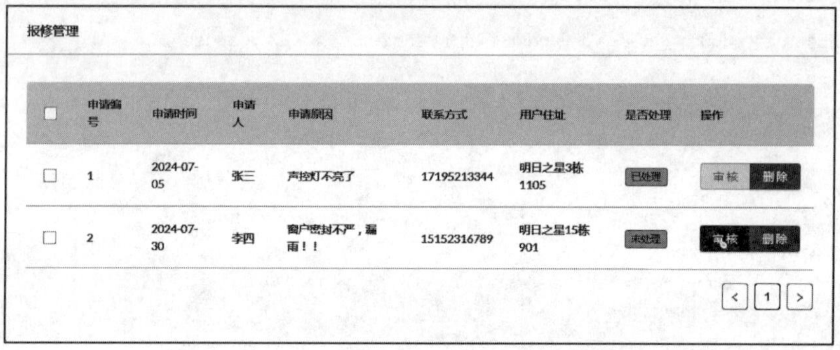

图 3.13　报修管理（面向管理员）页面的效果图

如果已申请的报修被处理，那么管理员可以通过单击"已处理"插槽（slot），在弹出的详细信息对话框中查看回执数据，如图 3.14 所示。

如果已申请的报修未被处理，那么管理员可以通过单击"审核"按钮，在弹出的申请报修审核对话框中先输入回执数据，再单击"确认"按钮，以完成审核申请报修的操作，如图 3.15 所示。下面将介绍报修管理（面向管理员）模块的设计过程。

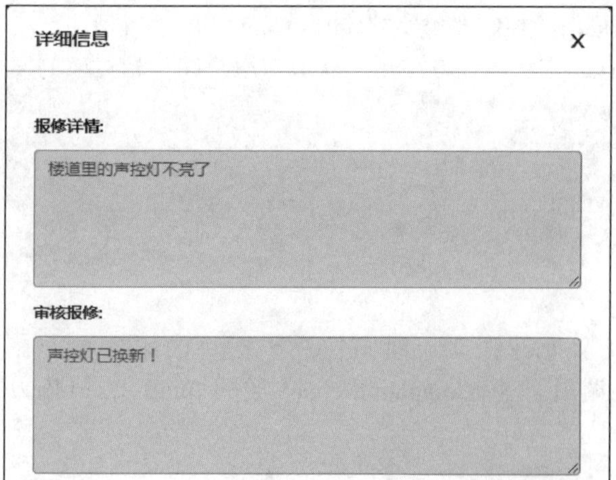

图 3.14　报修申请审核（已处理）对话框的效果图

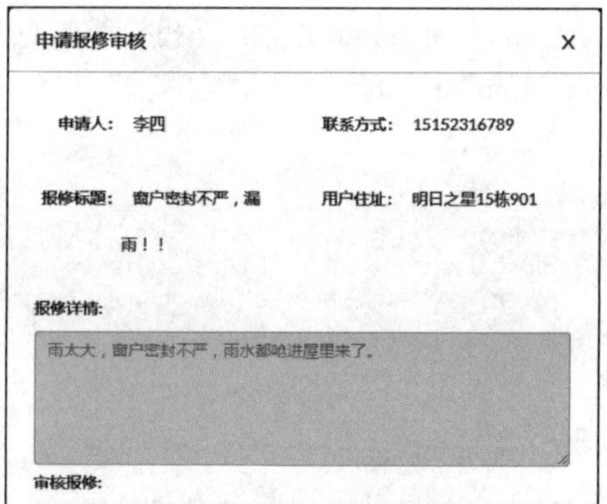

图 3.15　报修申请审核（未处理）对话框的效果图

3.13.1　前端设计

报修管理（面向管理员）页面与报修管理（面向住户）页面是相同的，它们对应的都是 rq_repair_manager.vue 文件。因此，这里不再对其进行介绍，读者可自行在本书提供的源码中找到并查看 rq_repair_manager.vue 文件。

3.13.2　后端设计

报修管理（面向管理员）模块的后端设计包含控制器类设计、服务类设计和 DAO 层设计，下面将依次对这 3 个内容进行讲解。

1. 控制器类设计

SysRepairController 类是报修管理（面向管理员）模块的控制器类，被 @RestController 注解标注。在 SysRepairController 类中，getList()方法用于获取所有申请报修的数据；examineFacilities()方法用于审核未被处理的申请报修；deleteFacilities()方法用于删除一条或者多条申请报修的数据。上述方法的代码分别如下：

```
@GetMapping("/list")
public AjaxResult getList() {
    return AjaxResult.success(sysRepairService.list());
}

@PreAuthorize("@ps.hasPermi('system:repair:examine')")
@PostMapping("/examine")
public AjaxResult examineFacilities(@RequestBody SysRepair sysRepair) {
    sysRepairService.examine(sysRepair);
    return AjaxResult.success();
}

@PreAuthorize("@ps.hasPermi('system:repair:delete')")
@PostMapping("/delete/{id}")
public AjaxResult deleteFacilities(@PathVariable("id")String id) {
    if (sysRepairService.delete(id)) {
        return AjaxResult.success();
    }
    return AjaxResult.error();
}
```

2. 服务类设计

SysRepairService 类被 @Service 注解标注，表示报修管理（面向管理员）模块的服务类。

在 SysRepairController 类的 getList()方法中，调用了 SysRepairService 类的 list()方法，用于查询所有申请报修的数据。

在 SysRepairController 类的 examineFacilities()方法中，调用了 SysRepairService 类的 examine()方法，用于审核未被处理的申请报修。

在 SysRepairController 类的 deleteFacilities()方法中，调用了 SysRepairService 类的 delete()方法，用于删除一条或者多条申请报修的数据。

SysRepairService 类的 list()方法、examine()方法和 delete()方法的代码分别如下：

```
public List<SysRepair> list() {
    return sysRepairMapper.selectList(null);
}

public void examine(SysRepair sysRepair){
    sysRepair.setIsExamine(1);
    save(sysRepair);
}

public void save(SysRepair sysRepair) {
```

```
    if (findById(sysRepair.getId()) != null) {
        sysRepairMapper.updateById(sysRepair);
        return;
    }
    sysRepairMapper.insert(sysRepair);
}

public boolean delete(String id) {
    return sysRepairMapper.deleteById(id) > 0;
}
```

3. DAO 层设计

在 SysRepairService 类的 list()方法中，调用了 SysRepairMapper 接口（DAO 层）的 selectList()方法，用于查询所有申请报修的数据。

在 SysRepairService 类的 examine()方法中，调用了其自身的 save()方法，而 save()方法中又调用了 SysRepairMapper 接口（DAO 层）的 updateById()方法，并根据用户编号修改申请报修的数据。

在 SysRepairService 类的 delete()方法中，调用了 SysRepairMapper 接口（DAO 层）的 deleteById()方法，并根据用户编号删除申请报修的数据。

SysRepairMapper 接口的代码如下：

```
@Mapper
public interface SysRepairMapper extends BaseMapper<SysRepair> {
}
```

3.14 投诉管理（面向管理员）模块设计

如图 3.16 所示，管理员在使用投诉管理（面向管理员）的功能时，能够根据"是否处理"下的状态（"未处理"或者"已处理"）确定住户的投诉原因是否被处理。

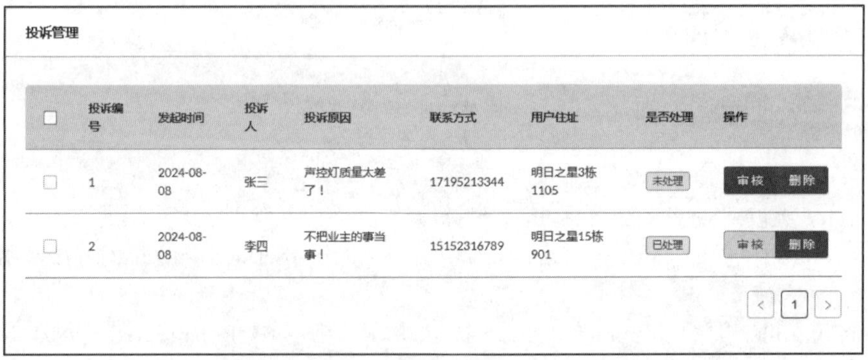

图 3.16 投诉管理（面向管理员）页面的效果图

如果投诉被处理，那么管理员可以通过单击"已处理"插槽（slot），在弹出的详细信息对话框中查看回执数据，如图 3.17 所示。

如果投诉未被处理，那么管理员可以通过单击"审核"按钮，在弹出的"发起投诉审核"对话框中先输入回执数据，再单击"确认"按钮，以完成审核投诉的操作，如图 3.18 所示。下面将介绍投诉管理（面向管理员）模块的设计过程。

3.14.1 前端设计

投诉管理（面向管理员）页面与投诉管理（面向住户）页面是相同的，它们对应的都是 rq_complaint_

manager.vue 文件。因此，这里不再对其进行介绍，读者可自行在本书提供的源码中找到并查看 rq_complaint_manager.vue 文件。

图 3.17 "发起投诉审核"（已审核）对话框的效果图

图 3.18 "发起投诉审核"（未审核）对话框的效果图

3.14.2 后端设计

投诉管理（面向管理员）模块的后端设计包含控制器类设计、服务类设计和 DAO 层设计，下面将依次对这 3 个内容进行讲解。

1. 控制器类设计

SysComplaintController 类是投诉管理（面向管理员）模块的控制器类，被@RestController 注解标注。在 SysComplaintController 类中，getList()方法用于获取所有投诉的数据；examineFacilities()方法用于审核未被处理的投诉；deleteFacilities()方法用于删除一条或者多条投诉的数据。上述方法的代码分别如下：

```
@GetMapping("/list")
public AjaxResult getList(){
    return AjaxResult.success(sysComplaintService.list());
}

@PreAuthorize("@ps.hasPermi('system:complaint:examine')")
@PostMapping("/examine")
public AjaxResult examineFacilities(@RequestBody SysComplaint sysComplaint) {
    sysComplaintService.examine(sysComplaint);
    return AjaxResult.success();
}

@PreAuthorize("@ps.hasPermi('system:complaint:delete')")
@PostMapping("/delete/{id}")
public AjaxResult deleteFacilities(@PathVariable("id")String id) {
    if(sysComplaintService.delete(id)){
```

```
        return AjaxResult.success();
    }
    return AjaxResult.error();
}
```

2. 服务类设计

SysComplaintService 类被@Service 注解标注，表示投诉管理（面向管理员）模块的服务类。

在 SysComplaintController 类的 getList()方法中，调用了 SysComplaintService 类的 list()方法，用于查询所有投诉的数据。

在 SysComplaintController 类的 examineFacilities()方法中，调用了 SysComplaintService 类的 examine()方法，用于审核未被处理的投诉。

在 SysComplaintController 类的 deleteFacilities()方法中，调用了 SysComplaintService 类的 delete()方法，用于删除一条或者多条投诉的数据。

SysComplaintService 类的 list()方法、examine()方法和 delete()方法的代码分别如下：

```
public List<SysComplaint> list() {
    return sysComplaintMapper.selectList(null);
}

public void examine(SysComplaint sysComplaint){
    sysComplaint.setIsExamine(1);
    save(sysComplaint);
}

public void save(SysComplaint sysComplaint) {
    if (findById(sysComplaint.getId()) != null) {
        sysComplaintMapper.updateById(sysComplaint);
        return;
    }
    sysComplaintMapper.insert(sysComplaint);
}

public boolean delete(String id) {
    return sysComplaintMapper.deleteById(id) > 0;
}
```

3. DAO 层设计

在 SysComplaintService 类的 list()方法中，调用了 SysComplaintMapper 接口（DAO 层）的 selectList()方法，用于查询所有投诉的数据。

在 SysComplaintService 类的 examine()方法中，调用了其自身的 save()方法，而 save()方法中又调用了 SysComplaintMapper 接口（DAO 层）的 updateById()方法，并根据用户编号修改投诉的数据。

在 SysComplaintService 类的 delete() 方法中，调用了 SysComplaintMapper 接口（DAO 层）的 deleteById()方法，并根据用户编号删除投诉的数据。

SysComplaintMapper 接口的代码如下：

```
@Mapper
public interface SysComplaintMapper extends BaseMapper<SysComplaint> {
}
```

3.15 收费项目管理模块设计

如图 3.19 所示，管理员使用收费项目管理的功能时，能够对收费项目执行增、删、改、查的操作。

管理员首先单击"添加收费项目"按钮，然后在如图 3.20 所示的"新增收费项目"对话框中输入收费项目名称和收费金额（月），最后单击"确认"按钮，以完成新增收费项目的操作。

　　管理员先单击"编辑"按钮，再在如图 3.21 所示的"编辑收费项目"对话框中对收费项目名称和收费金额（月）予以修改，而后单击"确认"按钮，以完成编辑收费项目的操作。下面将介绍收费项目管理（面向管理员）模块的设计过程。

图 3.19　收费项目管理页面的效果图

图 3.20　"新增收费项目"对话框的效果图

图 3.21　"编辑收费项目"对话框的效果图

3.15.1　前端设计

　　收费项目管理页面对应的是 rq_charge_type.vue 文件，它是由分页插件、表格组件和按钮组件组成的。其中，表格组件的表头依次为编号、收费项目名称、收费金额(元)、创建时间、修改时间和操作。rq_charge_type.vue 文件的代码如下：

```
<template>
  <page-main>
    <a-card :loading="loading" title="收费项目管理">
      <div class="head">
        <a-button
          type="primary"
          style="height: 40px;"
          @click="chargeType_save_modalVisible = true"
        >添加收费项目</a-button>
        <a-button
          type="danger"
          v-if="table_selectedRowKeys.length > 0"
          style="height: 38px; margin-left: 10px;"
          @click="Del_batchData"
        >删除被选择的「收费项目」</a-button>
      </div>
```

```
    <a-table
      :data-source="chargeType_data_list"
      :row-selection="{ selectedRowKeys: table_selectedRowKeys, onChange: Table_selectChange }"
    >
      <a-table-column key="id" title="编号" data-index="id" />
      <a-table-column key="chargeName" title="收费项目名称" data-index="chargeName" />
      <a-table-column key="chargeMoney" title="收费金额(元)" data-index="chargeMoney" />
      <a-table-column key="createTime" title="创建时间" data-index="createTime">
        <!-- rTime -->
        <template slot-scope="text, record">
          <span>{{rTime(record.createTime)}}</span>
        </template>
      </a-table-column>
      <a-table-column key="updateTime" title="修改时间" data-index="updateTime">
        <!-- rTime -->
        <template slot-scope="text, record">
          <span>{{rTime(record.updateTime)}}</span>
        </template>
      </a-table-column>
      <a-table-column key="action" title="操作">
        <template slot-scope="text, record">
          <a-button-group>
            <a-button type="primary" @click="Edit_chargeTypeData(record)">编辑</a-button>
            <a-button type="danger" @click="Del_chargeTypeData(record.id)">删除</a-button>
          </a-button-group>
        </template>
      </a-table-column>
    </a-table>
  </a-card>
  <!-- 新增或保存设施提示框 -->
  <a-modal
    v-model="chargeType_save_modalVisible"
    :title="chargeType_save_title"
    ok-text="确认"
    cancel-text="取消"
    :maskClosable="false"
    :destroyOnClose="false"
    @ok="Save_chargeTypeData"
  >
    <a-form-model
      :model="chargeType_form_data"
      :rules="rules"
      :label-col="labelCol"
      :wrapper-col="wrapperCol"
    >
      <a-form-model-item label="收费项目名称" prop="chargeName">
        <a-input v-model="chargeType_form_data.chargeName" />
      </a-form-model-item>
      <a-form-model-item label="收费金额(月)" prop="chargeName">
        <a-input v-model="chargeType_form_data.chargeMoney" />
      </a-form-model-item>
    </a-form-model>
  </a-modal>
  </page-main>
</template>

<script>
import { getChargeType, saveChargeType, deleteChargeType } from '@/api/requests/rq-manage.js'
import { Success, Warning } from '@/util/message.js'
import { rTime } from '@/util/time.js'

export default {
  data () {
    return {
      rTime,
      loading: false,
      labelCol: { span: 7 },
      wrapperCol: { span: 7 },
```

```
        table_selectedRowKeys: [],
        chargeType_query_type: 'chargeName',
        chargeType_query_buttonTitle: '搜索',
        chargeType_query_text: '',
        chargeType_save_title: '新增收费项目',
        chargeType_save_modalVisible: false,
        chargeType_form_data: {},
        chargeType_data_list: [],
        rules: {
          chargeName: [{ required: true, message: '此项为必填项', trigger: 'blur' }],
          chargeMoney: [{ required: true, message: '此项为必填项', trigger: 'blur' }],
        },
      }
  },
  created () {
    this.Get_chargeTypeDataList()
  },
  watch: {
    chargeType_save_modalVisible (val) {
      if (!val) {
        this.chargeType_form_data = {}
      }
    }
  },
  methods: {
    Get_chargeTypeDataList () {
      getChargeType().then(res => {
        this.chargeType_query_buttonTitle = '搜索'
        this.chargeType_data_list = res.data
        this.chargeType_save_title = '新增收费项目'
      })
    },
    Query_chargeTypeDataList () {
      let text = this.chargeType_query_text
      let temp_list = []
      this.chargeType_data_list.forEach(item => {
        if (item[this.chargeType_query_type].indexOf(text) != -1) {
          temp_list.push(item)
        }
      })
      this.chargeType_query_buttonTitle = '返回'
      this.chargeType_data_list = temp_list
    },
    Edit_chargeTypeData (form) {
      this.chargeType_save_title = '编辑收费项目'
      this.chargeType_form_data = JSON.parse(JSON.stringify(form))
      this.chargeType_save_modalVisible = true
    },
    Del_chargeTypeData (id) {
      deleteChargeType(id).then(res => {
        if (res.code == 200) {
          Success(this, '操作成功')
        } else {
          Warning(this, '操作失败')
        }
        this.Get_chargeTypeDataList()
      })
    },
    Del_batchData () {
      this.table_selectedRowKeys.forEach(i => {
        this.Del_chargeTypeData(this.chargeType_data_list[i].id)
      })
      this.table_selectedRowKeys = []
    },
    Save_chargeTypeData () {
      saveChargeType(this.chargeType_form_data).then(res => {
        if (res.code == 200) {
          Success(this, '操作成功')
```

```
        } else {
            Warning(this, '操作失败')
        }
        this.chargeType_save_modalVisible = false
        this.Get_chargeTypeDataList()
    })
  },
  Table_selectChange (selectedRowKeys) {
    this.table_selected Row Keys = selectedRowKeys;
  },
 },
}
</script>
```

3.15.2 后端设计

收费项目管理模块的后端设计包含控制器类设计、服务类设计和 DAO 层设计，下面将依次对这 3 个内容进行讲解。

1. 控制器类设计

SysChargeTypeController 类是收费项目模块的控制器类，被 @RestController 注解标注。在 SysChargeTypeController 类中，getList()方法用于获取所有收费项目的数据；saveChargeType()方法用于保存新增的或者修改后的收费项目的数据；deleteChargeType()方法用于删除一条或者多条收费项目的数据。上述方法的代码分别如下：

```
@GetMapping("/list")
public AjaxResult getList(){
    return AjaxResult.success(sysChargeTypeService.list());
}

@PreAuthorize("@ps.hasPermi('system:chargeType:save')")
@PostMapping("/save")
public AjaxResult saveChargeType(@RequestBody SysChargeType sysChargeType) {
    sysChargeTypeService.save(sysChargeType);
    return AjaxResult.success();
}

@PreAuthorize("@ps.hasPermi('system:chargeType:delete')")
@PostMapping("/delete")
public AjaxResult deleteChargeType(@RequestBody JSONObject jsonObject) {
    if(sysChargeTypeService.delete(jsonObject.getString("id"))){
        return AjaxResult.success();
    }
    return AjaxResult.error();
}
```

2. 服务类设计

SysChargeTypeService 类被@Service 注解标注，表示收费项目模块的服务类。

在 SysChargeTypeController 类的 getList()方法中，调用了 SysChargeTypeService 类的 list()方法，用于查询所有收费项目的数据。

在 SysChargeTypeController 类的 saveChargeType()方法中，调用了 SysChargeTypeService 类的 save()方法，用于保存新增的或者修改后的收费项目的数据。

在 SysChargeTypeController 类的 deleteChargeType()方法中，调用了 SysChargeTypeService 类的 delete()方法，用于删除一条或者多条收费项目的数据。

SysChargeTypeService 类的 list()方法、save()方法和 delete()方法的代码分别如下：

```
public List<SysChargeType> list(){
    return sysChargeTypeMapper.selectList(null);
}
```

```
public void save(SysChargeType sysChargeType){
    if(findById(sysChargeType.getId()) != null){
        sysChargeTypeMapper.updateById(sysChargeType);
        return;
    }
    sysChargeTypeMapper.insert(sysChargeType);
}

public boolean delete(String id){
    return sysChargeTypeMapper.deleteById(id) > 0;
}
```

3. DAO 层设计

在 SysChargeTypeService 类的 list() 方法中，调用了 SysChargeTypeMapper 接口（DAO 层）的 selectList()方法，用于查询所有收费项目的数据。

在 SysChargeTypeService 类的 save() 方法中，调用了 SysChargeTypeMapper 接口（DAO 层）的 insert() 方法或者 updateById()方法，用于新增收费项目的数据或者修改收费项目的数据。

在 SysChargeTypeService 类的 delete() 方法中，调用了 SysChargeTypeMapper 接口（DAO 层）的 deleteById()方法，并根据收费项目编号删除收费项目的数据。

SysChargeTypeMapper 接口的代码如下：

```
@Mapper
public interface SysChargeTypeMapper extends BaseMapper<SysChargeType> {
    public void list();
}
```

说明

因为 SysChargeTypeMapper 接口继承了 BaseMapper 接口，所以程序开发人员可以直接使用 BaseMapper 接口中常用的 CRUD（增、删、改、查）方法，从而简化开发过程。

3.16　物业人员管理模块设计

如图 3.22 所示，管理员使用物业人员管理的功能时，可对物业人员信息执行增、删、改、查的操作。

图 3.22　物业人员管理页面的效果图

管理员首先单击"添加物业人员信息"按钮，然后在如图 3.23 所示的"添加物业人员信息"对话框中依次输入用户名、真实姓名和联系电话，最后单击"确认"按钮，以完成添加物业人员信息的操作。

　　管理员先单击"编辑"按钮,再在如图 3.24 所示的"编辑物业人员信息"对话框中对用户名、真实姓名或者联系电话予以修改,而后单击"确认"按钮,以完成编辑物业人员信息的操作。下面将介绍物业人员管理模块的设计过程。

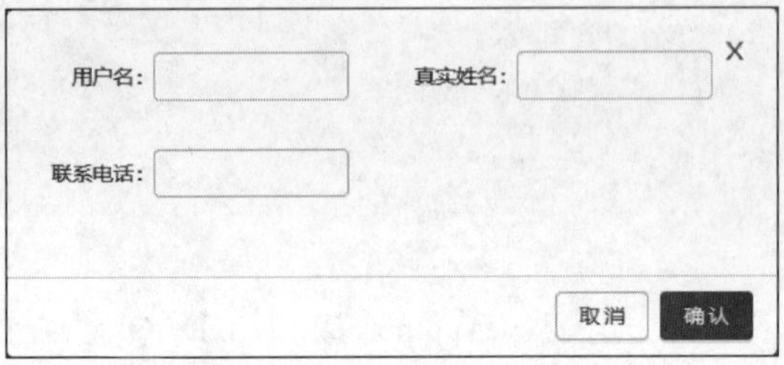

图 3.23　"添加物业人员信息"对话框的效果图 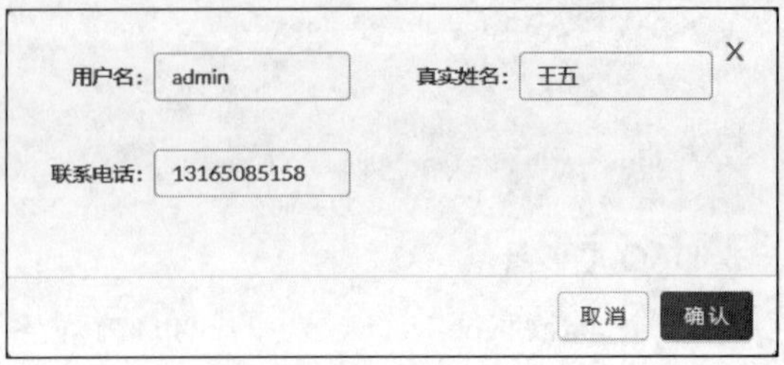　　　　图 3.24　"编辑物业人员信息"对话框的效果图

3.16.1　前端设计

　　物业人员管理页面对应的是 estate_user_manager.vue 文件,它是由分页插件、表格组件、switch 开关按钮和按钮组件组成的。其中,表格组件的表头依次为用户名、真实姓名、联系电话、是否启用和操作。estate_user_manager.vue 文件的代码如下:

```
<template>
  <page-main>
    <a-card :loading="loading" title="物业人员管理">
      <div class="head">
        <a-button
          type="primary"
          style="height: 40px;"
          @click="estateUser_save_modalVisible = true"
        >添加物业人员信息</a-button>
        <a-button
          type="danger"
          v-if="table_selectedRowKeys.length > 0"
          style="height: 40px; margin-left: 10px;"
          @click="Del_batchData"
        >删除已选择的物业人员</a-button>
      </div>
      <a-table
        :data-source="estateUser_data_list"
        :row-selection="{ selectedRowKeys: table_selectedRowKeys, onChange: Table_selectChange }"
      >
        <a-table-column key="userName" title="用户名" data-index="userName" />
        <a-table-column key="fullName" title="真实姓名" data-index="fullName" />
        <a-table-column key="phone" title="联系电话" data-index="phone" />
        <a-table-column key="status" title="是否启用" data-index="status">
          <template slot-scope="text, record">
            <a-switch v-model="record.status == 0" @change="Change_estateUserStatus(record)" />
          </template>
        </a-table-column>
        <a-table-column key="action" title="操作">
          <template slot-scope="text, record">
            <a-button-group>
              <a-button type="primary" @click="Edit_estateUserData(record)">编辑</a-button>
              <a-button type="danger" @click="Del_estateUserData(record.id)">删除</a-button>
            </a-button-group>
          </template>
        </a-table-column>
      </a-table>
    </a-card>
    <!-- 新增或保存物业管理人员提示框 -->
    <a-modal
      v-model="estateUser_save_modalVisible"
```

```
            ok-text="确认"
            cancel-text="取消"
            :maskClosable="false"
            :destroyOnClose="false"
            @ok="Save_estateUserData"
          >
            <a-form-model :model="estateUser_form_data" :label-col="labelCol" :wrapper-col="wrapperCol">
              <el-row :gutter="20">
                <el-col :span="12" :offset="0">
                  <a-form-model-item label="用户名">
                    <a-input v-model="estateUser_form_data.userName" />
                  </a-form-model-item>
                </el-col>
                <el-col :span="12" :offset="0">
                  <a-form-model-item label="真实姓名">
                    <a-input v-model="estateUser_form_data.fullName" />
                  </a-form-model-item>
                </el-col>
              </el-row>

              <el-row :gutter="20">
                <el-col :span="12" :offset="0">
                  <a-form-model-item label="联系电话">
                    <a-input v-model="estateUser_form_data.phone" />
                  </a-form-model-item>
                </el-col>
              </el-row>
            </a-form-model>
        </a-modal>
    </page-main>
  </template>
</template>

<script>
import { getEstateUser, saveUser, deleteUser } from '@/api/requests/rq-manage.js'
import { Success, Warning } from '@/util/message.js'
import { rTime } from '@/util/time.js'

export default {
  data () {
    return {
      loading: false,
      labelCol: { span: 8 },
      wrapperCol: { span: 14 },
      table_selectedRowKeys: [],
      estateUser_query_type: 'name',
      estateUser_query_buttonTitle: '搜索',
      estateUser_query_text: '',
      estateUser_save_modalVisible: false,
      estateUser_form_data: {},
      estateUser_data_list: [],
    }
  },
  created () {
    this.Get_estateUserDataList()
  },
  watch: {
    estateUser_save_modalVisible (val) {
      if (!val) {
        this.estateUser_form_data = {}
      }
    }
  },
  methods: {
    Get_estateUserDataList () {
      getEstateUser().then(res => {
        this.estateUser_query_buttonTitle = '搜索'
        this.estateUser_data_list = res.data
      })
```

```
    },
    Query_estateUserDataList () {
      let text = this.estateUser_query_text
      let temp_list = []
      this.estateUser_data_list.forEach(item => {
        if (item[this.estateUser_query_type].indexOf(text) != -1) {
          temp_list.push(item)
        }
      })
      this.estateUser_query_buttonTitle = '返回'
      this.estateUser_data_list = temp_list
    },
    Edit_estateUserData (form) {
      this.estateUser_form_data = JSON.parse(JSON.stringify(form))
      this.estateUser_save_modalVisible = true
    },
    Del_estateUserData (id) {
      deleteUser(id).then(res => {
        if (res.code == 200) {
          Success(this, '操作成功')
        } else {
          Warning(this, '操作失败')
        }
        this.Get_estateUserDataList()
      })
    },
    Del_batchData () {
      this.table_selectedRowKeys.forEach(i => {
        this.Del_estateUserData(this.estateUser_data_list[i].id)
      })
      this.table_selectedRowKeys = []
    },
    Save_estateUserData () {
      saveUser(this.estateUser_form_data).then(res => {
        if (res.code == 200) {
          Success(this, '操作成功')
        } else {
          Warning(this, '操作失败')
        }
        this.estateUser_save_modalVisible = false
        this.Get_estateUserDataList()
      })


    },
    Table_selectChange (selectedRowKeys) {
      this.table_selectedRowKeys = selectedRowKeys;
    },
    Change_estateUserStatus (r) {
      r.status = r.status == 0 ? 1 : 0
      this.estateUser_form_data = r
      this.Save_estateUserData()
    }
  },
}
</script>
```

3.16.2　后端设计

物业人员管理模块的后端设计包含控制器类设计、服务类设计和 DAO 层设计，下面将依次对这 3 个内容进行讲解。

1. 控制器类设计

SysUserController 类是物业人员管理模块的控制器类，被@RestController 注解标注。在 SysUserController 类中，list()方法用于获取所有物业人员的信息；save()方法用于保存新添加的或者修改后的物业人员的信息；delete()方法用于删除一条或者多条物业人员的信息。上述方法的代码分别如下：

```
@GetMapping("/list")
public AjaxResult list() {
    return AjaxResult.success(sysUserService.list());
}

@PostMapping("/save")
public AjaxResult save(@RequestBody SysUser sysUser, HttpServletRequest req) {
    sysUser.setLoginIp(IpUtils.getIpAddr());
    sysUser.setLoginDate(new Date());
    sysUserService.save(sysUser);
    return AjaxResult.success();
}

@PostMapping("/delete/{id}")
public AjaxResult delete(@PathVariable("id") String id) {
    sysUserService.deleteEstateUser(id);
    return AjaxResult.success();
}
```

2. 服务类设计

SysUserService 类被@Service 注解标注，表示物业人员管理模块的服务类。

在 SysUserController 类的 list()方法中，调用了 SysUserService 类的 list()方法，用于查询所有物业人员的信息。

在 SysUserController 类的 save()方法中，调用了 SysUserService 类的 save()方法，用于保存新添加的或者修改后的物业人员的信息。

在 SysUserController 类的 delete()方法中，调用了 SysUserService 类的 deleteEstateUser()方法，用于删除一条或者多条物业人员的信息。

SysUserService 类的 list()方法、save()方法和 deleteEstateUser()方法的代码分别如下：

```
public List<SysUser> list() {
    return sysUserMapper.selectList(null);
}

public void save(SysUser sysUser) {
    if (sysUser.getId() != null) {
        sysUserMapper.updateById(sysUser);
        return;
    }else{
        sysUser.setStatus("0");
        sysUser.setPassword("123456");
        sysUser.setPassword(
                bCryptPasswordEncoder.encode(sysUser.getPassword()));
        sysUserMapper.insert(sysUser);
    }
}

public void deleteEstateUser(String id) {
    sysUserMapper.deleteById(id);
}
```

3. DAO 层设计

在 SysUserService 类的 list()方法中，调用了 SysUserMapper 接口（DAO 层）的 selectList()方法，用于查询所有物业人员的信息。

在 SysUserService 类的 save()方法中，调用了 SysUserMapper 接口（DAO 层）的 insert()方法或者 updateById()方法，用于新添加或者修改物业员工的信息。

在 SysUserService 类的 deleteEstateUser()方法中，调用了 SysUserMapper 接口（DAO 层）的 deleteById()方法，并根据编号删除物业人员的信息。

SysUserMapper 接口的代码如下：

```
@Mapper
public interface SysUserMapper extends BaseMapper<SysUser> {
}
```

说明

因为 SysUserMapper 接口继承了 BaseMapper 接口，所以程序开发人员可以直接使用 BaseMapper 接口中常用的 CRUD（增、删、改、查）方法，从而简化开发过程。

3.17 住户信息管理模块设计

如图 3.25 所示，管理员在使用住户信息管理的功能时，能够对住户信息执行增、删、改、查的操作。

图 3.25 "住户信息管理"页面的效果图

管理员首先单击"添加住户信息"按钮，然后在如图 3.26 所示的"添加住户信息"对话框中依次输入用户名、用户住址、真实姓名和住户电话，最后单击"确认"按钮，以完成添加住户信息的操作。

管理员先单击"编辑"按钮，再在如图 3.27 所示的"编辑住户信息"对话框中对用户名、用户住址、真实姓名或者住户电话予以修改，而后单击"确认"按钮，以完成编辑住户信息的操作。下面将介绍住户管理模块的设计过程。

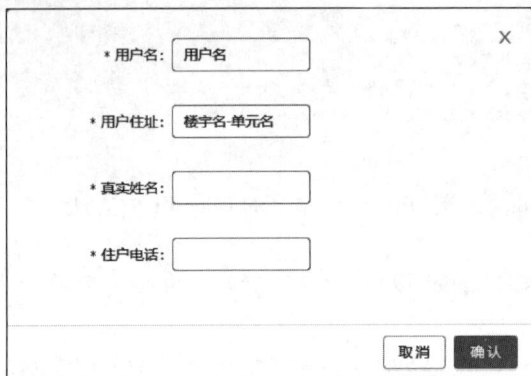

图 3.26 "添加住户"对话框的效果图

图 3.27 "编辑住户信息"对话框的效果图

3.17.1 前端设计

住户信息管理页面对应的是 user_household.vue 文件，它是由分页插件、表格组件和按钮组件组成的。其中，表格组件的表头依次为用户名、真实姓名、联系电话、用户住址和操作。user_household.vue 的代码如下：

```
<template>
  <page-main>
    <a-card :loading="loading" title="住户信息管理">
      <div class="head">
        <a-button
          type="primary"
          style="height: 40px;"
          @click="household_save_modalVisible = true"
        >添加住户信息</a-button>
        <a-button
          type="danger"
          v-if="table_selectedRowKeys.length > 0"
          style="height: 38px; margin-left: 10px;"
          @click="Del_batchData"
        >删除已选择的住户信息</a-button>
      </div>
      <a-table
        :data-source="household_data_list"
        :row-selection="{ selectedRowKeys: table_selectedRowKeys, onChange: Table_selectChange }"
      >
        <a-table-column key="userName" title="用户名" data-index="userName" />
        <a-table-column key="fullName" title="真实姓名" data-index="fullName" />
        <a-table-column key="phone" title="联系电话" data-index="phone" />
        <a-table-column key="address" title="用户住址" data-index="address" />

        <a-table-column key="action" title="操作">
          <template slot-scope="text, record">
            <a-button-group>
              <a-button type="primary" @click="Edit_householdData(record.id)">编辑</a-button>
              <a-button type="danger" @click="Del_householdData(record.id)">删除</a-button>
            </a-button-group>
          </template>
        </a-table-column>
      </a-table>
    </a-card>
    <!-- 新增或保存设施提示框 -->
    <a-modal
      v-model="household_save_modalVisible"
      ok-text="确认"
      cancel-text="取消"
      :maskClosable="false"
      :destroyOnClose="false"
      @ok="Save_householdData"
    >
      <a-form-model
        :model="household_form_data"
        :rules="rules"
        :label-col="labelCol"
        :wrapper-col="wrapperCol"
      >
        <a-form-model-item label="用户名" prop="userName">
          <a-input v-model="household_form_data.userName" placeholder="用户名"/>
        </a-form-model-item>
        <a-form-model-item label="用户住址" prop="address">
          <a-input v-model="household_form_data.address" placeholder="楼宇名-单元名"/>
        </a-form-model-item>
        <a-form-model-item label="真实姓名" prop="fullName">
          <a-input v-model="household_form_data.fullName" />
        </a-form-model-item>
        <a-form-model-item label="住户电话" prop="phone">
```

```
                    <a-input v-model="household_form_data.phone" />
                </a-form-model-item>
            </a-form-model>
        </a-modal>
    </page-main>
</template>

<script>
import {
    getHousehold,
    saveHousehold,
    deleteHousehold,
    downloadHouseholds,
    getUsers,
    registerUser,
    getHouseholdById,
} from '@/api/requests/rq-manage.js'
import { Success, Warning } from '@/util/message.js'
import { download } from '@/util/download.js'
import { rTime } from '@/util/time.js'

export default {
    data () {
        return {
            rTime,
            loading: false,
            labelCol: { span: 7 },
            wrapperCol: { span: 7 },
            table_selectedRowKeys: [],
            household_query_type: 'userName',
            household_query_buttonTitle: '搜索',
            household_query_text: '',
            household_save_modalVisible: false,
            household_form_data: {},
            household_data_list: [],
            rules: {
                userName: [{ required: true, message: '此项为必填项', trigger: 'blur' }],
                fullName: [{ required: true, message: '此项为必填项', trigger: 'blur' }],
                phone: [{ required: true, message: '此项为必填项', trigger: 'blur' }],
                address: [{ required: true, message: '此项为必填项', trigger: 'blur' }],
            },
            user_data_list: [],
            household_form_search_userNames: [],
            household_form_userName_isChoice: false,
            household_user_register_from: {},
        }
    },
    created () {
        this.Get_householdDataList()
        this.Get_users()
    },
    watch: {
        household_save_modalVisible (val) {
            if (!val) {
                this.household_form_data = {}
            }
        }
    },
    methods: {
        Get_householdDataList () {
            getHousehold().then(res => {
                this.household_query_buttonTitle = '搜索'
                this.household_data_list = res.data
            })
        },
        Get_users () {
            getUsers().then(res => {
                this.user_data_list = res.data
```

```
        })
    },
    Query_householdDataList () {
        let text = this.household_query_text
        let temp_list = []
        this.household_data_list.forEach(item => {
            if (item[this.household_query_type].indexOf(text) != -1) {
                temp_list.push(item)
            }
        })
        this.household_query_buttonTitle = '返回'
        this.household_data_list = temp_list
    },
    Edit_householdData (id) {
        getHouseholdById(id).then(res => {
            if (res.code == 200) {
                this.household_form_data = res.data
                this.household_save_modalVisible = true
            } else {
                Warning(this, '操作失败')
            }
        });
    },
    Del_householdData (id) {
        deleteHousehold(id).then(res => {
            if (res.code == 200) {
                Success(this, '操作成功')
            } else {
                Warning(this, '操作失败')
            }
            this.Get_householdDataList()
        })
    },
    Del_batchData () {
        this.table_selectedRowKeys.forEach(i => {
            this.Del_householdData(this.household_data_list[i].id)
        })
        this.table_selectedRowKeys = []
    },
    async Save_householdData () {
        this.household_form_data.password = '123456'
        saveHousehold(this.household_form_data).then(res => {
            if (res.code == 200) {
                Success(this, '操作成功')
            } else {
                Warning(this, '操作失败')
            }
            this.household_save_modalVisible = false
            this.Get_householdDataList()
        })
    },
    Download_householdsExcel () {
        downloadHouseholds().then(res => {
            download('社区住户信息.xlsx', res.data)
        })
    },
    Table_selectChange (selectedRowKeys) {
        this.table_selectedRowKeys = selectedRowKeys;
    },
    async Register_User (from) {
        this.$message.info('系统自动为此账户注册，默认密码为「123456」')
        return await registerUser(from).then(res => {
            return res.data
        })
    },
    Users_choice_onSelect (value) {
        let flag = false
        this.user_data_list.forEach(item => {
```

```
            if (item.userName.indexOf(value) != -1) {
              flag = true
              this.household_form_data.userId = item.id
            }
        })
      },
    Users_choice_handleSearch (value) {
        let flag = false
        this.household_form_search_userNames = []
        this.user_data_list.forEach(item => {
            if (item.userName.indexOf(value) != -1) {
              flag = true
              this.household_form_userName_isChoice = true
              this.household_form_search_userNames.push(item.userName)
            }
        })
        if (!flag) {
            this.household_user_register_from.userName = value
            this.household_form_userName_isChoice = false
        }
      },
    },
}
</script>
```

3.17.2 后端设计

住户信息管理模块的后端设计包含控制器类设计、服务类设计和 DAO 层设计，下面将依次对这 3 个内容进行讲解。

1. 控制器类设计

SysUserController 类是住户信息管理模块的控制器类，被@RestController 注解标注。在 SysUserController 类中，HouseholdInfoList()方法用于获取所有住户的信息；HouseholdInfoSave()方法用于保存新添加的或者修改后的住户的信息；HouseholdInfoDelete()方法用于删除一条或者多条住户的信息。上述方法的代码分别如下：

```
@GetMapping("/household/list")
//@PreAuthorize("@ps.hasPermi('system:user_householdInfo:list')")
public AjaxResult HouseholdInfoList() {
    return AjaxResult.success(sysUserService.HouseholdInfoList());
}

@PostMapping("/household/save")
//@PreAuthorize("@ps.hasPermi('system:user_householdInfo:save')")
public AjaxResult HouseholdInfoSave(@RequestBody SysUserInfoData sysUserInfoData) {
    sysUserService.HouseholdInfoSave(sysUserInfoData);
    return AjaxResult.success();
}

@PostMapping("/household/delete/{id}")
public AjaxResult HouseholdInfoDelete(@PathVariable("id") String id) {
    sysUserService.deleteUser(id);
    return AjaxResult.success();
}
```

2. 服务类设计

SysUserService 类被@Service 注解标注，表示住户信息管理模块的服务类。

在 SysUserController 类的 HouseholdInfoList()方法中，调用了 SysUserService 类的 HouseholdInfoList()方法，用于查询所有住户的信息。

在 SysUserController 类的 HouseholdInfoSave()方法中，调用了 SysUserService 类的 HouseholdInfoSave()方法，用于保存新添加的或者修改后的住户的信息。

在 SysUserController 类的 HouseholdInfoDelete()方法中，调用了 SysUserService 类的 deleteUser()方

法，用于删除一条或者多条住户的信息。

SysUserService 类的 HouseholdInfoList()方法、HouseholdInfoSave()方法和 deleteUser()方法的代码分别如下：

```
public List<SysUserInfoData> HouseholdInfoList() {
    return sysUserMapper.householdInfoList();
}

public void HouseholdInfoSave(SysUserInfoData sysUserInfoData) {
    //更新用户数据
    SysUser sysUser = findById(sysUserInfoData.getId());
    if (sysUser != null) {
        sysUser.setFullName(sysUserInfoData.getFullName());
        sysUser.setPhone(sysUserInfoData.getPhone());
        sysUser.setAddress(sysUserInfoData.getAddress());
        save(sysUser);
    }else{
        sysUser = new SysUser();
        sysUser.setFullName(sysUserInfoData.getFullName());
        sysUser.setLoginDate(new Date());
        sysUser.setUserName(sysUserInfoData.getUserName());
        sysUser.setAddress(sysUserInfoData.getAddress());
        sysUser.setStatus("0");
        sysUser.setPhone(sysUserInfoData.getPhone());
        sysUser.setPassword(
                bCryptPasswordEncoder.encode(sysUserInfoData.getPassword()));
        save(sysUser);
    }
}

public void save(SysUser sysUser) {
    if (sysUser.getId() != null) {
        sysUserMapper.updateById(sysUser);
        return;
    }else{
        sysUser.setStatus("0");
        sysUser.setPassword("123456");
        sysUser.setPassword(
                bCryptPasswordEncoder.encode(sysUser.getPassword()));
        sysUserMapper.insert(sysUser);
    }
}

public void deleteUser(String id) {
    sysUserMapper.deleteById(id);
}
```

3. DAO 层设计

在 SysUserService 类的 HouseholdInfoList()方法中，调用了 SysUserMapper 接口（DAO 层）的 householdInfoList()方法，用于查询所有住户的信息。

在 SysUserService 类的 HouseholdInfoSave()方法中，调用了其自身的 save()方法，在 save()方法中又调用了 SysUserMapper 接口（DAO 层）的 insert()方法或者 updateById()方法，用于新添加或者修改住户的信息。

在 SysUserService 类的 deleteUser()方法中，调用了 SysUserMapper 接口（DAO 层）的 deleteById()方法，并根据用户编号删除住户的信息。

SysUserMapper 接口的代码如下：

```
@Mapper
public interface SysUserMapper extends BaseMapper<SysUser> {
    @Select("SELECT u.* FROM sys_user u inner join sys_user_role ur on u.id=ur.user_id where ur.role_id=1")
    public List<SysUserInfoData> householdInfoList();
}
```

3.18　退出登录模块设计

不论是前台页面，还是后台页面，都有"退出登录"超链接。前台页面的"退出登录"超链接如图 3.28 所示，后台页面的"退出登录"超链接如图 3.29 所示。因为"退出登录"超链接的作用只是当前页面跳转到登录页面，所以退出登录模块不需要服务类或者 DAO 层的支持。

图 3.28　前台页面的"退出登录"超链接

图 3.29　后台页面的"退出登录"超链接

退出登录模块的相关代码被编写在 em_ui\src\layout\components\UserMenu\index.vue 文件中，代码如下：

```
<template>
  <div class="user">
    <div class="tools">
      <el-tooltip
        v-if="$store.state.settings.enableThemeSetting"
        effect="dark"
        content="主题配置"
        placement="bottom"
      >
        <span class="item" @click="$eventBus.$emit('global-theme-toggle')">
          <svg-icon name="theme" />
        </span>
      </el-tooltip>
    </div>
    <el-dropdown class="user-container" @command="handleCommand">
      <div class="user-wrapper">
        <el-avatar size="medium">
          <i class="el-icon-user-solid" />
        </el-avatar>
        {{ $store.state.user.account }}
        <i class="el-icon-caret-bottom" />
      </div>
      <el-dropdown-menu slot="dropdown" class="user-dropdown">
        <el-dropdown-item divided command="logout">退出登录</el-dropdown-item>
      </el-dropdown-menu>
    </el-dropdown>
  </div>
</template>
```

SysLoginController 类是（退出）登录模块的控制器类，被@RestController 注解标注。在 SysUserController 类中，定义了一个用于退出登录的 logout()方法，代码如下：

```
@GetMapping("/logout")
private AjaxResult logout() {
    RequestUtils.invalidate();
    return AjaxResult.success();
}
```

3.19 项目运行

通过前述步骤，我们设计并完成了"明日之星物业管理系统"项目的开发。该项目是一个具有前、后端的项目，因此运行本项目需要两个步骤：先启动后端，再启动前端。下面运行本项目，检验一下我们的开发成果。首先选择 EmServerApplication，单击▶快捷图标，如图 3.30 所示；然后选择 serve，单击▶快捷图标，如图 3.31 所示，即可运行本项目。

图 3.30　启动后端的快捷图标

图 3.31　启动前端的快捷图标

成功启动项目后，明日之星物业管理系统的登录页面将被自动打开，如图 3.32 所示。在登录页面上，用户输入正确的用户名和密码后，程序还要对用户的身份进行判断。

如果用户的身份是住户，那么程序打开的是明日之星物业管理系统的前台页面。在前台页面的侧边栏上，程序为住户提供了 3 个功能模块，分别是物业收费、报修管理和投诉管理。其中，物业收费包含一个"缴纳费用"的功能；报修管理包含"申请报修"和"报修管理"两个功能；投诉管理包含"发起投诉"和"投诉管理"两个功能。

图 3.32　明日之星物业管理系统的登录页面

如果用户的身份是管理员，那么程序打开的是明日之星物业管理系统的后台页面。在后台页面的侧边栏上，程序为管理员提供了 3 个功能模块，分别是保障管理、收费管理和用户管理。其中，保障管理包含"报修管理"和"投诉管理"两个功能；收费管理包含一个"收费项目管理"的功能；用户管理包含"物业人员管理"和"住户信息管理"两个功能。

这样，我们就成功地检验了本项目的运行。

使用 Vue.js 设计页面的简易流程：在 JavaScript 代码中创建一个新的 Vue.js 实例，并定义其选项；使用 Vue.js 的模板语法创建页面布局；如果页面较为复杂，可以使用 Vue.js 组件进行拆分和模块化设计；Vue.js 提供了各种指令简化 DOM 操作；Vue.js 使用数据绑定和响应系统，确保界面自动更新；如果需要管理复杂的状态和组件间的导航，可以引入 Vue Router（路由）和 Vuex（状态管理）等库。

Spring Boot 各层之间的交互主要遵循控制层、服务层、数据访问层以及模型层的基本架构。其中，控制层负责处理外部请求，接收输入并返回响应，它调用服务层处理业务逻辑，并将结果返回客户端；服务层包含业务逻辑处理，它调用数据访问层执行数据库操作，并将处理结果返回控制层；数据访问层负责与数据库进行交互，执行 SQL 语句，完成数据的增、删、改、查操作；模型层包含与数据库表对应的实体类，用于数据的表示和传输。

3.20 源码下载

　　虽然本章详细地讲解了如何编码实现"明日之星物业管理系统"项目的各个功能，但给出的代码都是代码片段，而非源码。为了方便读者学习，本书提供了完整的项目源码，扫描右侧二维码即可下载。

源码下载

第2篇

Django+Vue.js 方向

　　Django 是一款非常强大的 Python Web 后端框架，其提供高效的 ORM、认证系统和丰富的插件，使用它可以简化后端开发，提升开发效率；而 Vue.js 则以组件化、响应式数据绑定等特性，使前端开发更加灵活、高效。

　　本篇主要使用 Python 的 Django Web 框架，结合 Vue.js、BootStrap 等前端技术开发两个全栈项目，具体如下：

　　☑　吃了么外卖网。

　　☑　综艺之家。

第 4 章
吃了么外卖网

——Vue.js + Element UI + Django + django-redis + MySQL + Redis

近年来，随着电子设备和网络的普及，外卖行业因其方便、快捷的特点迅速发展，点外卖已成为大家日常生活中至关重要的一部分，只要有网络和相应的设备，就能做到足不出户，即可解决一日三餐。本章将开发一个功能完善的外卖平台——吃了么外卖网，该项目为全栈项目，其中，前端使用 Vue.js、Element UI、Django 前端模板等技术，后端使用 Python 中的 Django、django-redis 等技术，而数据库则采用主流的 MySQL 数据库和 Redis 数据库。

本项目的核心功能及实现技术如下：

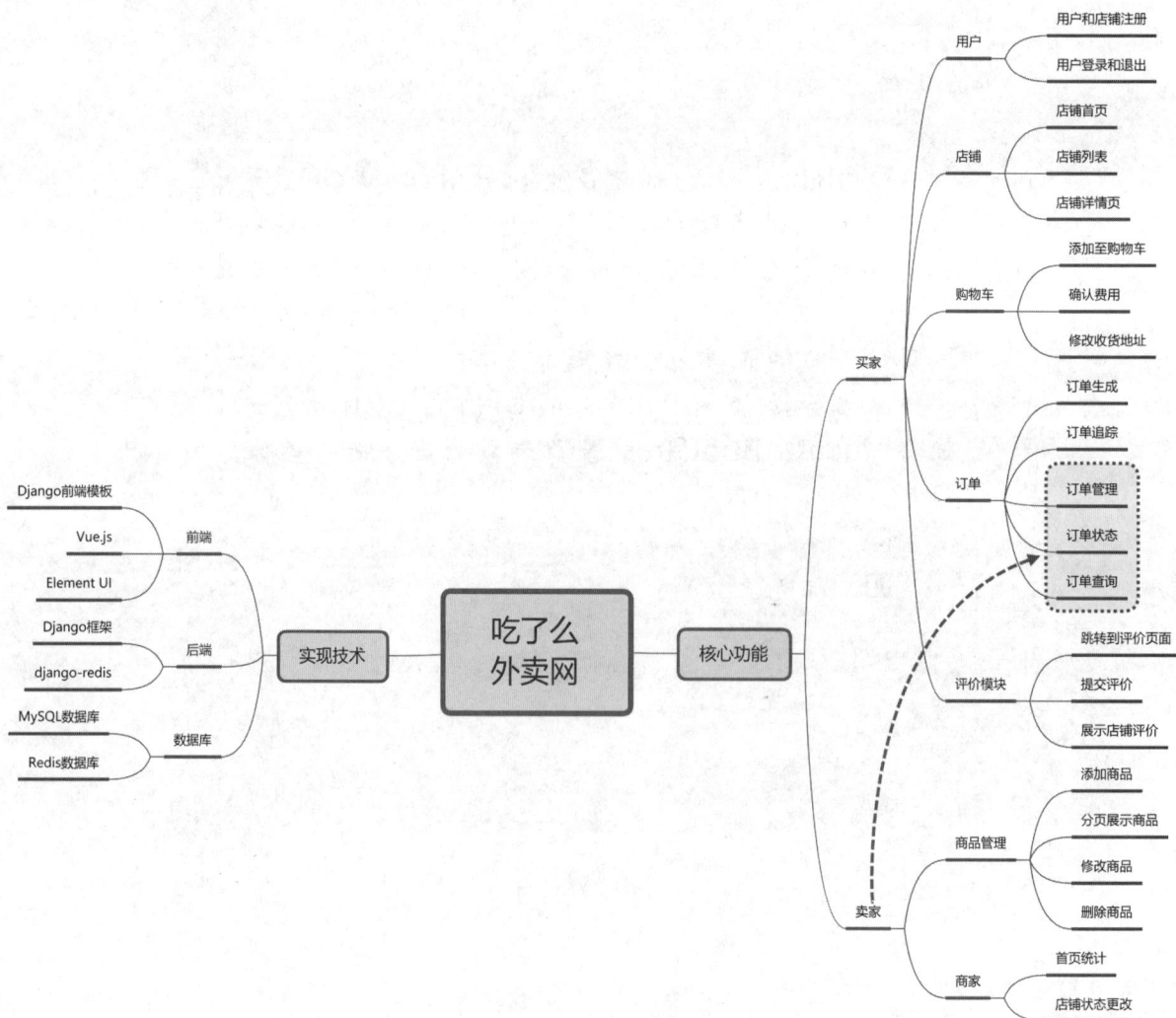

4.1 开 发 背 景

在这个快节奏的时代，人们对于时间和效率的要求越来越高，外卖行业应运而生，并迅速成为现代生活中不可或缺的一部分。为了满足现代人的饮食需求，提高餐饮业的服务质量和效率，开发一个功能完善、操作简便、用户体验良好的外卖网站显得尤为重要。因此，本章将开发一个全栈项目，即吃了么外卖网，该网站是一个功能完善的前后台管理平台，通过该网站，既可以满足用户点餐的需求，又能实现商家对店铺、商品、订单的管理操作。具体实现时，前端主要采用 Django 模板技术，并结合 Vue.js 和 Element UI 等技术实现，而后端则借助 Python 中的 Django 框架，通过 MySQL 数据库和数据模型获取数据，并利用视图函数将结果返回前端；同时，使用 django-redis 对 Redis 数据库进行操作，从而使网站能够缓存常用数据，以减少数据库的访问压力，提高网站响应速度。

本项目的实现目标如下：

☑ 注册与登录：提供买家/卖家注册功能。
☑ 菜单浏览：买家可以浏览各种餐厅的菜单。
☑ 下单功能：买家可以选择菜品，填写配送地址（支持默认和新增）和联系方式，提交订单。
☑ 订单跟踪：买家可以实时查看订单状态。
☑ 评价与反馈：用户可以对已完成的订单进行评价和反馈，以改进服务质量。
☑ 卖家管理：可自定义店铺信息、上传菜单、设置营业时间和起送价、审核订单等。
☑ 性能：需要能够快速响应用户请求，保证良好的用户体验。
☑ 安全性：保护用户数据的安全，防止未经授权的访问和数据泄露。
☑ 易用性：界面设计简洁直观，操作流程简单易懂，方便用户快速上手。

4.2 系 统 设 计

4.2.1 开发环境

本项目的开发及运行环境如下：

☑ 操作系统：推荐 Windows 10、11 及以上版本。
☑ 开发工具：PyCharm 2024（向下兼容）。
☑ 前端实现技术：Vue.js、Element UI、Django 前端模板、HTML5、CSS3、JavaScript。
☑ 后端实现技术：Python、Django、django-redis。
☑ 数据库：MySQL 8.0、Redis。

4.2.2 业务流程

启动项目后，首先要求用户登录，网站支持两种用户身份，一种是买家，可以选择店铺进行外卖订购及评价操作，另一种是卖家，可以创建店铺并管理自己店铺的商品，还可以对自己店铺的订单进行处理。本项目的主要业务流程如图 4.1 所示。

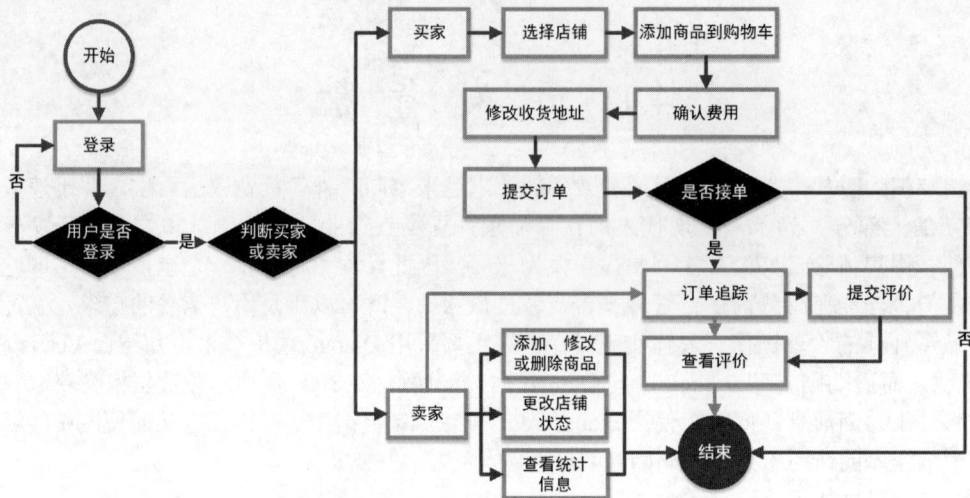

图 4.1　吃了么外卖网主要业务流程

4.2.3　功能结构

本项目的功能结构已经在章首页中给出，主要分为两个部分，分别是买家部分和卖家部分。本项目实现的具体功能如下：

- ☑　买家：
  - ➤　用户模块：用于买家和卖家登录网站，包括用户和店铺注册、用户登录和退出等功能；
  - ➤　店铺模块：用于选择查看店铺信息，包括店铺首页、店铺列表和店铺详情页；
  - ➤　购物车模块：用于选择要下单的商品，包括添加至购物车、确认费用和修改收货地址；
  - ➤　订单模块：用于完成订单，包括订单生成、订单追踪、订单管理、订单状态和订单查询；
  - ➤　评价模块：用于对订单进行评价，包括跳转到评价页面、提交评价和展示店铺评价。
- ☑　卖家：
  - ➤　商品管理：用于卖家对商品进行管理，包括添加商品、分页展示商品、修改商品和删除商品；
  - ➤　卖家模块：用于对店铺数据进行统计和更改店铺状态，包括首页统计和店铺状态更改。

✍ **说明**

本章主要讲解吃了么外卖网中与点外卖和订单相关的主要功能模块的实现逻辑，项目的完整功能实现可以参考资源包中的源代码。

4.3　前端技术准备

本项目是一个使用了 Vue.js、Element UI、Django 模板等前端技术，以及 Django 框架后端技术，并结合 MySQL 数据库和 Redis 数据库实现的一个全栈项目。本节首先对项目中用到的 Vue.js 和 Element UI 等前端技术进行介绍，而 Django 模板的使用会在 4.4.1 节中讲解 Django 框架时进行介绍。

4.3.1　Vue.js 技术应用

本项目实现时用到了 Vue.js 技术，Vue.js 是一个覆盖了大部分前端开发需求的框架，关于 Vue.js 的基本使用请参见本书第 1 章的 1.3 节,本节主要对本项目用到的 Vue.js 中的@click 指令和 v-cloak 指令进行介绍。

1. @click 指令

Vue.js 中使用@click 表示事件绑定指令,其主要作用是在 HTML 元素上绑定一个单击事件。当用户单击该元素时,就会触发与之关联的方法。

例如,下面代码中为"新增收货地址"绑定了一个名称为 AddressShowClick()的方法:

```
<span class="addAddress" @click="AddressShowClick">新增收货地址</span>
```

AddressShowClick()是在 Vue.js 中自定义的一个方法,主要代码如下:

```
var vm = new Vue({
    methods: {
        //新增收货地址
        AddressShowClick:function(){
            this.editType = '新增',
            this.newAddressShow = true;
        },
}).mount("#myVue");
```

2. v-cloak 指令

在 Vue 应用启动过程中,Vue 实例需要一定的时间编译和渲染模板,在这个过程中,如果页面上有插值表达式(如{{ }}),浏览器会直接显示这些表达式,而不是它们最终渲染的值,这会导致用户在页面加载过程中看到闪烁的未编译内容,影响用户体验。因此,Vue.js 提供了 v-cloak 指令来解决该问题。当一个元素使用了 v-cloak 指令后,在 Vue 实例编译完成之前,该元素会一直带有 v-cloak 这个 CSS 类名。我们可以通过 CSS 选择器为[v-cloak]元素设置 display: none 样式,在 Vue 实例编译完成之前隐藏这些元素;一旦编译完成,v-cloak 类名会自动从元素上移除,元素将正常显示。

例如,本项目中定义了一个全局的[v-cloak]样式,代码如下:

```
[v-cloak] {
    display: none;
}
```

然后在"送餐详情"的<div>标签中使用,代码如下:

```
<div class="row" id="myVue"  v-cloak>
```

4.3.2 Element UI 库的使用

Element UI 是一套为开发者、设计师和产品经理设计的基于 Vue.js 的桌面端组件库,它提供了丰富的高质量组件,能够帮助开发者快速搭建出美观、易用的界面。本项目中使用的 Element UI 组件如表 4.1 所示。

表 4.1 Element UI 常用组件及说明

组件	说明
<el-row>	创建行布局
<el-dialog>	弹出框组件,用于显示一些额外的信息或进行交互操作,如表单填写、确认提示等
<el-form>	表单组件,用于收集、验证和提交用户输入的数据,表单项使用<el-form-item>表示
<el-input>	输入框组件,用户可以在其中输入文本信息
<el-checkbox>	复选框组件,用户可以选择一个或多个选项
<el-button>	按钮组件,可用于触发各种操作,如提交表单、关闭弹出框等

例如,下面代码使用 Element UI 创建一个用于输入收货地址的表单:

```
<el-form ref="form" :model="form" label-width="80px">
    <el-form-item label="收货人" >
        <el-input v-model="form.name" placeholder="请输入内容"></el-input>
    </el-form-item>
    <el-form-item label="所在地区" >
        <el-input v-model="form.city" placeholder="请输入内容"></el-input>
    </el-form-item>
    <el-form-item label="详细地址" >
        <el-input v-model="form.minarea" placeholder="请输入内容"></el-input>
    </el-form-item>
    <el-form-item label="手机号码" >
        <el-input v-model="form.phone" placeholder="请输入内容"></el-input>
    </el-form-item>
    <el-form-item>
        <el-checkbox-group v-model="form.isShowDefault">
            <el-checkbox   label="设为默认地址" name="type">
                    设为默认地址</el-checkbox>
        </el-checkbox-group>
    </el-form-item>
</el-form>
```

4.4 后端技术准备

4.4.1 Django 框架的基本使用

Django 是基于 Python 的开源 Web 框架，它拥有高度定制的 ORM（对象关系映射）、丰富的 API、简单灵活的视图机制、优雅的 URL 设计、适于快速开发的模板以及强大的管理后台，这些使得它在 Python Web 开发领域占据不可动摇的地位。下面介绍 Django 框架的基本使用方法。

1. 安装 Django Web 框架

安装 Django Web 框架非常简单，直接使用以下命令即可：

```
pip install django
```

2. 创建并运行 Django 项目

创建及运行 Django 项目的步骤如下：

（1）在虚拟环境下创建一个名为 django_demo 的项目，命令如下：

```
django-admin startproject django_demo
```

（2）使用 PyCharm 打开 django_demo 项目，查看目录结构，如图 4.2 所示。Django 项目中的文件及说明如表 4.2 所示。

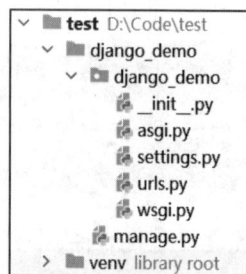

图 4.2　Django 项目目录结构

表 4.2　Django 项目中的文件及说明

文件	说明
django_demo	Django 生成的和项目同名的配置文件夹
__init__.py	初始化包，在该文件中可以执行一些初始化操作
asgi.py	ASGI（异步服务器网关接口）的配置文件，用于配置异步 Web 服务器
settings.py	Django 总的配置文件，可以配置 App、数据库、中间件、模板等诸多选项
urls.py	Django 默认的路由配置文件，可以在其中 include 其他路径下的 urls.py
wsgi.py	Django 实现的 WSGI 接口的文件，用来处理 Web 请求
manage.py	Django 程序执行的入口

（3）在虚拟环境中执行如下命令运行项目：

```
python django_demo/manage.py runserver
```

运行结果如图 4.3 所示。

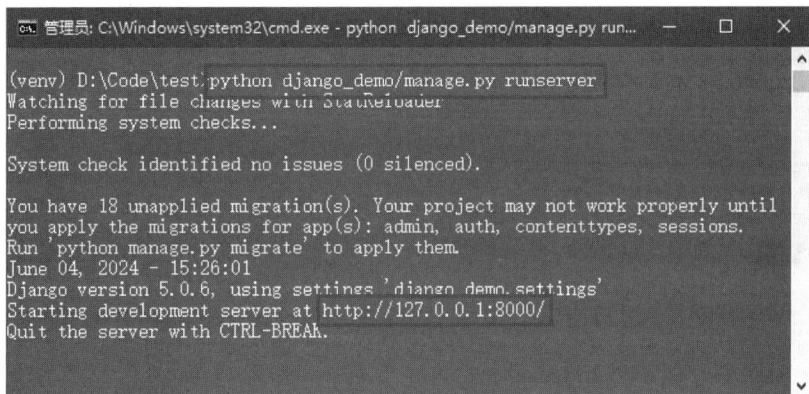

图 4.3　启动项目

（4）从图 4.3 中可以看到，服务器已经开始监听 8000 端口的请求了，这时在浏览器中访问 http://127.0.0.1:8000，即可看到一个 Django 页面，如图 4.4 所示。

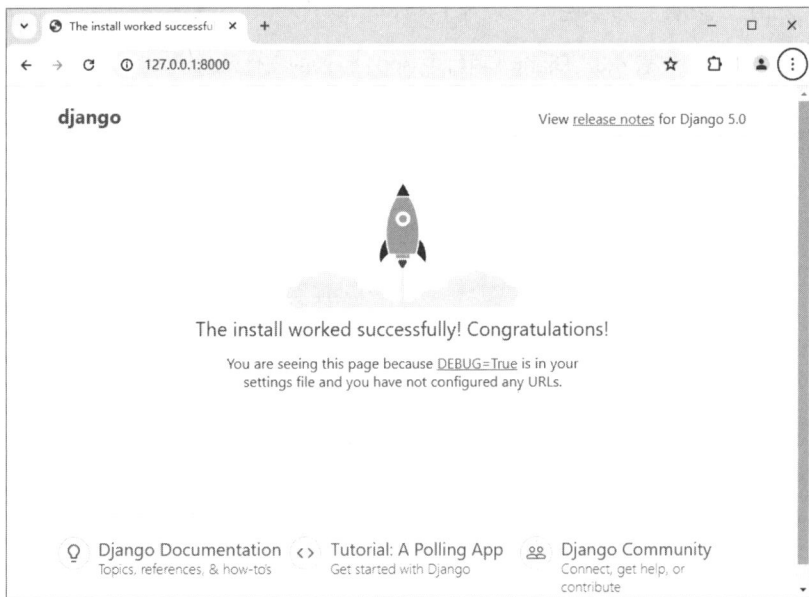

图 4.4　Django 页面

（5）使用命令创建后台应用，首先使用 Ctrl+C 组合键关闭服务器，然后通过如下命令执行数据库的迁移操作，以生成数据表：

```
python django_demo/manage.py migrate
```

（6）执行如下命令创建超级管理员用户（这里需要输入用户名、密码、邮箱等内容）：

```
python django_demo/manage.py createsuperuser
```

（7）按照步骤（3）重新启动服务器，在浏览器中访问 http://127.0.0.1:8000/admin，即可进入后台登录页面，如图 4.5 所示。输入第（6）步中创建的用户名和密码，单击"LOG IN"按钮，即可进入 Django 的后台管理页面，如图 4.6 所示。

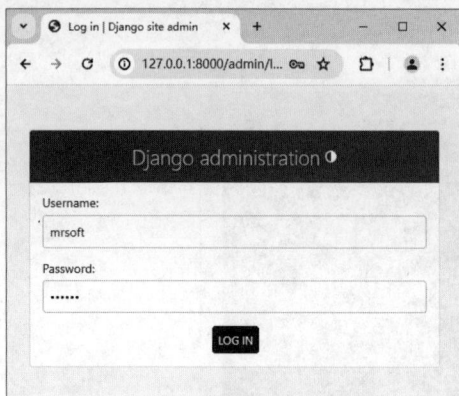

图 4.5 后台登录页面

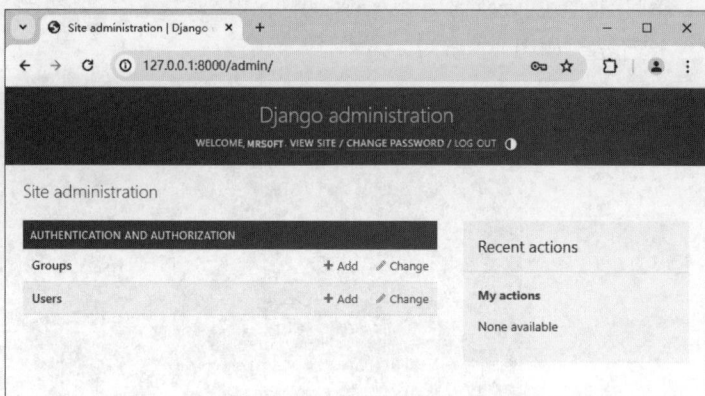

图 4.6 Django 项目后台管理页面

3. 创建一个 App

在 Django 项目中，推荐使用 App 完成不同模块的任务。创建一个 App 非常简单，命令如下：

```
python django_demo/manage.py startapp app1
```

运行完成后，django_demo 目录下会多出一个名称为 app1 的目录，如图 4.7 所示。

Django 项目中 app1 目录的文件及说明如表 4.3 所示。

表 4.3 Django 项目中 app1 目录的文件及说明

文件	说明
__init__.py	初始化包，在该文件中可以执行一些初始化操作
migrations	执行数据库迁移生成的脚本
admin.py	配置 Django 管理后台的文件
apps.py	单独配置添加的每个 app 的文件
models.py	创建数据库数据模型对象的文件
tests.py	用来编写测试脚本的文件
views.py	用来编写视图控制器的文件

接下来需要激活名为 app1 的 App，否则 app1 内的文件都不会生效。激活方式非常简单，在 django_demo/settings.py 配置文件中，找到 INSTALLED_APPS 列表，添加 app1，如图 4.8 所示。

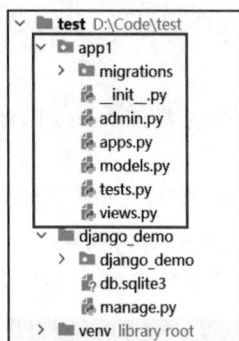

图 4.7 Django 项目的 App 目录结构

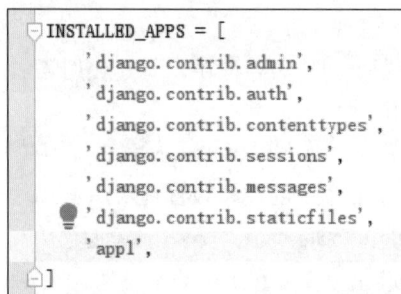

图 4.8 将创建的 App 名称添加到 settings.py 配置文件中

4. 路由（urls）

Django 的路由系统用于将 views 中处理数据的函数与请求的 URL 建立映射关系。当请求到达时，根据 urls.py 里的关系条目，查找到与请求对应的处理方法，并返回 HTTP 页面数据给客户端。执行流程如图 4.9 所示。

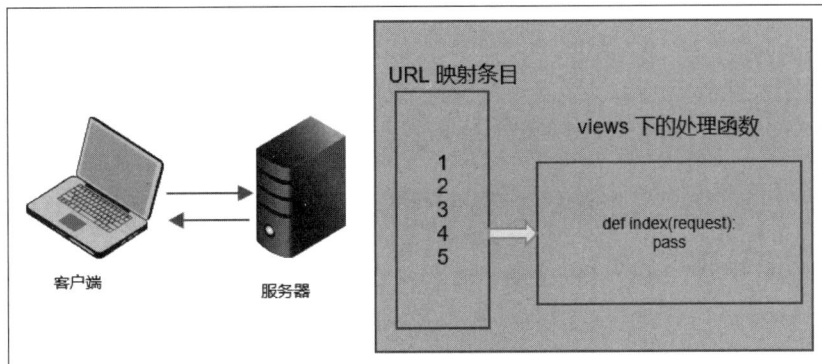

图 4.9　URL 映射流程

Django 项目中的 URL 规则定义放在 project 的 urls.py 文件中，默认如下：

```
from django.conf.urls import url
from django.contrib import admin

urlpatterns = [
    url(r'^admin/', admin.site.urls),
]
```

url() 函数可以传递 4 个参数。其中，两个参数是必需的：regex 和 view；两个参数是可选的：kwargs 和 name。下面介绍每个参数的含义：

☑　regex：regex 是正则表达式的通用缩写，它是一种匹配字符串或 URL 地址的语法。Django 根据用户请求的 URL 地址，在 urls.py 文件中对 urlpatterns 列表中的每一项条目从头开始逐一对比，一旦遇到匹配项，立即执行该条目映射的视图函数或二级路由，其后的条目将不再继续匹配。因此，URL 路由的编写顺序至关重要！

说明

regex 不会去匹配 GET 或 POST 参数或域名，例如，对于 https://www.example.com/myapp/，regex 只尝试匹配 myapp/；对于 https://www.example.com/myapp/?page=3，regex 也只尝试匹配 myapp/。

☑　view：当正则表达式匹配到某个条目时，自动将封装的 HttpRequest 对象作为第一个参数，正则表达式"捕获"到的值作为第二个参数，传递给该条目指定的视图。如果是简单捕获，那么捕获值将作为一个位置参数进行传递；如果是命名捕获，那么将作为关键字参数传递。

☑　kwargs：任意数量的关键字参数可以作为一个字典传递给目标视图。

☑　name：对 URL 进行命名，可以在 Django 的任意处，尤其是在模板内显式地引用它。这相当于给 URL 取了个全局变量名。只需要修改这个全局变量的值，在整个 Django 中引用它的地方也将同样获得改变。

下面通过一个示例讲解 Django 路由的 URL 匹配方式，步骤如下：

（1）在项目 URL 配置文件 django_demo/urls.py 中添加如下代码：

```
urlpatterns = [
```

```
    path('admin/',admin.site.urls),
    path('app1/', include('app1.urls'))                                    # 引入 app1 模块下的一组路由
]
```

（2）在 app1 目录下创建 urls.py 文件，定义路由规则，代码如下：

```
from django.urls import path,re_path
from app1 import views as views

urlpatterns = [
    path('index',views.index),                                            # 精确匹配
    path('article/<int:id>', views.article),                              # 匹配一个参数
    path('articles/<int:year>/<int:month>/<slug:slug>/', views.article_detail),   # 匹配两个参数和一个 slug
    re_path('articles/(?P<year>[0-9]{4})/', views.year_archive),          # 正则匹配 4 个字符的年份
]
```

在上述代码中，列举了比较常见的几种 URL 匹配模式。其中，<类型：变量名>是格式转换模式。例如，<int:id>将用户 URL 中的 id 参数自动转化为整型数据，否则默认为字符串型数据。

（3）在 app1/views.py 文件中编写视图函数，代码如下：

```
from django.shortcuts import render
from django.http import HttpResponse


def index(request):
    return HttpResponse("Hello World")

def article(request,id):
    content = "This article's id is {}".format(id)
    return HttpResponse(content)

def article_detail(request,year,month,slug):
    content = 'the year is %s , the month is %s , the slug is %s.'.format(year,month,slug)
    return HttpResponse(content)

def year_archive(request,year):
    return HttpResponse(year)
```

完成以上步骤后，即可根据路由信息，在浏览器中输入相应 URL 查看运行效果。例如，使用浏览器访问网址 http://127.0.0.1:8000/app1/articles/2024/04/python。

5. 表单（forms）

在 app1 文件夹下创建一个 forms.py 文件，添加如下代码：

```
from django import forms
class PersonForm(forms.Form):
    first_name = forms.CharField(label='你的名字', max_length=20)
    last_name = forms.CharField(label='你的姓氏', max_length=20)
```

上面代码定义了一个 PersonForm 表单类，包含两个字段，类型为 forms.CharField，其对应 Django 数据模型中的 CharField 类型，first_name 指字段的 label 为"你的名字"，并且指定该字段最大长度为 20 个字符。max_length 参数用于指定 forms.CharField 的验证长度。

PersonForm 类将呈现为下面的 HTML 代码：

```
<label for="你的名字">你的名字: </label>
<input id="first_name" type="text" name="first_name" maxlength="20" required />
<label for="你的姓氏">你的姓氏: </label>
<input id="last_name" type="text" name="last_name" maxlength="20" required />
```

表单类 forms.Form 有一个 is_valid()方法，可以在 views.py 中验证提交的表单是否符合规则。

对于提交的内容，在 views.py 编写如下代码进行 POST 或 GET 访问：

```
from django.shortcuts import render
from django.http import HttpResponse, HttpResponseRedirect
from app1.forms import PersonForm
```

```
def get_name(request):
    # 判断请求方法是否为 POST
    if request.method == 'POST':
        # 将请求数据填充到 PersonForm 实例中
        form = PersonForm(request.POST)
        # 判断 form 是否为有效表单
        if form.is_valid():
            # 使用 form.cleaned_data 获取请求的数据
            first_name = form.cleaned_data['first_name']
            last_name = form.cleaned_data['last_name']
            # 响应拼接后的字符串
            return HttpResponse(first_name + " " + last_name)
        else:
            return HttpResponseRedirect('/error/')
    # 请求方法为 GET
    else:
        return render(request, 'name.html', {'form': PersonForm()})
```

那么，在 HTML 文件中如何使用这个返回的表单呢？代码如下：

```
<form action="/app1/get_name" method="post"> {% csrf_token %}
    {{ form }}
    <button type="submit">提交</button>
</form>
```

在上面的代码中，{{form}}是 Django 模板的语法，用来获取页面返回的数据。该数据是一个 PersonForm 实例，Django 会根据实例内容自动渲染表单。由于渲染结果仅包含表单字段，所以需要在 HTML 中手动添加<form></form>标签，并指出需要提交的路由/app1/get_name 和请求的方法 post。另外，form 标签中需要加上 Django 的防止跨站请求伪造模板标签{% csrf_token %}，这样可以避免提交 form 表单时，出现跨站请求伪造攻击的情况。

最后，添加 URL 到我们创建的 app1/urls.py 中，代码如下：

```
path('get_name', app1_views.get_name)
```

此时访问页面 http://127.0.0.1:8000/app1/get_name，效果如图 4.10 所示。

图 4.10　在 Django 项目中创建表单

6. 视图（views）

Django 中的视图类型有两种，分别是 FBV（function-based view）基于函数的视图和 CBV（class-based view）基于类的视图，下面分别通过示例讲解。

1）FBV 基于函数的视图

下面通过一个示例讲解如何在 Django 项目中定义视图，代码如下：

```
from django.http import HttpResponse                          # 导入响应对象
import datetime                                                # 导入时间模块

def current_datetime(request):                                 # 定义一个视图方法，必须带有请求对象作为参数
    now = datetime.datetime.now()                              # 请求的时间
    html = "<html><body>It is now %s.</body></html>" % now     # 生成 HTML 代码
    return HttpResponse(html)                                  # 将响应对象返回，数据为生成的 HTML 代码
```

上面的代码定义了一个函数，返回了一个 HttpResponse 对象，这就是 Django 中的 FBV 基于函数的视图，每个视图函数都有一个 HttpRequest 对象作为参数，用来接收来自客户端的请求，并且必须返回一个 HttpResponse 对象，作为响应给客户端。

django.http 模块下有很多继承于 HttpReponse 的对象。例如，在查询不到数据时，给客户端一个 HTTP 404 的错误页面，可以利用 django.http 下面的 Http404 异常类，代码如下：

```python
from django.shortcuts import render
from django.http import HttpResponse, HttpResponseRedirect, Http404
from app1.forms import PersonForm
from app1.models import Person

def person_detail(request, pk):                                     # url 参数 pk
    try:
        p = Person.objects.get(pk=pk)                               # 获取 Person 数据
    except Person.DoesNotExist:
        raise Http404('Person Does Not Exist')                      # 获取不到则抛出 Http404 错误页面
    return render(request, 'person_detail.html', {'person': p})     # 返回详细信息视图
```

这时，在浏览器中输入 http://127.0.0.1:8000/app1/person_detail/100/ 会抛出异常，效果如图 4.11 所示。

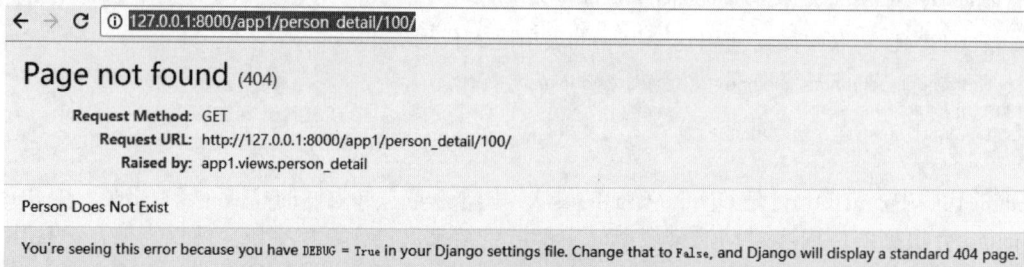

图 4.11   定义 HTTP 404 错误页面

2）CBV 基于类的视图

基于类的视图和基于函数的视图大同小异，下面通过示例进行讲解。

首先定义一个类视图，这个类视图需要继承一个基础的类视图，所有的类视图都继承自 views.View，且需要给出类视图的初始化参数。将上面的 get_name()方法改成基于类的视图，代码如下：

```python
from django.shortcuts import render
from django.http import HttpResponse, HttpResponseRedirect, Http404
from django.views import View
from app1.forms import PersonForm
from app1.models import Person

class PersonFormView(View):
    form_class = PersonForm                                         # 定义表单类
    initial = {'key': 'value'}                                      # 定义表单初始化展示参数
    template_name = 'name.html'                                     # 定义渲染的模板

    def get(self, request, *args, **kwargs):                        # 定义 GET 请求的方法
        return render(request, self.template_name, {'form': self.form_class(initial=self.initial)})  # 渲染表单

    def post(self, request, *args, **kwargs):                       # 定义 POST 请求的方法
        form = self.form_class(request.POST)                        # 填充表单实例
        if form.is_valid():                                         # 判断请求是否有效
            # 使用 form.cleaned_data 获取请求的数据
            first_name = form.cleaned_data['first_name']
            last_name = form.cleaned_data['last_name']
            # 响应拼接后的字符串
            return HttpResponse(first_name + " + last_name)         # 返回拼接的字符串
        return render(request, self.template_name, {'form': form})  # 如果表单无效，返回表单
```

接下来定义一个 URL，代码如下：

```python
from django.urls import path
from app1 import views as app1_views
urlpatterns = [
    path('get_name', app1_views.get_name),
```

```
    path('get_name1', app1_views.PersonFormView.as_view()),
    path('person_detail/<int:pk>/', app1_views.person_detail),
]
```

在浏览器中请求/app1/get_name1，会调用 PersonFormViews 视图的方法，如图 4.12 所示。

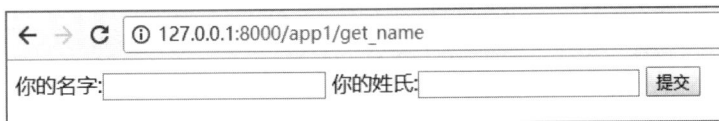

图 4.12　请求定义的视图

输入 hugo 和 zhang，并单击"提交"按钮，效果如图 4.13 所示。

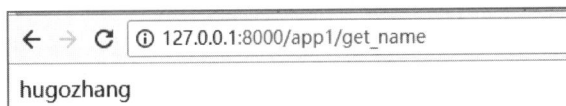

图 4.13　请求视图结果

7. Django 模板

Django 指定的模板引擎在 settings.py 文件中定义，代码如下：

```
TEMPLATES = [{
    'BACKEND': 'django.template.backends.django.DjangoTemplates',    # 模板引擎，默认为 Django 模板
    'DIRS': [],                                                       # 模板所在的目录
    'APP_DIRS': True,                                                 # 是否启用 APP 目录
    'OPTIONS': {
    },
  },
]
```

Django 模板引擎使用{%%}描述 Python 语句，并使用{{}}描述 Python 变量。Django 模板引擎中的标签及说明如表 4.4 所示。

表 4.4　Django 模板引擎中的标签及说明

标签	说明
{% extends 'base_generic.html'%}	扩展一个母模板
{%block title%}	指定母模板中的一段代码块，此处为 title，在母模板中定义 title 代码块，可以在子模板中重写该代码块。block 标签必须是封闭的，要由{% endblock %}结尾
{{section.title}}	获取变量的值
{% for story in story_list %}、{% endfor %}	和 Python 中的 for 循环用法相似，必须是封闭的

在 Django 模板中，过滤器非常实用，用来将返回的变量值做一些特殊处理，常用的过滤器如下：

☑　{{value|default:"nothing"}}：用来指定默认值。

☑　{{value|length}}：用来计算返回的列表或者字符串长度。

☑　{{value|filesizeformat}}：用来将数字转换成人类可读的文件大小，如 13KB、128MB 等。

☑　{{value|truncatewords:30}}：用来将返回的字符串截取到固定的长度，此处为 30 个字符。

☑　{{value|lower}}：用来将返回的数据变为小写字母。

例如，下面是一个使用 Django 模板引擎的示例：

```
{% extends "base_generic.html" %}
{% block title %}{{ section.title }}{% endblock %}
```

```
{% block content %}
<h1>{{ section.title }}</h1>
{% for story in story_list %}
<h2>
  <a href="{{ story.get_absolute_url }}">
    {{ story.headline|upper }}
  </a>
</h2>
<p>{{ story.tease|truncatewords:"100" }}</p>
{% endfor %}
{% endblock %}
```

4.4.2　使用 django-redis 模块操作 Redis 数据库

本项目中的数据存储主要使用了 MySQL 数据库及 Redis 数据库，其中操作 MySQL 数据库时使用了 PyMySQL 模块。PyMySQL 模块在《Python 从入门到精通（第 3 版）》中有详细的讲解，对此不太熟悉的读者可以参考该书对应的内容。下面将对使用 django-redis 模块操作 Redis 数据库进行详细介绍。

使用 django-redis 模块操作 Redis 数据库时，需要先使用 pip install 命令安装它，具体的命令如下：

```
pip install django-redis
```

安装完成后，还需要在 Django 项目的配置文件 settings.py 文件中配置 Redis，让其作为后端缓存。主要指定 Redis 服务器的 IP 地址、端口号以及缓存键的前缀，避免与其他应用冲突。具体配置代码如下：

```
CACHES = {
    "default": {
        "BACKEND": "django_redis.cache.RedisCache",
        "LOCATION": "redis://127.0.0.1:6379/0",  # 根据实际情况修改地址和端口
        "OPTIONS": {
            "CLIENT_CLASS": "django_redis.client.DefaultClient",
            # 如果 Redis 设置了密码，需要在这里添加
            # "PASSWORD": "your_redis_password",
            # 可以根据需要添加其他选项，如序列化方式等
        }
    },
    # 如果有特殊需求，可以配置多个缓存实例，例如存储验证码
    "verify_codes": {
        "BACKEND": "django_redis.cache.RedisCache",
        "LOCATION": "redis://127.0.0.1:6379/1",
        "OPTIONS": {
            "CLIENT_CLASS": "django_redis.client.DefaultClient",
        }
    },
}
```

例如，本项目中对应的配置代码如下：

```
CACHES = {
    "default": {
        "BACKEND": "django_redis.cache.RedisCache",
        "LOCATION": "redis://127.0.0.1:6379/1",
        "OPTIONS": {
            "CLIENT_CLASS": "django_redis.client.DefaultClient",
            # 提升 Redis 解析性能
            "PARSER_CLASS": "redis.connection._HiredisParser",
        }
    }
}
```

接下来就可以在 Django 视图函数中使用 Django-redis 提供的缓存功能，例如，使用 cache.set()存储数据（键值对），或者使用 cache.get()检索缓存中的值。示例代码如下：

```
from django_redis import get_redis_connection

redis_conn = get_redis_connection()  # 获取默认的 Redis 连接
```

```
redis_conn.set('key', 'value')              # 存储数据
value = redis_conn.get('key')               # 获取数据
redis_conn.delete('key')                    # 删除数据
```

4.5 数据库设计

4.5.1 数据库设计概要

吃了么外卖网使用 MySQL 数据库存储数据，数据库名为 clmwm，共包含 24 张数据表（包括 Django 默认的 7 张数据表），其对应的中文表名及主要作用如表 4.5 所示。

表 4.5 clmwm 数据库中的数据表及作用

英文表名	中文表名	描　述
auth_group	授权组表	Django 默认的授权组
auth_group_permissions	授权组权限表	Django 默认的授权组权限信息
auth_permission	授权权限表	Django 默认的权限信息
df_user	用户表	用于存储用户的信息
df_goods	商品表	用于存储商品信息
df_shop	店铺表	用于存储店铺信息
df_order_info	订单表	用于存储订单信息
df_order_goods	订单明细表	用于存储订单明细信息
df_goods_type	商品分类表	用于存储商品分类信息
df_goods_sku	具体商品表	用于存储商品详细信息
df_address	地址表	用于存储店铺、用户地址信息
df_user_image	用户图片地址表	用于存储用户图片在服务器上的地址信息
df_shop_image	店铺图片地址表	用于存储店铺图片在服务器上的地址信息
df_order_image	订单评论图片地址表	用于存储订单评论图片在服务器上的地址信息
df_goods_image	商品图片地址表	用于存储商品图片在服务器上的地址信息
df_index_type_goods	首页分类展示商品表	用于存储首页分类展示商品信息
df_index_promotion	首页促销活动表	用于存储首页促销活动信息
df_index_banner	首页轮播商品	用于存储首页轮播商品信息
df_order_track	订单轨迹	用于存储订单轨迹信息
df_shop_type	店铺类型	用于存储店铺类型信息
django_admin_log	Django 日志表	保存 Django 管理员登录日志
django_content_type	Django contenttype 表	保存 Django 默认的 content type
django_migrations	Django 迁移表	保存 Django 的数据库迁移记录
django_session	Django session 表	保存 Django 默认的授权等 session 记录

4.5.2 数据表结构

df_user 用户表的表结构如表 4.6 所示。

表 4.6 df_user 用户表的表结构

字段	类型	长度	是否为空	含 义
id	INT	默认	否	主键，编号
password	VARCHAR	128	否	密码（加密）
last_login	DATETIME	6	是	最后登录时间
is_superuser	TINYINT	1	否	是否管理员（值为 0 表示非管理员；值为 1 表示管理员）
username	VARCHAR	150	否	用户名
first_name	VARCHAR	30	否	名字
last_name	VARCHAR	150	否	姓氏
email	VARCHAR	254	否	E-mail
is_staff	TINYINT	1	否	身份（值为 1 表示卖家；值为 0 表示买家）
is_active	TINYINT	1	否	是否激活（值为 0 表示未激活；值为 1 表示激活）
date_joined	DATETIME	6	否	加入时间
create_time	DATETIME	6	否	创建时间
update_time	DATETIME	6	否	更新时间
is_delete	TINYINT	1	否	是否删除（值为 1 表示删除；值 0 为未删除）
sex	VARCHAR	2	否	性别
phone	VARCHAR	100	否	联系电话
real_name	VARCHAR	20	否	真实姓名

df_goods 商品表的表结构如表 4.7 所示。

表 4.7 df_goods 商品表的表结构

字段	类型	长度	是否为空	含 义
id	INT	默认	否	主键，编号
create_time	DATETIME	6	否	创建时间
update_time	DATETIME	6	否	更新时间
is_delete	TINYINT	1	否	是否删除（值为 1 表示删除；值 0 为未删除）
name	VARCHAR	20	否	商品名称
detail	VARCHAR	200	否	详细信息
shop_id	INT	1	否	店铺 ID

df_shop 店铺表的表结构如表 4.8 所示。

表 4.8 df_shop 店铺表的表结构

字段	类型	长度	是否为空	含 义
id	INT	默认	否	主键，编号
create_time	DATETIME	6	否	创建时间
update_time	DATETIME	6	否	更新时间
is_delete	TINYINT	1	否	是否删除（值为 1 表示删除；值 0 为未删除）
shop_name	VARCHAR	20	否	店铺名字
shop_addr	VARCHAR	256	否	店铺地址
shop_type	VARCHAR	256	否	店铺类型
type_detail	VARCHAR	256	否	类型详细信息
shop_score	DECIMAL	(10,1)	否	店铺评分
shop_price	DECIMAL	(10,2)	否	起送价格
shop_sale	INT	默认	否	店铺销量
shop_image	VARCHAR	100	否	店铺头像
receive_start	TIME	默认	否	接单开始时间
receive_end	TIME	默认	否	接单结束时间
business_do	TINYINT	1	否	是否营业（值为 1 表示营业；值 0 为未营业）
high_opinion	VARCHAR	20	否	好评度
user_id	INT	1	否	卖家 ID

df_order_info 订单表的表结构如表 4.9 所示。

表 4.9 df_order_info 店铺表的表结构

字段	类型	长度	是否为空	含 义
order_id	VARCHAR	128	否	主键，订单编号
create_time	DATETIME	6	否	创建时间
update_time	DATETIME	6	否	更新时间
is_delete	TINYINT	1	否	是否删除（值为 1 表示删除；值 0 为未删除）
pay_method	SMALLINT	默认	否	支付方式
total_count	INT	默认	否	商品数量
total_price	DECIMAL	(10,2)	否	商品总价
transit_price	DECIMAL	(10,2)	否	订单运费
order_status	SMALLINT	默认	否	订单状态
trade_no	VARCHAR	128	否	支付编号
comment	VARCHAR	256	否	评论
invoice_head	VARCHAR	256	否	发票抬头
taxpayer_number	VARCHAR	256	否	纳税人识别号
remarks	VARCHAR	256	否	订单备注
score	SMALLINT	默认	否	订单综合评分
addr_id	INT	1	否	地址 ID

续表

字段	类型	长度	是否为空	含　义
shop_id	INT	1	否	店铺 ID
user_id	INT	1	否	用户 ID
transit_time	INT	1	否	配送时间

df_order_goods 订单明细表的表结构如表 4.10 所示。

表 4.10　df_order_goods 订单明细表的表结构

字段	类型	长度	是否为空	含　义
id	INT	默认	否	主键，编号
create_time	DATETIME	6	否	创建时间
update_time	DATETIME	6	否	更新时间
is_delete	TINYINT	1	否	是否删除（值为 1 表示删除；值 0 为未删除）
count	INT	默认	否	商品数目
price	DECIMAL	(10,2)	否	商品价格
order_id	VARCHAR	128	否	订单 ID
sku_id	INT	默认	否	商品 SKUID
comment	VARCHAR	256	否	评论

> **说明**
>
> 限于篇幅，其他数据表的表结构这里不再介绍，对应字段的类型及含义可以参考对应的数据模型。

4.5.3　数据表关系

为了更好地理解数据表之间的关系，这里给出梳理后的数据表关系模型图，如图 4.14 所示。

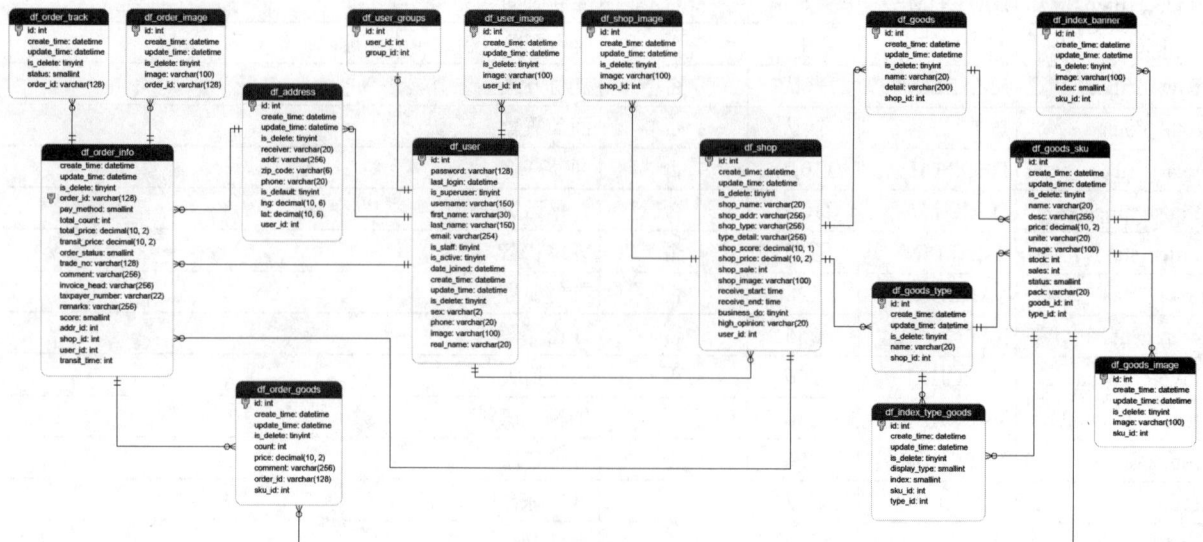

图 4.14　数据表间的关系

4.6 店铺模块设计

店铺模块主要用来展示平台上的店铺，并通过单击某店铺查看其下的所有商品等信息，本节主要对店铺模块中的店铺首页和店铺详情页进行介绍。

4.6.1 店铺首页

1. 后端设计

店铺首页相关的后端功能是在 apps/goods/views.py 代码文件中实现的。在 views.py 文件中定义两个视图函数 index() 和 index_again()，用来查询所有的店铺信息，实现代码如下：

```python
from django.shortcuts import render, reverse, redirect
from apps.user.models import Shop, User
from utils.common import shop_is_new, for_item, calculate_distance_duration

def index(request):
    """店铺首页（买家浏览）"""
    if request.user.is_staff:
        return redirect(reverse('goods:sj_index'))        # 判断是否为卖家
    # 由于需要获取用户地址信息，所以必须为登录状态
    try:
        user = User.objects.get(id=request.user.id)
    except User.DoesNotExist:
        return redirect(reverse('user:login'))
    # 获得所有店铺,数字为店铺大类（中餐、西餐、水果、饮品）
    shop_info0 = index_again(Shop.objects.filter(shop_type='0')[:5], user)
    shop_info1 = index_again(Shop.objects.filter(shop_type='1')[:5], user)
    shop_info2 = index_again(Shop.objects.filter(shop_type='2')[:4], user)
    shop_info3 = index_again(Shop.objects.filter(shop_type='3')[:4], user)
    context = {'shop_info0': shop_info0, 'shop_info1': shop_info1,
               'shop_info2': shop_info2,  'shop_info3': shop_info3}
    return render(request, 'index.html', context)

def index_again(shop_info, user):
    """处理买家首页，抽出公共方法"""
    for_item(shop_info)                                   # 为店铺插入图片
    shop_is_new(shop_info)                                # 判断店铺是否为新店
    calculate_distance_duration(shop_info, user)         # 调用百度地图 API 计算配送费和时间
    return shop_info
```

上面代码中调用了 utils/common.py 文件中的两个公共函数，分别为 for_item() 和 calculate_distance_duration()，它们分别用来获取店铺图片，以及调用百度地图计算配送费、时间，实现代码如下：

```python
def for_item(item):
    """获取店铺图片"""
    from collections import Iterable
    from apps.user.models import ShopImage
    # 判断是否为可迭代对象
    if isinstance(item, Iterable):
        for info in item:
            image = ShopImage.objects.get(shop_id=info.id).image
            info.shop_image = image
    else:
        item.shop_image = ShopImage.objects.get(shop_id=item.id).image
    return item

def calculate_distance_duration(df_shop, user, address_id=None):
    """调用百度地图计算配送费、时间"""
    from collections import Iterable
    from apps.user.models import Address
```

```python
# 判断传入数据是否可以遍历
if isinstance(df_shop, Iterable):
    for info in df_shop:
        if address_id is None:
            address_shop = Address.objects.get(is_default=True, user=info.user)
            address_user = Address.objects.get(is_default=True, user=user)
        else:
            address_shop = Address.objects.get(is_default=True, user=info.user)
            address_user = Address.objects.get(id=address_id)
        distance_duration = get_distance_duration({'lat': address_shop.lat, 'lng': address_shop.lng},
                                                   {'lat': address_user.lat, 'lng': address_user.lng})
        info.send_price = int(distance_duration['distance']/1000)
        info.duration = int(distance_duration['duration']/60)
else:
    if address_id is None:
        address_shop = Address.objects.get(is_default=True, user=df_shop.user)
        address_user = Address.objects.get(is_default=True, user=user)
    else:
        address_shop = Address.objects.get(is_default=True, user=df_shop.user)
        address_user = Address.objects.get(id=address_id)
    distance_duration = get_distance_duration({'lat': address_shop.lat, 'lng': address_shop.lng},
                                              {'lat': address_user.lat, 'lng': address_user.lng})
    df_shop.send_price = int(distance_duration['distance']/1000)
    df_shop.duration = int(distance_duration['duration']/60)
return df_shop
```

2. 前端设计

templates\index.html 为店铺首页模板页，该页面主要展示了 4 个主要分类：中餐、西餐、水果和饮品，并通过 Django 模板标签实现动态内容渲染，在每个分类下列出了相应的商家信息，包括店铺图片、名称、评分、起送价、配送费和预计送达时间等。主要代码如下：

```html
{% block body %}
<div id="banner">
    <nav>
        <ul>
            <li><a href=""><img src="{% static 'image/zc.png' %}">中餐</a></li>
            <li><a href=""><img src="{% static 'image/xc.png' %}">西餐</a></li>
            <li><a href=""><img src="{% static 'image/sg.png' %}">水果</a></li>
            <li><a href=""><img src="{% static 'image/yp.png' %}">饮品</a></li>
        </ul>
    </nav>
    <div class="banner">
    </div>
</div>
<input id="input-id" type="number" class="rating" min=0 max=5 step=0.5 data-size="lg" >
<div id="dinner">
    <div class="dinner_title">
        <h2>中餐</h2><a href="">查看全部</a>
    </div>
    <div class="dinner_con_bg">
        <div class="dinner_con">
            <ul>
            {% for item in shop_info0 %}
            <li>
            <a href="">
                <img src="{{ item.shop_image }}">
                <div class="cg_inf">
                    <h3>{{ item.shop_name }}</h3>
                    <div class="cg_eva">
                        <ul>
                            <li><img src="{% static 'image/eva.png' %}"></li>
                            <li><img src="{% static 'image/eva.png' %}"></li>
                            <li><img src="{% static 'image/eva.png' %}"></li>
                            <li><img src="{% static 'image/eva.png' %}"></li>
                            <li><img src="{% static 'image/eva.png' %}"></li>
                        </ul>
                        <span>{{ item.shop_score }}</span>
```

```
            </div>
            <div class="food_sc">
                <span>起送:{{ item.shop_price }}</span><span>配送费:{{ item.send_price }}</span>
                <span>时间:{{ item.duration }}分钟</span>
            </div>
        </div>
    </a>
    </li>
    {% endfor %}
    </ul>
    </div>
    </div>
</div>
<div id="dinner">
    <div class="dinner_title">
        <h2>西餐</h2><a href="">查看全部></a>
    </div>
    <div class="dinner_con_bg">
        <div class="dinner_con">
            <ul>
            {% for item in shop_info1 %}
            <li>
            <a href="">
                <img src="{{ item.shop_image }}">
                <div class="cg_inf">
                    <h3>{{ item.shop_name }}</h3>
                    <div class="cg_eva">
                        <ul>
                            <li><img src="{% static 'image/eva.png' %}"></li>
                            <li><img src="{% static 'image/eva.png' %}"></li>
                            <li><img src="{% static 'image/eva.png' %}"></li>
                            <li><img src="{% static 'image/eva.png' %}"></li>
                            <li><img src="{% static 'image/eva.png' %}"></li>
                        </ul>
                        <span>{{ item.shop_score }}</span>
                    </div>
                    <div class="food_sc">
                        <span>起送:{{ item.shop_price }}</span><span>配送费:{{ item.send_price }}</span>
                        <span>时间:{{ item.duration }}分钟</span>
                    </div>
                </div>
            </a>
            </li>
            {% endfor %}
            </ul>
        </div>
    </div>
</div>
<div id="fruit">
    <div class="fruit_title">
        <h2>水果</h2>
    </div>
    <div class="fruit_con">
        <a href="" class="a_href">查看全部></a>
        <div class="fruit_con_ul">
            <ul>
            {% for item in shop_info2 %}
            <li>
                <a href=""><img src="{{ item.shop_image }}">
                <div class="sgd_inf">
                    <h3>{{ item.shop_name }}</h3>
                    <div class="cg_eva">
                        <ul>
                            <li><img src="{% static 'image/eva.png' %}"></li>
                            <li><img src="{% static 'image/eva.png' %}"></li>
                            <li><img src="{% static 'image/eva.png' %}"></li>
                            <li><img src="{% static 'image/eva.png' %}"></li>
                            <li><img src="{% static 'image/eva.png' %}"></li>
                        </ul>
                        <span>{{ item.shop_score }}</span>
                    </div>
```

```html
                <div class="food_sc">
                    <span>起送:{{ item.shop_price }}</span><span>配送费:{{ item.send_price }}</span>
                    <span>时间:{{ item.duration }}分钟</span>
                </div>
            </div>
        </a>
    </li>
    {% endfor %}
    </ul>
    </div>
    </div>
</div>
<div id="drink">
    <div class="drink_title">
        <h2>饮品</h2>
    </div>
    <div class="drink_con">
        <a href="" class="a_href">查看全部></a>
        <div class="drink_con_ul">
            <ul>
            {% for item in shop_info3 %}
            <li>
                <a href=""><img src="{{ item.shop_image }}">
                    <div class="ypd_inf">
                        <h3>{{ item.shop_name }}</h3>
                        <div class="cg_eva">
                            <ul>
                                <li><img src="{% static 'image/eva.png' %}"></li>
                                <li><img src="{% static 'image/eva.png' %}"></li>
                                <li><img src="{% static 'image/eva.png' %}"></li>
                                <li><img src="{% static 'image/eva.png' %}"></li>
                                <li><img src="{% static 'image/eva.png' %}"></li>
                            </ul>
                            <span>{{ item.shop_score }}</span>
                        </div>
                        <div class="food_sc">
                            <span>起送:{{ item.shop_price }}</span><span>配送费:{{ item.send_price }}</span><span>时间:
{{ item.duration }}分钟</span>
                        </div>
                    </div>
                </a>
            </li>
            {% endfor %}
            </ul>
        </div>
    </div>
</div>
<div id="service_int">
    <div class="ser_title">
        <h2>服务介绍</h2>
    </div>
    <div class="ser_con">
        <ul>
            <li><a href=""><img src="{% static 'image/ser_1.jpg' %}"><span>中餐</span></a></li>
            <li><a href=""><img src="{% static 'image/ser_2.jpg' %}"><span>西餐</span></a></li>
            <li><a href=""><img src="{% static 'image/ser_3.jpg' %}"><span>水果</span></a></li>
            <li><a href=""><img src="{% static 'image/ser_4.jpg' %}"><span>饮品</span></a></li>
        </ul>
    </div>
</div>
{% endblock body %}
```

4.6.2 店铺详情页

1. 后端设计

在首页或者店铺的列表页中,如果单击某一店铺,会跳转到店铺的详情页面,此时只需要将店铺的 ID 信息传递给后台,通常发送的是 GET 请求,关键代码如下:

```
from django.urls import path, re_path
from apps.goods import views

urlpatterns = [
    re_path(r'^goods/(?P<goods_id>\d+)/(?P<a_page>\d+)/(?P<b_page>\d+)/(?P<c_page>\d+)$',
        views.ShopDetailView.as_view(), name='shop_detail'),          # 店铺详情页
    path('', views.index, name='index')                              # 买家首页
]
```

上面用到了 ShopDetailView 视图类，该类位于 apps/goods/views.py 代码文件中。在 ShopDetailView 视图类中定义一个 get()方法，用来查询出店铺所有的商品信息、评价信息（在评论模块处理）。具体代码如下：

```
from django.shortcuts import render, reverse, redirect
from django.views.generic import View
from django.core.paginator import Paginator
from apps.user.models import Shop, User, ShopTypeDetail
from apps.goods.models import GoodsType, GoodsSKU
from utils.common import shop_is_new, for_item, calculate_distance_duration, goods_item,
    get_comment_confusion, good_rate

class ShopDetailView(View):
    """店铺详情页"""
    def get(self, request, goods_id, a_page, b_page, c_page):
        """显示详情页"""
        try:
            shop = Shop.objects.get(id=goods_id)
            for_item(shop)
        except Shop.DoesNotExist:
            return render(request, 'wm_index.html', {'errmsg': '店铺不存在'})
        try:
            user = User.objects.get(id=request.user.id)
        except User.DoesNotExist:
            return render(request, 'login.html', {'errmsg': '用户登录信息已失效，请重新登录！'})
        type_info = GoodsType.objects.filter(shop_id=goods_id)           # 获取店铺下所售商品种类
        sku_info = GoodsSKU.objects.filter(goods__shop_id=goods_id)      # 获取该店铺所有商品
        goods_item(sku_info)                                             # 添加图片路径
        shop_is_new(shop)                                                # 是否显示为新店
        calculate_distance_duration(shop, user)                          # 调用百度地图 API 计算配送费、时间
        order_info_a = get_comment_confusion(6, 11, shop, a_page)        # 获取该店铺的好评
        order_info_b = get_comment_confusion(3, 6, shop, b_page)         # 获取该店铺的中评
        order_info_c = get_comment_confusion(0, 3, shop, c_page)         # 获取该店铺的差评
        rate = good_rate(shop)
        # 整合数据
        context = {'shop': shop, 'sku_info': sku_info, 'type_info': type_info, 'rate': rate,
                    'order_info_a': order_info_a,
                    'order_info_b': order_info_b,
                    'order_info_c': order_info_c}
        return render(request, 'wm_shop.html', context)
```

上面代码调用了 utils/common.py 文件中的 3 个公共函数，分别为 get_comment_confusion()、get_image() 和 good_rate()，它们分别用来获取店铺的评价和图片信息，以及计算好评率，实现代码如下：

```
def get_comment_confusion(score_begin, score_end, shop, page):
    """获取各种评价的公共方法"""
    from collections import Iterable
    from apps.order.models import OrderInfo, CommentImage, OrderGoods
    from apps.user.models import UserImage
    order_info = OrderInfo.objects.filter(score__gte=score_begin, score__lt=score_end, shop=shop, order_status=7).order_by ('-
create_time')
    get_image(order_info, UserImage, 'user_id')
    get_image(order_info, CommentImage, 'order_id', foreign_key=True)
    if isinstance(order_info, Iterable):
        for order in order_info:
            goods = OrderGoods.objects.filter(order=order)
            order.goods = goods
    else:
        goods = OrderGoods.objects.filter(order=order_info)
        order_info.goods = goods
```

```python
        # 将数据进行分页
        context = page_item(order_info, page, 4)
        return context


def get_image(item, object_name, field, foreign_key=False):
    """获取图片"""
    from collections import Iterable
    # 判断是否为可迭代对象
    if isinstance(item, Iterable):
        for info in item:
            # 订单表无 ID 特殊处理
            if not foreign_key and not hasattr(info, 'id'):
                info = info.user
            elif not hasattr(info, 'id'):
                info.id = info.order_id
            try:
                image = object_name.objects.get(**{field: info.id}).image
                info.image = image
            except Exception as e:
                image_list = object_name.objects.filter(**{field: info.id})
                info.image_list = image_list
    else:
        # 订单表特殊处理
        if not foreign_key and not hasattr(item, 'id'):
            item = item.user
        elif not hasattr(item, 'id'):
            item.id = item.order_id
        try:
            image = object_name.objects.get(**{field: item.id}).image
            item.image = image
        except Exception as e:
            image_list = object_name.objects.filter(**{field: item.id})
            item.image_list = image_list
    return item


def good_rate(shop):
    """计算好评率，return % 形式字符串"""
    from apps.order.models import OrderInfo
    a_count = OrderInfo.objects.filter(score__gte=6, score__lte=10, shop=shop, order_status=7).count()
    total_count = OrderInfo.objects.filter(shop=shop, order_status=7).count()
    if total_count != 0:
        rate = '{:.2%}'.format(a_count / total_count)
    else:
        rate = '0.00%'
    return rate
```

2. 前端设计

templates\wm_shop.html 为店铺详情模板页，在该页面中，首先展示店铺的相关信息，包括图片、名称、评分、营业时间、地址、送达时间、起送价和配送费等；然后按照分类展示店铺中的商品，每个商品都有相应的图片、名称、价格及加减数量按钮；最后显示店铺的好评度。主要代码如下：

```html
{% block body %}
<div id="main">
    <div class="loc_nav"><a href="{% url 'goods:index' %}">首页</a>><a href="">{{ shop.shop_name }}</a></div>
    <div class="shop_inf">
        <img src="{{ shop.shop_image }}">
        <div class="shop_inf_wz">
            <h2>{{ shop.shop_name }}<span>证</span></h2>
            <b>综合评分: {{ shop.shop_score }}</b>
            <span>接单时间: {{ shop.receive_start }}-{{ shop.receive_end }}
                <font>
                    {% if shop.business_do %}
                        营业中
                    {% else %}
                        休息中
                    {% endif %}
                </font>
```

```
            </span>
            <span><font>商户地址: </font>   {{ shop.shop_addr }}</span>
            <ul>
                <li><span>{{ shop.duration }}分钟</span><span>最快送达时间</span></li>
                <li><span>￥{{ shop.shop_price }}</span><span>起送价</span></li>
                <li><span>￥{{ shop.send_price }}</span><span>配送费</span></li>
            </ul>
        </div>
    </div>
    <div class="shop_tab">
        <ul>
            <li class="shop_active">菜单</li>
            <li>评价</li>
        </ul>
    </div>
    <div class="shop_tab_con">
        <div class="shop_bill">
            <div class="shop_bill_nav">
                <ul class="fixedmeau">
                    {% for type in type_info %}
                        <li class="bill_active">{{ type.name }}</li>
                    {% endfor %}
                </ul>
            </div>
            <div class="louceng_box">
                {% for type in type_info %}
                <div class="louceng">
                    <p>{{ type.name }}</p>
                    <ul class="menu_li">
                    {% for sku in sku_info %}
                        {% if type.id == sku.type_id %}
                        <li>
                            <div>
                                <img src="{{ sku.image }}">
                            </div>
                            <span id="sku_id" name="sku_id" style="display: none">{{ sku.id }}</span>
                            <span>{{ sku.name }}</span>
                            <b>￥{{sku.price}}</b>
                            <div class="bill_btn">
                                <button class="minus">
                                    <strong></strong>
                                </button>
                                <i class="num">0</i>{# 没有 num 这个样式 #}
                                <button class="add">
                                    <strong></strong>
                                </button>
                            </div>
                        </li>
                        {% endif %}
                    {% endfor %}
                    </ul>
                </div>
                {% endfor %}
                <!--省略部分购物车代码-->
            </div>
        <!--省略部分 JavaScript 代码-->
        </div>
        <div class="shop_eval">
            <div class="Praise_degree">
                <p><span>好评度</span><span>{{ rate }}</span></p>
                <div class="clr"></div>
            </div>
        </div>
    </div>
</div>
</div>
{% endblock body %}
```

启动项目，买家在浏览器中访问 http://127.0.0.1:8000/goods/1/1/1/1 就可以查看店铺的详细信息，如图 4.15 所示。

图 4.15　店铺详情

4.7　购物车模块设计

买家登录吃了么外卖网后，可以选择想要下单的店铺并将想要下单的商品添加到购物车，这主要通过购物车模块实现。本节主要介绍购物车模块中的"添加至购物车"和"订单确认"两个功能。

4.7.1　添加至购物车

在店铺的详情页功能中，我们可以将商品添加至购物车，或者修改购物车中的商品、计算总价等。此类需求由于没有数据库的相关操作，所以可以直接通过前端 JavaScript 代码实现。但是我们需要在后端添加购物车模块，并设置相应的路由信息。

1. 后端设计

通过命令"python manage.py startapp cart"新建一个购物车模块，并将其拖曳到 apps 文件夹下，在 base.py 文件中的 INSTALLED_APPS 下注册新增的模块，关键代码如下：

```
INSTALLED_APPS = [
    'django.contrib.admin',
    'django.contrib.auth',
    'django.contrib.contenttypes',
    'django.contrib.sessions',
    'django.contrib.messages',
    'django.contrib.staticfiles',
    'haystack',            # 全文检索
    'apps.user',           # 用户模块
    'apps.goods',          # 商品模块
    'apps.cart',           # 购物车模块
]
```

在 clmwm\urls.py 文件中设置路由信息，具体代码如下：

```
from django.contrib import admin
from django.urls import path, include
```

```
urlpatterns = [
    path('admin/', admin.site.urls),
    path('user/', include(('apps.user.urls', 'apps.user'), namespace='user')),   # 用户模块
    path('cart/', include(('apps.cart.urls', 'apps.cart'), namespace='cart')),   # 购物车模块
]
```

2. 前端设计

店铺详情页面（templates\wm_shop.html）已经将所有的商品信息查询出来，当在该页面中单击商品的"+"时，就会将 1 件商品添加至购物车中，多次单击"+"将会添加多个商品，并且购物车的相应商品中会显示"-"，也会显示商品数量、商品总价并判断是否符合配送价格；单击"立即下单"按钮，将获取购物车中的所有商品信息并跳转页面。主要代码如下：

```
<div class="shop_car">
    <div class="shop_car_title">
        <span>购物车</span><a href="javascript:void(0)" class="clear_shopcar">清空购物车</a>
        <div class="clr"></div>
    </div>
    <ul class="shop_car_con">
        <p>总计：￥<span id="totalpriceshow">0</span>元</p>
        <button class="shop_btn" style="display:none">立即下单</button>
        <button class="shop_btn1">￥{{ shop.shop_price }}元起送</button>
    </ul>
</div>
<!--省略部分代码-->
<script language="javascript" type="text/javascript">
$(function() {
    //加的效果
    $(".add").click(function () {
        $(this).prevAll().css("display", "inline-block");
        var n = $(this).prev().text();
        var num = parseInt(n) + 1;
        if (num == 0) { return; }
        $(this).prev().text(num);
        var danjia = ($(this).parent().prev().text()).substring(1);   //获取单价
        var a = $("#totalpriceshow").html();                          //获取当前所选总价
        $("#totalpriceshow").html(a * 1 + danjia * 1);                //计算当前所选总价
        jss();
    });
    //减的效果
    $(".minus").click(function () {
        var n = $(this).next().text();
        var num = parseInt(n) - 1;                                    //减 1
        $(this).next().text(num);
        var danjia = ($(this).parent().prev().text()).substring(1);   //获取单价
        var a = $("#totalpriceshow").html();                          //获取当前所选总价
        $("#totalpriceshow").html(a * 1 - danjia * 1);                //计算当前所选总价
        if (num <= 0) {
            $(this).next().css("display", "none");
            $(this).css("display", "none");
            jss();                                                    //改变按钮样式
            return
        }
        if ($("#totalpriceshow").html()<= 0) {
            $(this).next().css("display", "none");
            $(this).css("display", "none");
            $("#totalpriceshow").html(0)
            jss();                                                    //改变按钮样式
            return
        }
        jss();
    });
})
$(".shop_btn").click(function(){                                      //立即下单
    var menu = $(".menu_li").children();                             //获取所有菜品
    var array_id = [];
    var array_count = [];
    if(menu.length > 0){
        $.each(menu, function(i,ele){
            $(ele).find(".num").html();
```

```
            if ($(ele).find(".num").html()>0){
                array_id.push($(ele).find("#sku_id").html());
                array_count.push($(ele).find(".num").html());
            }
        });
        get('/cart/wm_start',{cm1:array_id ,cm2:array_count});
    }
})
function get(URL, PARAMS) {
    var temp = document.createElement("form");
    temp.action = URL;
    temp.method = "get";
    temp.style.display = "none";
    for (var x in PARAMS) {
        var opt = document.createElement("textarea");
        opt.name = x;
        opt.value = PARAMS[x];
        temp.appendChild(opt);
    }
    document.body.appendChild(temp);
    temp.submit();
    return temp;
}
function jss() {
    var m = $("#totalpriceshow").html();
    if (m >= {{ shop.shop_price }}) {
        $(".shop_btn").css("display","inline-block");
        $(".shop_btn1").css("display","none");
    } else {
        $(".shop_btn").css("display","none");
        $(".shop_btn1").css("display","inline-block");
    }
};
$(".clear_shopcar").click(function () {
    $(".bill_btn .minus").css("display","none");
    $(".bill_btn i").text(0);
    $(".bill_btn i").css("display","none");
    $(".shop_btn").css("display","none");
    $(".shop_btn1").css("display","inline-block");
     $("#totalpriceshow").html(0);
});
</script>
```

4.7.2　订单确认

1. 后端设计

4.7.1 节的 JavaScript 代码实现了"立即下单"的功能，单击"立即下单"按钮，会将商品数据传递到后台，因此，在 apps/cart/views.py 文件中新增一个 WmStartView 类，用来接收前台传递过来的数据，具体代码如下：

```
from django.shortcuts import render, redirect, reverse
from django.views.generic import View
from apps.goods.models import GoodsSKU, Goods
from apps.user.models import Shop, User, Address
from utils.common import calculate_distance_duration
class WmStartView(View):
    """订单确认"""
    def get(self, request):
        array_id = request.GET.get('cm1').split(',')
        array_count = request.GET.get('cm2').split(',')
        if len(array_id) != len(array_count):
            return redirect(reverse('goods:wm_index'), {'errmsg': '数据错误'})
        sku_info = GoodsSKU.objects.filter(id__in=array_id)
        # 遍历出所有商品信息
        flag, total, total_goods = 0, 0, 0
        for sku in sku_info:
            sku.unite = array_count[flag]
            total_goods = total_goods + (sku.price + int(sku.pack)) * int(sku.unite)
```

```
                goods = Goods.objects.get(id=sku.goods_id)
                shop = Shop.objects.get(id=goods.shop_id)
                flag += 1
        if request.user.id:
            print('该用户的 id 为：%s ' % request.user.id)
        else:
            return redirect(reverse('user:login'))
        user = User.objects.get(id=request.user.id)
        distance = calculate_distance_duration(shop, user)       # 计算运费
        total = total_goods + int(distance.send_price)           # 一共支付
        address_info = Address.objects.order_by('-is_default').filter(user_id=request.user.id) # 设置顺序
        # 整合数据
        context = {'sku_info': sku_info, 'total_goods': total_goods, 'total': total, 'shop': shop, 'user': user,
                    'address_info': address_info}
        return render(request, 'wm_plaorder.html', context)
    def post(self, request):
        pass
```

为了匹配请求的路由信息并指定处理方法，还需要在 apps/cart/urls.py 文件中添加如下代码：

```python
from django.urls import path
from apps.cart.views import WmStartView
urlpatterns = [
    path('wm_start/', WmStartView.as_view(), name='wm_start'),
]
```

2. 前端设计

templates\wm_plaorder.html 为订单确认模板页，在该页面中，首先在顶部导航栏展示首页、店铺名及确认购买链接；中间为商品列表部分，主要列出所选商品的名称、价格、包装费、份数，同时显示配送费与合计金额；另外，在右侧可以新增或者选择收货地址，并可以留言、输入发票信息；通过页面底部的"去付款"按钮，可以提交订单并生成表单，引导用户进入付款流程。主要代码如下：

```html
{% block body %}
<div id="main">
    <div class="loc_nav"><a href="{% url 'goods:index' %}">首页</a>><a
    href="/goods/{{ shop.id }}/1/1/1">{{ shop.shop_name }}</a><a href="">确认购买</a>    </div>
    <div class="sure_or">
        <div class="sure_list">
            <div></div>
            <ul>
                <li><span>菜品</span><span>（价格 + 包装费）* 份数</span></li>
                {% for sku in sku_info %}
                    <li><span>{{ sku.name }}</span><span>￥（{{ sku.price }} + {{ sku.pack }}）*
                        {{ sku.unite }}</span></li>
                {% endfor %}
                <li><span>配送费</span><span id="send_price" name="send_price">￥{{ shop.send_price }}</span></li>
                <li><span>合计</span><span id="con_count" name="con_count">￥{{ total }}</span></li>
            </ul>
        </div>
        <div class="window" id="center">
            <div id="title" class="title"><img src=" {% static 'image/close.jpg' %} " alt="关闭" />新增收货地址</div>
            <div class="content">
                <form method="post" action="/cart/address/" id="save_address" name="save_address">
                    <ul>
                        <li><span>收货人</span><input type="text" name="receiver" id="receiver"></li>
                        <li><span>所在地区</span><input type="text" name="region" id="region"></li>
                        <li><span>详细地址</span><input type="text" name="addr" id="addr"></li>
                        <li><span>手机号码</span><input type="text" name="phone" id="phone"></li>
                        <li><span>是否设为默认地址</span><input id="default" name="default" type="radio" value="1"
                            checked/><span>是</span><input id="default" name="default"
                            type="radio" value="0"/><span>否</span></li>
                    </ul>
                </form>
                <button class="agree_btn">保存</button>
                <script language="javascript" type="text/javascript">
                    $(".agree_btn").click(function(){
                        csrf = $('input[name="csrfmiddlewaretoken"]').val();
                        params = {
                            'receiver':$('#receiver').val(),
```

```
                            'region':$('#region').val(),
                            'addr':$('#addr').val(),
                            'phone':$('#phone').val(),
                            'default':$('#default').val(),
                            'csrfmiddlewaretoken':csrf
                    }
                    // 发起 ajax post 请求，传递参数:order_id
                    $.post('/cart/address/', params, function (data) {
                        if (data.res == 1){
                            alert(data.errmsg);
                        }else{
                            window.location.reload();
                        }
                    });
                });
            </script>
        </div>
    </div>
    <div class="sure_xx">
        <p>送餐详情</p>
        <div class="row" id="myVue"   v-cloak>
            <ul>
                <li style="display: none">
                    <el-row>
                        <span class="addAddress" @click="AddressShowClick">新增收货地址</span>
                    </el-row>
                    <el-dialog
                        title="新增收货地址"
                        :visible.sync="newAddressShow"
                        width="30%"
                        >
                        <script language="javascript" type="text/javascript">
                        $(document).ready(function() {
                          $(".el-dialog__close").text("关闭");
                        });
                        </script>
                        <el-form ref="form" :model="form" label-width="80px">
                            <el-form-item label="收货人" >
                                <el-input v-model="form.name" placeholder="请输入内容"></el-input>
                            </el-form-item>
                            <el-form-item label="所在地区" >
                                <el-input v-model="form.city" placeholder="请输入内容"></el-input>
                            </el-form-item>
                            <el-form-item label="详细地址" >
                                <el-input v-model="form.minarea" placeholder="请输入内容"></el-input>
                            </el-form-item>
                            <el-form-item label="手机号码" >
                                <el-input v-model="form.phone" placeholder="请输入内容"></el-input>
                            </el-form-item>
                            <el-form-item>
                                <el-checkbox-group v-model="form.isShowDefault">
                                    <el-checkbox   label="设为默认地址" name="type">
                                        设为默认地址</el-checkbox>
                                </el-checkbox-group>
                            </el-form-item>
                        </el-form>
                        <span slot="footer" class="dialog-footer">
                            <el-button @click="dialogVisible = false" type='danger'>取 消</el-button>
                            <el-button type="button" @click="saveNewAddress (editType)">保存</el-button>
                        </span>
                    </el-dialog>
                </li>
            </ul>
        </div>
        <script type="text/javascript" src="https://unpkg.com/vue@3/dist/vue.global.js"></script>
        <script type="text/javascript" src="{% static 'js/eleme-ui/index.js' %}"></script>
        <script type="text/javascript" src="{% static 'js/ShoppingCart.js' %}"></script>
        <select id="addresses" name="addresses"
onchange="address_change(this.options[this.options.selectedIndex].value, {{ shop.id }});">
            {% for address in address_info %}
            <option id="select_addr" name="select_addr" value="{{ address.id }}" >{{ address.addr }}
{{ address.receiver }} {{ address.phone }}</option>
```

```
            {% endfor %}
        </select>
        <form id="order_generate" name="order_generate" method="post" action="/order/generate/">
            {% csrf_token %}
            <input style="display: none" id="address" name="address" value="">
            <input style="display: none" id="sku_ids" name="sku_ids" value="">
            <input style="display: none" id="shop_id" name="shop_id" value="{{ shop.id }}">
            <ul>
                <li>
                    <span>我要留言: </span><input id="remarks" name="remarks" type="text"
                                        placeholder="少辣 加米饭">
                </li>
                <li>
                    <span>发票信息: </span><input id="invoice_head" name="invoice_head" type="text"
                                        placeholder="输入发票抬头">
                </li>
                <li>
                    <span>发票信息: </span><input id="taxpayer_number" name="taxpayer_number" type="text"
                                        placeholder="输入纳税人识别号">
                </li>
            </ul>
        </form>
        <div class="go_pay">
            <span>您需要支付: <b id="pay_count" name="pay_count">￥{{ total }}</b></span><button class="go_pay">
                                去付款</button>
        </div>
    </div>
    <div class="clr"></div>
</div>
<script language="javascript" type="text/javascript">
    $(".go_pay").click(function(){
        document.getElementById("address").value = $("#select_addr").val()
        document.getElementById("sku_ids").value = window.location.search
        $("#order_generate").submit();
    });
</script>
</div>
{% endblock %}
```

上面代码用到了 ShoppingCart.js 文件，该文件是一个基于 Vue.js 实现的完整购物车功能模块，该代码文件的主要功能如下：

☑ 模拟数据：定义了商品、地址、支付方式、发票、优惠券、配送方式等数据，用于模拟购物车的各种信息。

☑ 创建 Vue 实例：创建了一个 Vue 实例，管理购物车的状态和数据。

☑ 购物车操作方法：实现了商品数量增减、单选、全选、删除、移动到收藏、计算总价、保存购买数据、地址管理等功能。

☑ 过滤器和计算属性：使用过滤器格式化金额，并使用计算属性过滤地址显示数量。

本项目主要使用 ShoppingCart.js 文件对新增地址进行管理，主要代码如下：

```
var vm = new Vue({
    data: {
        newAddressShow:false,//新增收货地址显示
    },
    mounted:function(){
        this.$nextTick(function(){
            this.initAddress();
        })
    },
    methods: {
        //省略部分代码……
        //新增收货地址
        AddressShowClick:function(){
            this.editType = '新增',
            this.newAddressShow = true;
        },
        //新增收货地址和编辑收货地址
```

```
saveNewAddress :function(){
    if(this.editType == '新增'){
        if(this.form.isShowDefault == true){
            for(x in this.moreAddressData){
                this.moreAddressData[x].isShowDefault = false;
            }
            this.moreAddressData.unshift(this.form)
            this.clearEdmitAddress()
        }else{
            this.moreAddressData.push(this.form)
            this.clearEdmitAddress()
        }
        this.newAddressShow = false;
    }else if(this.editType == '修改'){
        if(this.form.isShowDefault == true){
            for(x in this.moreAddressData){
                this.moreAddressData[x].isShowDefault = false;
            }
            this.moreAddressData.splice(this.form.num,1,this.form);
            for(y in this.moreAddressData){
                if(this.moreAddressData[y].isShowDefault == true){
                    tem = this.moreAddressData[y];
                    index=y;
                }
            }
            this.moreAddressData.splice(index, 1)
            this.moreAddressData.unshift(tem)
            this.clearEdmitAddress()
        }else{
            this.moreAddressData.splice(this.form.num,1,this.form)
            this.clearEdmitAddress()
        }
        this.newAddressShow = false;

    }
}
//省略部分代码……
}).mount("#myVue");
```

启动项目，单击购物车中的"立即购买"按钮，就会跳转到订单确认页面，如图 4.16 所示。

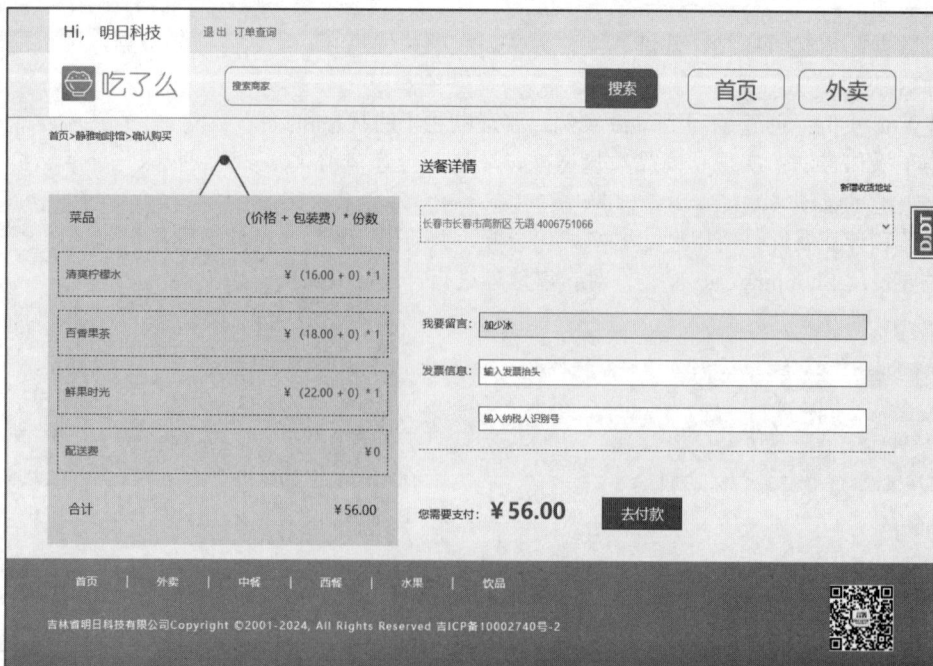

图 4.16　订单确认页面

4.8 订单模块设计

在购物车模块的订单确认页中，单击"去付款"按钮，可以进入到订单模块进行订单处理。订单模块主要包括订单的生成、追踪及管理，下面分别进行介绍。

4.8.1 订单生成

1. 后端设计

在订单确认页中单击"去付款"按钮时，前端需要把商品数据、地址数据传递到后台，出于安全考虑，后台需要重新处理商品信息、地址信息，而不是直接使用传递过来的数据。根据这些数据，将会生成一张未支付状态的订单。此处，需要通过命令"python manage.py startapp order"新建一个订单模块，然后完成模块注册和新建 urls.py 文件，并且设置 urlpatterns，即在 clmwm/urls.py 文件中，新增一条路由信息，具体代码如下：

```python
from django.contrib import admin
from django.urls import path, include

urlpatterns = [
    path('admin/', admin.site.urls),
    path('order/', include(('apps.order.urls', 'apps.order'), namespace='order')),   # 订单模块
]
```

在 apps/order/urls.py 文件中，新增一条 URL 信息，用来匹配订单生成，具体代码如下：

```python
from django.urls import path
from apps.order.views import OrderGenerateView

urlpatterns = [
    path('generate/', OrderGenerateView.as_view(), name='generate')
]
```

在 apps/order/views.py 文件中新增一个 OrderGenerateView 类，用来控制订单的并发生成，并处理相关的业务逻辑。关键代码如下：

```python
from django.shortcuts import render, redirect, HttpResponse, reverse
from django.views.generic import View
from datetime import datetime
from django.db import transaction
from apps.user.models import Shop, User
from apps.goods.models import GoodsSKU, Goods
from apps.order.models import OrderInfo, OrderGoods, OrderTrack
from utils.common import calculate_distance_duration

class OrderGenerateView(View):
    """处理订单生成"""
    def get(self, request):
        pass

    @transaction.atomic
    def post(self, request):
        try:
            user = User.objects.get(id=request.user.id)
        except User.DoesNotExist:
            return render(request, 'login.html', {'errmsg': '用户登录信息已失效，请重新登录！'})
        sku_str = request.POST.get('sku_ids')[1:]                              # 接收数据
        addr = request.POST.get('address')
        remarks = request.POST.get('remarks')
        invoice_head = request.POST.get('invoice_head')
```

```python
taxpayer_number = request.POST.get('taxpayer_number')
try:
    sku_ids = sku_str[4:sku_str.find('cm2=') - 1].split('%2C')
    sku_counts = sku_str[sku_str.find('cm2=') + 4:].split('%2C')
    sku_info = GoodsSKU.objects.filter(id__in=sku_ids)
    for index, sku in enumerate(sku_info):
        goods = Goods.objects.get(id=sku.goods_id)
        shop = Shop.objects.get(id=goods.shop_id)
except Exception:
    return redirect(reverse('goods:wm_index'), {'errmsg': '数据错误'})
if not all([sku_str, shop, addr, sku_ids, sku_counts, sku_info]):    # 校验基本数据
    return render(request, 'sj_cpgl.html', {'errmsg': '缺少相关数据'})    # 数据不完整
order_id = datetime.now().strftime('%Y%m%d%H%M%S') + str(request.user.id)    # 订单id: 20200802181630+用户id
total_price, total_count, range_flag = 0, 0, 0
save_id = transaction.savepoint()                                    # 设置事务保存点
try:
    distance = calculate_distance_duration(shop, user, address_id=addr).send_price  # 重新计算运费
    # 订单表添加数据
    order = OrderInfo.objects.create(order_id=order_id, user_id=request.user.id, addr_id=addr, shop=shop,
                                     remarks=remarks, invoice_head=invoice_head, total_price=0,
                                     total_count=0,
                                     taxpayer_number=taxpayer_number, transit_price=distance)
    order_track = OrderTrack.objects.create(order=order, status=1)   # 订单轨迹表添加一条数据
    for i in range(3):
        if range_flag:
            break
        # 生成订单明细
        for index, item in enumerate(sku_info):
            # 判断商品库存
            if int(item.stock) < int(sku_counts[index]):
                return HttpResponse('商品库存不足')
            # 插入数据
            order_goods = OrderGoods.objects.create(order=order, sku=item, price=item.price,
                                                    count=sku_counts[index])
            # 更新库存，返回受影响的行数
            stock = item.stock - int(sku_counts[index])
            res = GoodsSKU.objects.filter(id=item.id, stock=item.stock).update(
                stock=stock, sales=item.sales+int(sku_counts[index]))
            if res == 0:
                if i == 2:
                    # 尝试的第3次
                    transaction.savepoint_rollback(save_id)
                    return HttpResponse('下单失败')
                continue
            # 累加计算订单商品的总数量和总价格
            total_price += (item.price + int(item.pack)) * int(sku_counts[index])
            total_count += int(sku_counts[index])
            a = len(sku_info)
            if index == len(sku_info)-1:
                range_flag = 1
    # 更新订单信息表中的商品的总数量和总价格
    order.total_count = total_count
    order.total_price = total_price
    order.save()
except Exception as e:
    transaction.savepoint_rollback(save_id)
    # return JsonResponse({'res': 7, 'errmsg': '下单失败'})
# 提交事务
transaction.savepoint_commit(save_id)
total_all = int(order.transit_price) + total_price
return render(request, 'wm_pay.html', {'order': order, 'shop': shop, 'total_all': total_all})
```

2. 前端设计

templates\wm_pay.html 为订单生成模板页，在该页面的顶部设置了倒计时功能，提示用户在15分钟内完成支付，超时订单将自动取消，然后在页面中显示店铺名称、订单号和应付金额等信息，用户可用微信或支付宝支付。当用户单击"去付款"按钮时，会根据订单状态进行不同处理：如果订单状态为1，则会

发起 AJAX 请求进行支付并查询支付结果，支付成功则跳转到成功页面；而如果订单状态为 4，则会提示跳转到评价页面。templates\wm_pay.html 订单生成模板页的主要代码如下：

```
{% block topfiles %}
<script>
window.onload = function(){
    var endTime = new Date().getTime() + 900*1000;          // 最终毫秒数
    setInterval(clock,1000);                                // 开启定时器
    function clock(){
      var nowTime = new Date();
      var second = parseInt((endTime - nowTime.getTime()) / 1000);
      var m = parseInt(second / 60 );
      var s = parseInt(second % 60);                        // 当前的秒数
      console.log(s);
      m<10 ? m="0"+m : m;
      s<10 ? s="0"+s : s;
      document.getElementById("time_down").innerHTML = "<img src=\"{% static 'image/warn.png' %}\">
      请在<b>"+m+":"+s+"</b>内完成支付，超时订单会自动取消";
    }
}
function order_check() {
    order_id = $(this).attr('order_id');
    csrf = $('input[name="csrfmiddlewaretoken"]').val();
    params = {'order_id':order_id, 'csrfmiddlewaretoken':csrf};
    $.post('/order/check/', params, function (data){
        if (data.res == 3){
            // 重定向页面
            window.location.href="http://127.0.0.1:8000/order/success/" + order_id;
        }
        else{
            alert(data.errmsg);
        }
    })
}
</script>
{% endblock topfiles %}
{% block body %}
<div id="main">
    <div class="pay_warn">
        <span id="time_down"></span>
    </div>
    <div class="pay_title">
        <span>店铺:{{ shop.shop_name }}    订单号:{{ order.order_id }}</span>
        <span>应付金额:<b>￥{{ total_all }}</b></span>
    </div>
    <div class="pay_con">
        <form action="/order/pay/" method="post" id="wm_pay" name="wm_pay">
            {% csrf_token %}
            <input type="text" name="order_id" id="order_id" style="display: none" value="{{ order.order_id }}">
            <input type="radio" name="pay" value="微信支付" id="wx_pay">
                <label for="wx_pay"><img src="{% static 'image/wx_icon.png' %}">微信支付</label>
            <input type="radio" name="pay" value="支付宝支付" checked id="zfb_pay">
                <label for="zfb_pay"><img src="{% static 'image/zfb.png' %}">支付宝支付</label>
        </form>
        <div class="pay_state">
            <span>支付<b>￥{{ total_all }}</b></span>
            <div class="pay_a">
                <a href="{% url 'goods:index' %}">回到首页</a>
                <a href="/goods/{{ shop.id }}/1/1/1">重新下单</a>
                <button id="go_pay" name="go_pay" order_id="{{ order.order_id }}" status="{{ order.order_status }}">
                        去付款</button>
                <button id="order_check" name="order_check" onclick="order_check();" order_id="{{ order.order_id }}">
                        已支付</button>
                <script language="javascript" type="text/javascript">
                    $("#go_pay").click(function () {
                        // 获取 status
                        status = $(this).attr('status');
                        // 获取订单 id
```

```
                    order_id = $(this).attr('order_id');
                    if (status == 1){
                        // 此处省略了支付功能的处理代码
                        csrf = $('input[name="csrfmiddlewaretoken"]').val();
                        // 组织参数
                        params = {'order_id':order_id, 'csrfmiddlewaretoken':csrf};
                        // 发起 ajax post 请求，访问/order/pay，传递参数:order_id
                        $.post('/order/pay/', params, function (data) {
                            // 浏览器访问/order/check，获取支付交易的结果
                            $.post('/order/check/', params, function (data){
                                if (data.res == 3){
                                    alert('支付成功')
                                    // 重定向页面
                                    window.location.href="http://127.0.0.1:8000/order/success/" + order_id;
                                }
                                else{
                                    alert(data.errmsg)
                                }
                            })
                        })
                    }
                    else if (status == 4){
                        // 其他情况
                        alert('跳转到评价页面')
                        location.href = '/order/comment/'+order_id
                    }
                })
            </script> </div>
        </div>
    </div>
</div>
{% endblock %}
```

启动项目，添加商品，选择地址，单击"去付款"按钮，即可生成一张订单信息，如图 4.17 所示。

图 4.17　待支付订单的生成页面

4.8.2　订单追踪

1. 后端设计

在 4.8.1 节的运行界面中，单击"去付款"按钮，会将当前页面重定向到订单追踪页面，因此，需要在 apps/order/views.py 文件中添加 OrderBuySuccessView 视图类，用来查询订单信息，并跳转到订单追踪页面，具体代码如下：

```
class OrderBuySuccessView(View):
    """支付成功，跳转详情页面"""
    def get(self, request, order_id, is_comment=False):
        # 用户是否登录
        user = request.user
        if not user.is_authenticated:
            return JsonResponse({'res': 0, 'errmsg': '用户未登录'})
        try:
            order_info = OrderInfo.objects.get(order_id=order_id, user=user)
        except OrderInfo.DoesNotExist:
            return JsonResponse({'res': 2, 'errmsg': '订单错误 2'})
        order_goods = OrderGoods.objects.filter(order=order_info)
        pay_price = int(order_info.total_price) + int(order_info.transit_price)
        order_track = OrderTrack.objects.filter(order=order_info, status__gt=1)
        # 预计送达时间
        arrive_time = order_info.create_time + datetime.timedelta(minutes=order_info.transit_time)
        context = {'order': order_info, 'order_goods': order_goods, 'pay_price': pay_price, 'order_track': order_track, 'arrive_time':
arrive_time}
        # 控制页面跳转
        if is_comment:
            return context
        else:
            return render(request, 'wm_ordertrack.html', context)
    def post(self):
        pass
```

2. 前端设计

templates\wm_ordertrack.html 为订单追踪模板页，该页面中主要展示订单的流程节点，如卖家的接单状态、骑手的取货状态、订单的配送状态等，每个节点会显示序号、状态名称和创建时间；另外，用户可以通过单击"刷新订单"按钮重新加载页面。主要代码如下：

```
{% block body %}
<body>
<div id="main">
    <div class="order_tra">
        <div class="order_t_title">
            <span>预计送达时间:{{ arrive_time }} </span>
        </div>
        <div class="order_t_con">
            <ul>
                {% if order.order_status > 1 %}
                <li>
                    <div class="count_turn">
                        <b>1</b><span>卖家待接单</span><font></font><span>{{ order_track.0.create_time }}</span>
                        <div>卖家待接单</div>
                    </div>
                </li>
                {% endif %}
                {% if order.order_status > 2 %}
                <li>
                    <div class="count_turn">
                        <b>2</b><span>卖家已接单</span><font></font><span>{{ order_track.0.create_time }}</span>
                        <div>卖家已接单</div>
                    </div>
                </li>
                {% elif order.order_status == 0  %}
                <li>
                    <div class="count_turn">
                        <b>1</b><span>卖家拒绝接单</span><font></font><span>{{ order_track.0.create_time }}</span>
                        <div>支付金额两小时内退回原账户</div>
                    </div>
                </li>
                {% endif %}
                {% if order.order_status > 3 %}
                <li>
                    <div class="count_turn">
                        <b>3</b><span>骑手取货中</span><font></font><span>{{ order_track.0.create_time }}</span>
```

```
                <div>骑手取货中</div>
              </div>
            </li>
        {% endif %}
        {% if order.order_status > 4 %}
            <li>
            <div class="count_turn">
            <b>4</b><span>订单配送中</span><font></font><span>{{ order_track.0.create_time }}</span>
              <div>订单配送中</div>
            </div>
            </li>
        {% endif %}
        {% if order.order_status > 5 %}
            <li>
            <div class="count_turn">
            <b>5</b><span>订单已送达</span><font></font><span>{{ order_track.0.create_time }}</span>
              <div>订单已送达</div>
            </div>
            </li>
            <button style="float: left;color: #fff9e5ff;background: #00d36e;width: 15%;height: 50px;font-size: large">去评价
</button>
        {% endif %}
        </ul>
        <div class="wm_order_btn">
            <button onclick="history.go(0)">刷新订单</button>
            <button style="display: none">催单</button>
            <button style="display: none">取消订单</button>
        </div>
      </div>
    </div>
</div>
{% endblock body %}
```

启动项目，刷新页面，即可追踪进行中的订单，如图 4.18 所示。

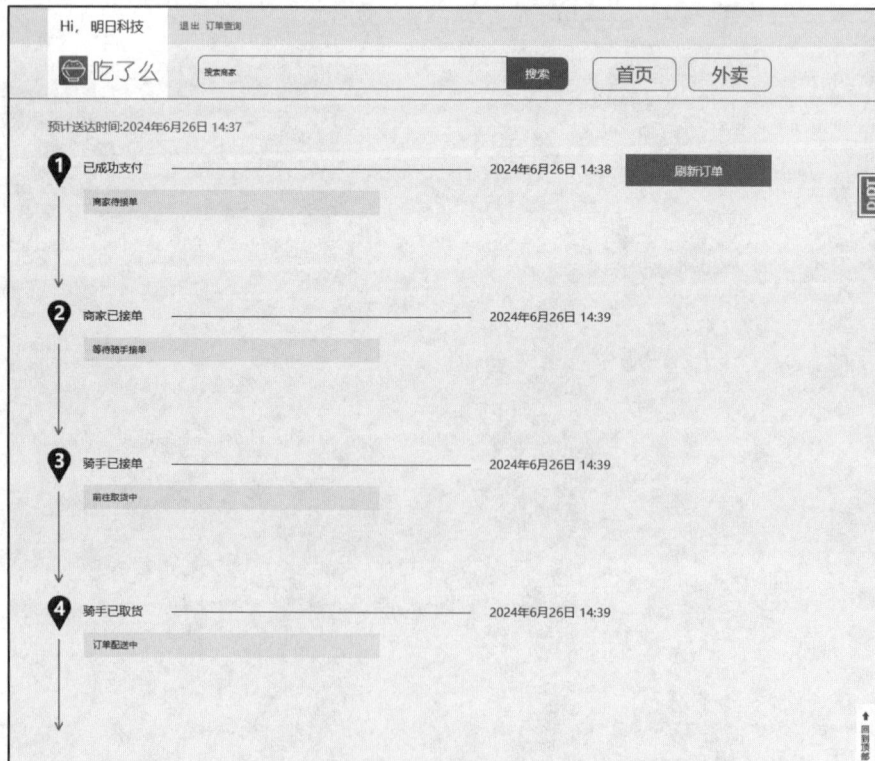

图 4.18 订单追踪

4.8.3 订单管理

1. 后端设计

卖家在订单管理页面中可查询到用户已完成支付的订单信息，并选择是否接受该订单。为区分卖家与买家的业务处理，此处应该新建一个 ordermanage 模块，用来实现卖家管理订单的功能。执行命令"python manage.py startapp ordermanage"，在 base.py 文件中自动生成该模块，并且在 clmwm/urls.py 文件中添加相应的路由信息，具体代码如下：

```
from django.contrib import admin
from django.urls import path, include

urlpatterns = [
    path('admin/', admin.site.urls),
    path('ordermanage/', include(('apps.ordermanage.urls', 'apps.ordermanage'), namespace='ordermanage')),#订单管理模块
]
```

在 apps/ordermanage/urls.py 文件中配置具体的 URL 信息，代码如下：

```
from django.urls import path, re_path
from apps.ordermanage import views

urlpatterns = [
    re_path(r'^sj_order/(?P<page>\d+)/$', views.SjOrderView.as_view(), name='sj_order'),   #卖家订单管理
]
```

在 apps/ordermanage/views.py 文件中新建一个 SjOrderView 视图类，该类查询属于指定店铺的所有订单，并分类展示，关键代码如下：

```
from django.shortcuts import render
from django.views.generic import View
from utils.common import order_detail, shop_is_new
from apps.user.models import Shop

class SjOrderView(View):
    """卖家订单管理"""
    def get(self, request, page):
        try:
            shop = Shop.objects.get(user_id=request.user.id)
        except Shop.DoesNotExist:
            return render(request, 'login.html', {'errmsg': '用户登录信息已失效，请重新登录！'})
        order_exam = order_detail(2, page, shop)
        order_pass = order_detail(3, page, shop)
        order_conduct = order_detail(4, page, shop)
        order_delivery = order_detail(5, page, shop)
        order_finish = order_detail(7, page, shop)
        order_cancel = order_detail(0, page, shop)
        shop_is_new(shop)
        context = {'shop': shop, 'order_exam': order_exam, 'order_pass': order_pass, 'order_conduct': order_conduct,
                   'order_delivery': order_delivery, 'order_finish': order_finish, 'order_cancel': order_cancel}
        return render(request, 'sj_order.html', context)
```

上面代码用到了 utils/common.py 文件中的 order_detail()函数，该函数用来查询订单的明细信息，并以字典形式返回，另外，在该函数还用到了 page_item()函数，用来控制数据的分页显示，它们的具体代码如下：

```
def order_detail(order_status, page, shop):
    """
    根据状态查询明细
    以字典的形式返回
    order_info 与 order_goods
    """
    from collections import Iterable
    from django.db.models import F, Q
    from apps.order.models import OrderInfo, OrderGoods
```

```
        if isinstance(order_status, Iterable):
            order_info = page_item(OrderInfo.objects.filter(
                Q(order_status=order_status[0], shop=shop) | Q(order_status=order_status[1], shop=shop)).order_by('-
                        update_time'), page, 10)
            goods = OrderGoods.objects.filter(
                order__in=OrderInfo.objects.values_list('order_id').filter(
                    Q(order_status=order_status[0], shop=shop) | Q(order_status=order_status[1], shop=shop)).order_by('-
                        update_time'))\
                .order_by('-update_time')
            order_info.update({'goods': goods})
        else:
            order_info = page_item(OrderInfo.objects.filter(order_status=order_status, shop=shop).order_by('-update_time'),
                        page, 10)
            goods = OrderGoods.objects.filter(
                order__in=OrderInfo.objects.values_list('order_id').filter(
                    order_status=order_status, shop=shop).order_by('-update_time')).order_by('-update_time')
            order_info.update({'goods': goods})
        return order_info
def page_item(info, page, page_number):
    """控制分页"""
    from django.core.paginator import Paginator
    # 对数据进行分页
    paginator = Paginator(info, page_number)
    # 获取第 page 页的内容
    try:
        page = int(page)
    except Exception as e:
        page = 1
    if page > paginator.num_pages:
        page = 1
    # 获取第 page 页的 Page 实例对象
    info = paginator.page(page)
    # 进行页码的控制，页面上最多显示 5 个页码
    num_pages = paginator.num_pages
    if num_pages < 5:
        pages = range(1, num_pages + 1)
    elif page <= 3:
        pages = range(1, 6)
    elif num_pages - page <= 2:
        pages = range(num_pages - 4, num_pages + 1)
    else:
        pages = range(page - 2, page + 3)
    # 整合数据
    context = {'info': info, 'pages': pages}
    return context
```

另外，在订单管理页面中，卖家可以接受或拒绝待审核的订单信息。在接受该订单时，需要把订单 ID 传送至后台，并将订单状态改变为 "3"；拒绝该订单时把订单状态改为 "0" 并退款。因此，需要在 apps/ ordermanage/urls.py 文件中设置与 "接受" 和 "拒绝" 按钮相匹配的路由信息，具体代码如下：

```
from django.urls import path, re_path
from apps.ordermanage import views

urlpatterns = [
    re_path(r'^sj_order/(?P<page>\d+)/$', views.SjOrderView.as_view(), name='sj_order'),          # 卖家订单管理
    path('receive/<order_status>/<order_id>', views.OrderReceive.as_view(), name='receive'),       # 商家接受或改变订单
    path('refuse/<order_id>', views.OrderRefuse.as_view(), name='refuse'),                          # 卖家拒绝订单
]
```

在 apps/ordermanage/views.py 文件中新建 OrderReceive 和 OrderRefuse 两个视图类，分别对接受订单和拒绝订单的业务逻辑进行处理，具体代码如下：

```
import os
from django.shortcuts import render, redirect, reverse
from django.views.generic import View
from django.conf import settings
from django.http import JsonResponse
```

```
from utils.common import order_detail, shop_is_new
from apps.user.models import Shop
from apps.order.models import OrderInfo, OrderTrack
from alipay import AliPay

class OrderReceive(View):
    """卖家接受订单"""
    def get(self, request, order_id):
        try:
            shop = Shop.objects.get(user_id=request.user.id)
        except Shop.DoesNotExist:
            return render(request, 'login.html', {'errmsg': '用户登录信息已失效，请重新登录！'})
        # 校验参数
        if not order_id:
            return redirect(reverse('ordermanage:sj_order', kwargs={'page': 1}))
        try:
            order = OrderInfo.objects.get(order_id=order_id, order_status=2)
        except OrderInfo.DoesNotExist:
            return redirect(reverse('ordermanage:sj_order', kwargs={'page': 1}))
        # 改变订单状态，轨迹表生成一条数据
        order.order_status = order_status
        order_track = OrderTrack.objects.create(order=order, status= order_status)
        order.save()
        return redirect(reverse('ordermanage:sj_order', kwargs={'page': 1}))

class OrderRefuse(View):
    """卖家拒接订单"""
    def get(self, request, order_id):
        try:
            shop = Shop.objects.get(user_id=request.user.id)
        except Shop.DoesNotExist:
            return render(request, 'login.html', {'errmsg': '用户登录信息已失效，请重新登录！'})
        # 校验参数
        if not order_id:
            return redirect(reverse('ordermanage:sj_order', kwargs={'page': 1}))
        try:
            order = OrderInfo.objects.get(order_id=order_id, order_status=2)
        except OrderInfo.DoesNotExist:
            return redirect(reverse('ordermanage:sj_order', kwargs={'page': 1}))
        # 初始化
        alipay = AliPay(
            appid=settings.ALIPAY_APPID,              # 应用 id
            app_notify_url=None,                      # 默认回调 url
            app_private_key_path=os.path.join(settings.BASE_DIR, 'apps/order/app_private_key.pem'),
            # 支付宝的公钥，验证支付宝回传消息
            alipay_public_key_path=os.path.join(settings.BASE_DIR, 'apps/order/alipay_public_key.pem'),
            sign_type="RSA2",                         # RSA 或者 RSA2
            debug=True                                # 默认 False
        )
        order_string = alipay.api_alipay_trade_refund(
            trade_no=order.trade_no,
            refund_amount=str(order.total_price + order.transit_price),
            notify_url=None
        )
        code = order_string.get('code')
        if code == '10000' and order_string.get('msg') == 'Success':
            # 改变订单状态，轨迹表生成一条数据
            order.order_status = 0
            order_track = OrderTrack.objects.create(order=order, status=0)
            order.save()
        else:
            sub_msg = order_string.get('sub_msg')
            return render(request, 'sj_order.html', {'errmsg': sub_msg})
        return redirect(reverse('ordermanage:sj_order', kwargs={'page': 1}))
```

2. 前端设计

templates\sj_order.html 为订单管理模板页，该页面中主要展示商家的订单列表，展示时按照订单状态进行分类，如待审核、已审核、进行中、配送中、已完成和已取消，其中，每个订单列表都以表格形式显示订单的详细信息，包括下单时间、客户姓名、电话、地址、餐品、金额、备注和订单状态等；另外，每个订单列表都支持分页，用户可以通过单击"上一页"按钮和"下一页"按钮浏览不同页面的订单信息；最后，用户可以直接通过单击"接受"按钮或者"拒绝"按钮改变订单的状态。sj_order.html 订单管理模板页主要代码如下：

```
{% block topfiles %}
<script type="text/javascript">
$(function () {
    $('.sj_order_man ul li').hover(function(){
        //获得当前被单击的元素索引值
        var Index = $(this).index();
        var line=300*Index-300;
        //给菜单添加选择样式
        $(this).addClass('active').siblings().removeClass('active');
        $(".line").stop(true,true).animate({left:line},200);
        $('.sj_order_man').children('div').eq(Index).show().siblings('div').hide();
    });
});
</script>
{% endblock topfiles %}
{% block body %}
    <div class="sj_name">
        <h2><span>店铺名称: </span>{{ shop.shop_name }}</h2>
    </div>
    <div class="sj_order_man">
        <ul class="sj_menu">
            <li class="active">待审核订单</li><li>已审核订单</li><li>进行中订单</li><li>配送中订单</li><li>已完成订单
            </li><li>已取消订单</li>
        </ul>
        <div class="order_list1">
            <table>
                <tr>
                    <td width="11%">下单时间</td>
                    <td width="5%">姓名 </td>
                    <td width="9%">电话</td>
                    <td width="15%">地址</td>
                    <td width="10%">餐品</td>
                    <td width="6%">金额+运费</td>
                    <td width="22%">备注</td>
                    <td width="22%">是否接单</td>
                </tr>
                {% for exam in order_exam.info %}
                <tr>
                    <td>{{ exam.create_time }}</td>
                    <td>{{ exam.addr.receiver }}</td>
                    <td>{{ exam.addr.phone }}</td>
                    <td>{{ exam.addr.addr }}</td>
                    <td>
                        {% for good in order_exam.goods %}
                            {% if good.order == exam %}
                                <li>{{ good.sku.name }}X{{ good.count }}</li>
                            {% endif %}
                        {% endfor %}
                    </td>
                    <td>{{ exam.total_price }}+{{ exam.transit_price }}</td>
                    <td>{{ exam.remarks }}</td>
                    <td>
                        <button><a href="{% url 'ordermanage:receive' exam.order_id %}">接受</a></button>
                        <button><a href="{% url 'ordermanage:refuse' exam.order_id %}">拒绝</a></button>
                    </td>
                </tr>
                {% endfor %}
            </table>
            <div class="pagenation">
                {% if order_exam.info.has_previous %}
                <a href="{% url 'ordermanage:sj_order' order_exam.info.previous_page_number %}">< 上一页 </a>
                {% endif %}
```

```
                {% for pindex in order_exam.pages %}
                        {% if pindex == order_exam.info.number %}
                        <a href="{% url 'ordermanage:sj_order' pindex %}" class="active">{{ pindex }}</a>
                        {% else %}
                        <a href="{% url 'ordermanage:sj_order' pindex %}">{{ pindex }}</a>
                        {% endif %}
                {% endfor %}
                {% if order_exam.info.has_next %}
                    <a href="{% url 'ordermanage:sj_order' order_exam.info.next_page_number %}"> 下一页 </a>
                {% endif %}
            </div>
        </div>
        <div class="order_list6">
            <table>
                <tr>
                        <td width="11%">下单时间</td>
                        <td width="5%">姓名 </td>
                        <td width="9%">电话 </td>
                        <td width="15%">地址 </td>
                        <td width="10%">餐品 </td>
                        <td width="10%"> 金额+运费</td>
                        <td width="23%">备注 </td>
                        <td width="15%">状态 </td>
                </tr>
                {% for pass in order_pass.info %}
                <tr>
                        <td>{{ pass.create_time }}</td>
                        <td>{{ pass.addr.receiver }}</td>
                        <td>{{ pass.addr.phone }}</td>
                        <td>{{ pass.addr.addr }}</td>
                        <td>
                            {% for good in order_pass.goods %}
                                {% if good.order == pass %}
                                    <li>{{ good.sku.name }}X{{ good.count }}</li>
                                {% endif %}
                            {% endfor %}
                        </td>
                        <td>{{ pass.total_price }}+{{ pass.transit_price }}</td>
                        <td>{{ pass.remarks }}</td>
                        <button><a href="{% url 'ordermanage:receive' '4' pass.order_id %}">有骑手接单</a></button>
                </tr>
                {% endfor %}
            </table>
            <div class="pagenation">
                {% if order_pass.info.has_previous %}
                <a href="{% url 'ordermanage:sj_order' order_pass.info.previous_page_number %}">< 上一页 </a>
                {% endif %}
                {% for pindex in order_pass.pages %}
                        {% if pindex == order_pass.info.number %}
                        <a href="{% url 'ordermanage:sj_order' pindex %}" class="active">{{ pindex }}</a>
                        {% else %}
                        <a href="{% url 'ordermanage:sj_order' pindex %}">{{ pindex }}</a>
                        {% endif %}
                {% endfor %}
                {% if order_pass.info.has_next %}
                    <a href="{% url 'ordermanage:sj_order' order_pass.info.next_page_number %}"> 下一页 </a>
                {% endif %}
            </div>
        </div>
        <div class="order_list2">
            <table>
                <tr>
                        <td width="11%">下单时间</td>
                        <td width="5%">姓名 </td>
                        <td width="9%">电话 </td>
                        <td width="15%">地址 </td>
                        <td width="10%">餐品 </td>
                        <td width="6%"> 金额+运费</td>
                        <td width="22%">备注 </td>
                        <td width="22%">状态 </td>
                </tr>
```

```
{% for conduct in order_conduct.info %}
    <tr>
        <td>{{ conduct.create_time }}</td>
        <td>{{ conduct.addr.receiver }}</td>
        <td>{{ conduct.addr.phone }}</td>
        <td>{{ conduct.addr.addr }}</td>
        <td>
            {% for good in order_conduct.goods %}
                {% if good.order == conduct %}
                    <li>{{ good.sku.name }}X{{ good.count }}</li>
                {% endif %}
            {% endfor %}
        </td>
        <td>{{ conduct.total_price }}+{{ conduct.transit_price }}</td>
        <td>{{ conduct.remarks }}</td>
        <button><a href="{% url 'ordermanage:receive' '5' conduct.order_id %}">骑手已取货</a></button>
    </tr>
    {% endfor %}
</table>
<div class="pagenation">
    {% if order_conduct.info.has_previous %}
    <a href="{% url 'ordermanage:sj_order' order_conduct.info.previous_page_number %}">< 上一页 </a>
    {% endif %}
    {% for pindex in order_conduct.pages %}
        {% if pindex == order_conduct.info.number %}
        <a href="{% url 'ordermanage:sj_order' pindex %}" class="active">{{ pindex }}</a>
        {% else %}
        <a href="{% url 'ordermanage:sj_order' pindex %}">{{ pindex }}</a>
        {% endif %}
    {% endfor %}
    {% if order_conduct.info.has_next %}
    <a href="{% url 'ordermanage:sj_order' order_conduct.info.next_page_number %}"> 下一页 ></a>
    {% endif %}
</div>
</div>
<div class="order_list3">
    <table>
        <tr>
            <td width="11%">下单时间</td>
            <td width="5%">姓名</td>
            <td width="9%">电话</td>
            <td width="15%">地址</td>
            <td width="10%">餐品</td>
            <td width="6%">金额+运费</td>
            <td width="22">备注</td>
            <td width="5%">催单</td>
            <td width="17%">订单状态</td>
        </tr>
    {% for delivery in order_delivery.info %}
        <tr>
            <td>{{ delivery.create_time }}</td>
            <td>{{ delivery.addr.receiver }}</td>
            <td>{{ delivery.addr.phone }}</td>
            <td>{{ delivery.addr.addr }}</td>
            <td>
                {% for good in order_delivery.goods %}
                    {% if good.order == delivery %}
                        <li>{{ good.sku.name }}X{{ good.count }}</li>
                    {% endif %}
                {% endfor %}
            </td>
            <td>{{ delivery.total_price }}+{{ delivery.transit_price }}</td>
            <td>{{ delivery.remarks }}</td>
            <td>催单 0 次</td>
            <button><a href="{% url 'ordermanage:receive' '6' delivery.order_id %}">已送达</a></button>
        </tr>
        {% endfor %}
    </table>
    <div class="pagenation">
        {% if order_delivery.info.has_previous %}
        <a href="{% url 'ordermanage:sj_order' order_delivery.info.previous_page_number %}">< 上一页 </a>
```

```
            {% endif %}
            {% for pindex in order_delivery.pages %}
                {% if pindex == order_delivery.info.number %}
                <a href="{% url 'ordermanage:sj_order' pindex %}" class="active">{{ pindex }}</a>
                {% else %}
                <a href="{% url 'ordermanage:sj_order' pindex %}">{{ pindex }}</a>
                {% endif %}
            {% endfor %}
            {% if order_delivery.info.has_next %}
             <a href="{% url 'ordermanage:sj_order' order_delivery.info.next_page_number %}"> 下一页></a>
            {% endif %}
        </div>
    </div>
    <div class="order_list4">
        <table>
            <tr>
                <td width="11%">完成时间</td>
                <td width="5%">姓名</td>
                <td width="9%">电话</td>
                <td width="15%">地址</td>
                <td width="10%">餐品</td>
                <td width="6%">金额+运费</td>
                <td width="5%">状态</td>
                <td width="14%">备注</td>
                <td width="15%">评价</td>
            </tr>
            {% for finish in order_finish.info %}
            <tr>
                <td>{{ finish.create_time }}</td>
                <td>{{ finish.addr.receiver }}</td>
                <td>{{ finish.addr.phone }}</td>
                <td>{{ finish.addr.addr }}</td>
                <td>
                    {% for good in order_finish.goods %}
                        {% if good.order == finish %}
                            <li>{{ good.sku.name }}X{{ good.count }}</li>
                        {% endif %}
                    {% endfor %}
                </td>
                <td>{{ finish.total_price }}+{{ finish.transit_price }}</td>
                <td>已完成</td>
                <td>{{ finish.remarks }}</td>
                <td>{{ finish.comment }}</td>
            </tr>
            {% endfor %}
        </table>
        <div class="pagenation">
            {% if order_finish.info.has_previous %}
            <a href="{% url 'ordermanage:sj_order' order_finish.info.previous_page_number %}">< 上一页 </a>
            {% endif %}
            {% for pindex in order_finish.pages %}
                {% if pindex == order_finish.info.number %}
                <a href="{% url 'ordermanage:sj_order' pindex %}" class="active">{{ pindex }}</a>
                {% else %}
                <a href="{% url 'ordermanage:sj_order' pindex %}">{{ pindex }}</a>
                {% endif %}
            {% endfor %}
            {% if order_finish.info.has_next %}
             <a href="{% url 'ordermanage:sj_order' order_finish.info.next_page_number %}"> 下一页 ></a>
            {% endif %}
        </div>
    </div>
    <div class="order_list5">
        <table>
            <tr>
                <td width="11%">下单时间</td>
                <td width="5%">姓名</td>
                <td width="9%">电话</td>
                <td width="15%">地址</td>
                <td width="10%">餐品</td>
                <td width="6%">金额+运费</td>
```

```
                    <td width="14">备注</td>
                    <td width="5%">状态</td>
                    <td width="10%">支付状态</td>
                </tr>
            {% for cancel in order_cancel.info %}
                <tr>
                    <td>{{ cancel.create_time }}</td>
                    <td>{{ cancel.addr.receiver }}</td>
                    <td>{{ cancel.addr.phone }}</td>
                    <td>{{ cancel.addr.addr }}</td>
                    <td>
                        {% for good in order_cancel.goods %}
                            {% if good.order == cancel %}
                                <li>{{ good.sku.name }}X{{ good.count }}</li>
                            {% endif %}
                        {% endfor %}
                    </td>
                    <td>{{ cancel.total_price }}+{{ cancel.transit_price }}</td>
                    <td>{{ cancel.remarks }}</td>
                    <td>已拒接</td>
                    <td>已退款</td>
                </tr>
            {% endfor %}
        </table>
        <div class="pagenation">
            {% if order_cancel.info.has_previous %}
            <a href="{% url 'ordermanage:sj_order' order_cancel.info.previous_page_number %}">< 上一页 </a>
            {% endif %}
            {% for pindex in order_cancel.pages %}
                {% if pindex == order_cancel.info.number %}
                <a href="{% url 'ordermanage:sj_order' pindex %}" class="active">{{ pindex }}</a>
                {% else %}
                <a href="{% url 'ordermanage:sj_order' pindex %}">{{ pindex }}</a>
                {% endif %}
            {% endfor %}
            {% if order_cancel.info.has_next %}
            <a href="{% url 'ordermanage:sj_order' order_cancel.info.next_page_number %}"> 下一页 ></a>
            {% endif %}
        </div>
    </div>
  </div>
{% endblock body %}
```

启动项目，在浏览器中访问 http://127.0.0.1:8000/ordermanage/sj_order/1/即可查看已经支付的订单，如图 4.19 所示。

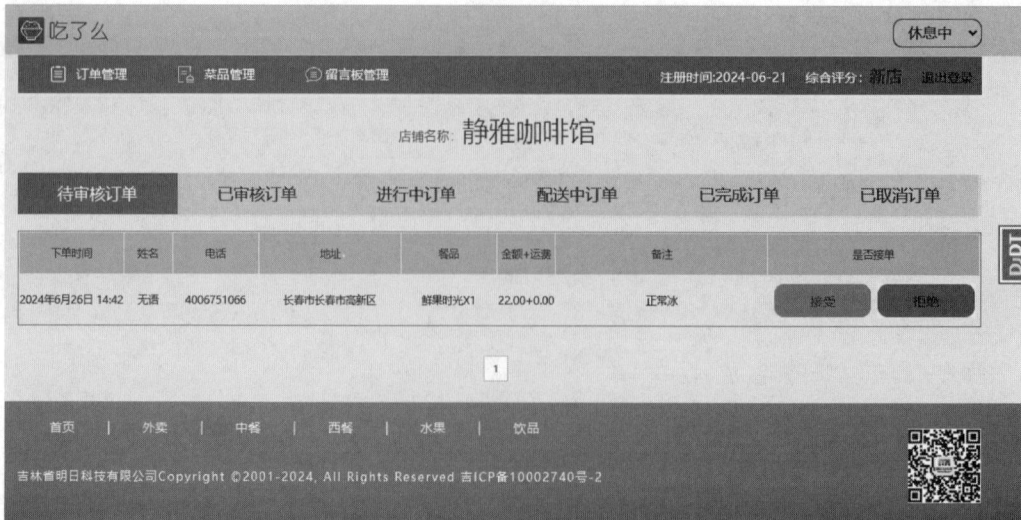

图 4.19　订单管理

单击"接受"或者"拒绝"按钮，即可对订单的状态进行改变。

4.9 项目运行

通过前述步骤，我们设计并完成了"吃了么外卖网"项目的主要功能开发。下面运行该项目，检验一下我们的开发成果。运行"吃了么外卖网"项目的步骤如下。

（1）打开 clmwm\clmwm\settings\develop.py 文件，根据自己的 MySQL 数据库、Redis 数据库、百度地图 AK 及 FDFS 文件存储服务器对下面配置代码进行修改：

```python
DATABASES = {
    'default': {
        'ENGINE': 'django.db.backends.mysql',
        'NAME': 'clmwm',
        'USER': 'root',
        'PASSWORD': 'root',
        'HOST': '127.0.0.1',
        'PORT': 3306,
    }
}
# Django 的缓存配置
CACHES = {
    "default": {
        "BACKEND": "django_redis.cache.RedisCache",
        "LOCATION": "redis://127.0.0.1:6379/1",
        "OPTIONS": {
            "CLIENT_CLASS": "django_redis.client.DefaultClient",
            # 提升 Redis 解析性能
            "PARSER_CLASS": "redis.connection._HiredisParser",
        }
    }
}
# 百度地图 AK，申请服务端
# 申请网址：http://lbsyun.baidu.com/apiconsole/key/create
BAIDU_AK = '61deBXb0SRMdfjBi0SJeBkmPlxzCy5hT'

# Django 文件存储
# DEFAULT_FILE_STORAGE = 'clmwm.utils.fastdfs.fdfs_storage.FastDFSStorage'
# FastDFS
# FDFS_URL = 'http://域名:端口'
# FDFS_CLIENT_CONF = os.path.join(BASE_DIR, 'utils/fastdfs/client.conf')

# 设置 Django 的文件存储类
DEFAULT_FILE_STORAGE = 'utils.fdfs.storage.FastDFSStorage'
# 设置 FDFS 使用的 client.conf 文件路径
FDFS_CLIENT_CONF = './utils/fdfs/client.conf'
# 设置 FDFS 存储服务器上 nginx 的 IP 和端口号
FDFS_URL = 'http://192.168.94.129:80/'
```

（2）打开命令提示符窗口，进入 clmwm 项目文件夹所在目录，在命令提示符窗口中输入如下命令创建 venv 虚拟环境：

```
virtualenv venv
```

（3）在命令提示符窗口中输入如下命令启动 venv 虚拟环境：

```
venv\Scripts\activate
```

（4）在虚拟环境下使用如下命令安装项目所依赖的包：

```
pip install -r requirements.txt
```

（5）在虚拟环境下，从本地安装 py-fdfs-client 模块。在安装过程中，可能会出现如图 4.20 所示的错误。

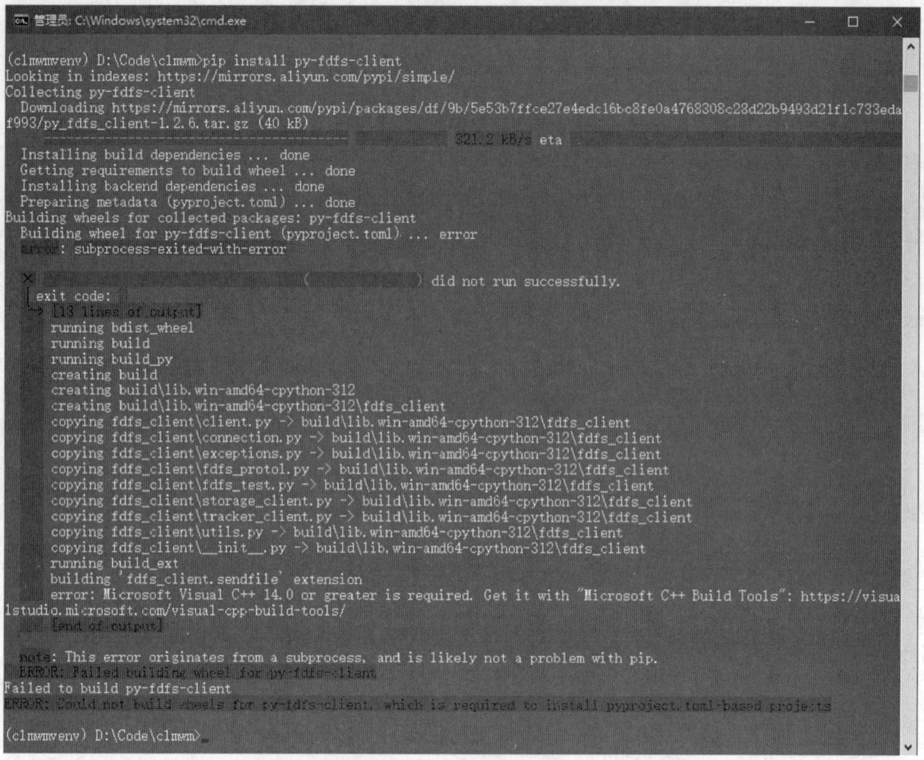

图 4.20 安装项目所依赖的包时出现的错误

这时需要先安装 vc_redist.x64.exe 工具。安装成功后，再从本地计算机中安装 py-fdfs-client 模块（该模块的安装文件可以在资源包中找到）。对应的命令如下：

```
pip install D:\Code\clmwm\fdfs_client-py-master.zip
```

在上面的命令中，D:\Code\clmwm\fdfs_client-py-master.zip 为安装包的绝对路径，需要根据实际情况填写。

（6）使用 MySQL 命令行方式或 MySQL 可视化管理工具（如 Navicat）创建数据库。在命令提示符窗口中使用命令行方式可以输入如下命令：

```
create database clmwm default character set utf8;
```

（7）使用 migrate 创建数据表，命令如下：

```
python  manage.py  makemigrations        # 创建迁移仓库,首次使用
python  manage.py  migrate               # 创建迁移脚本
```

运行完成后，在 clmwm 数据库下会新增很多数据表，但是新增的数据表中数据为空，所以需要导入数据。

（8）使用 MySQL 命令行方式或 MySQL 可视化管理工具（如 Navicat）将 clmwm\clmwm.sql 文件导入数据库中。在命令提示符窗口中使用命令行方式可以输入如下命令：

```
USE clmwm;
SOURCE D:\Code\clmwm\clmwm.sql;
```

说明

在上面的命令中，D:\Code\clmwm\clmwm.sql 为数据库脚本文件的绝对路径，需要根据实际情况填写。

（9）搭建 FDFS 文件服务器，具体方法请参见资源包中的"FDFS 搭建"视频（视频位置：资源包\Code\附件\FDFS 搭建.mp4）。

（10）在 PyCharm 的菜单中选择 Run\Edit Configuration…菜单项，如图 4.21 所示。

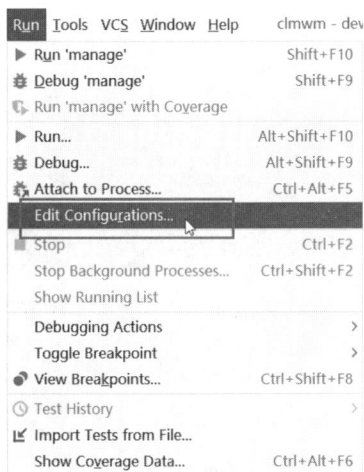

图 4.21　选择 Run\Edit Configuration…菜单项

（11）在打开的对话框中，单击左上角的+按钮，在弹出的快捷菜单中，选择 Python，然后在右侧单击 Script path 右侧的文件夹图标，选择项目目录下的 manage.py，并且在 Parameters 下拉列表框中，输入 runserver，并且单击 Apply 按钮，如图 4.22 所示。

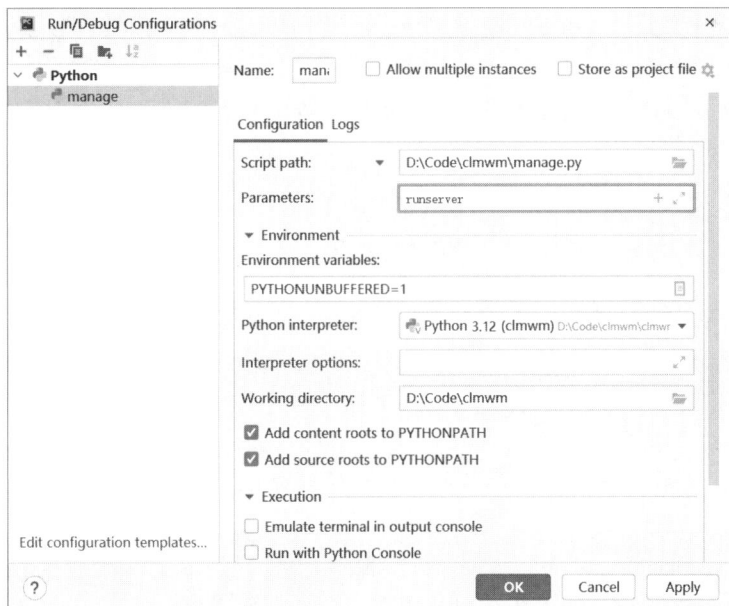

图 4.22　Run/Debug Configurations 对话框

（12）在浏览器中输入网址 http://127.0.0.1:8000，即可进入吃了么外卖网的首页，效果如图 4.23 所示。如果用户是买家，注册并输入买家身份的用户名和密码，登录网站后，可以选择店铺及商品并下单点外卖；如果用户是卖家，注册并输入卖家身份的用户名和密码，登录网站后，可以创建店铺并添加商品、跟踪订单、更改店铺状态等。

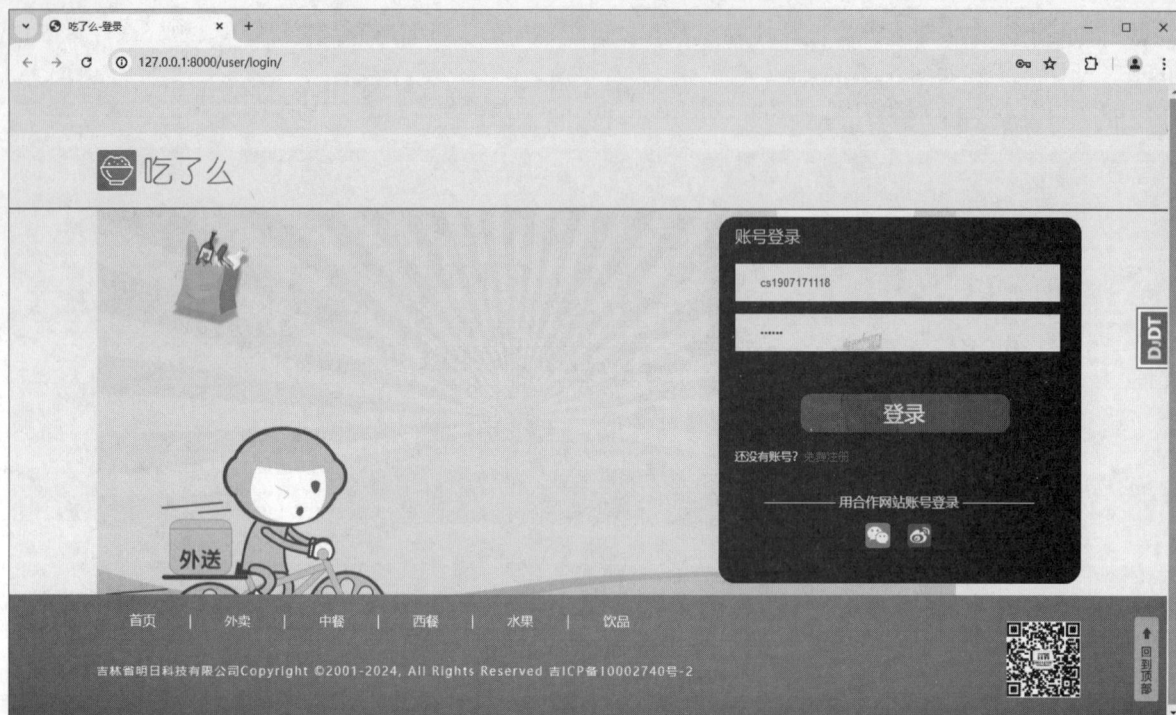

图 4.23　吃了么外卖网前台首页

　　本章主要讲解吃了么外卖网的实现过程，其中，前端主要使用 Django 框架的前端模板，以及基于 Vue.js 和 Element UI 等技术实现；而后端则采用当前流行的 Python 语言，结合 Django、django-redis 模块实现。在本项目中，我们重点讲解了外卖平台买家选择店铺及商品并下单和卖家店铺管理及订单跟踪功能的实现。通过对本章内容的学习，读者可以了解外卖项目的基本开发流程，并掌握 Django 的 Web 开发技术，为今后项目开发积累经验。

4.10　源　码　下　载

　　虽然本章详细地讲解了如何编码实现"吃了么外卖网"的主要功能，但给出的代码都是代码片段，而非完整源码。为了方便读者学习，本书提供了完整的项目源码，扫描右侧二维码即可下载。

源码下载

第 5 章

综艺之家

——Bootstrap + Django-simpleui + Echarts + Django + Django-Spirit

随着互联网技术的不断发展和人们精神文化需求的不断提高，影视领域与互联网的融合日益紧密，网络上综艺节目相关信息的数量显著增长。为实现对综艺节目信息的有效整合与展示，本章将设计并开发一个综艺节目信息可视化展示与交流系统——综艺之家，该项目为全栈开发，其中，前端使用 Bootstrap、Django-simpleui、Echarts 等技术，后端使用 Python 中的 Django、Django-Spirit 等技术，数据库则选用主流的 MySQL 数据库进行数据存储与管理。

本项目的核心功能及实现技术如下：

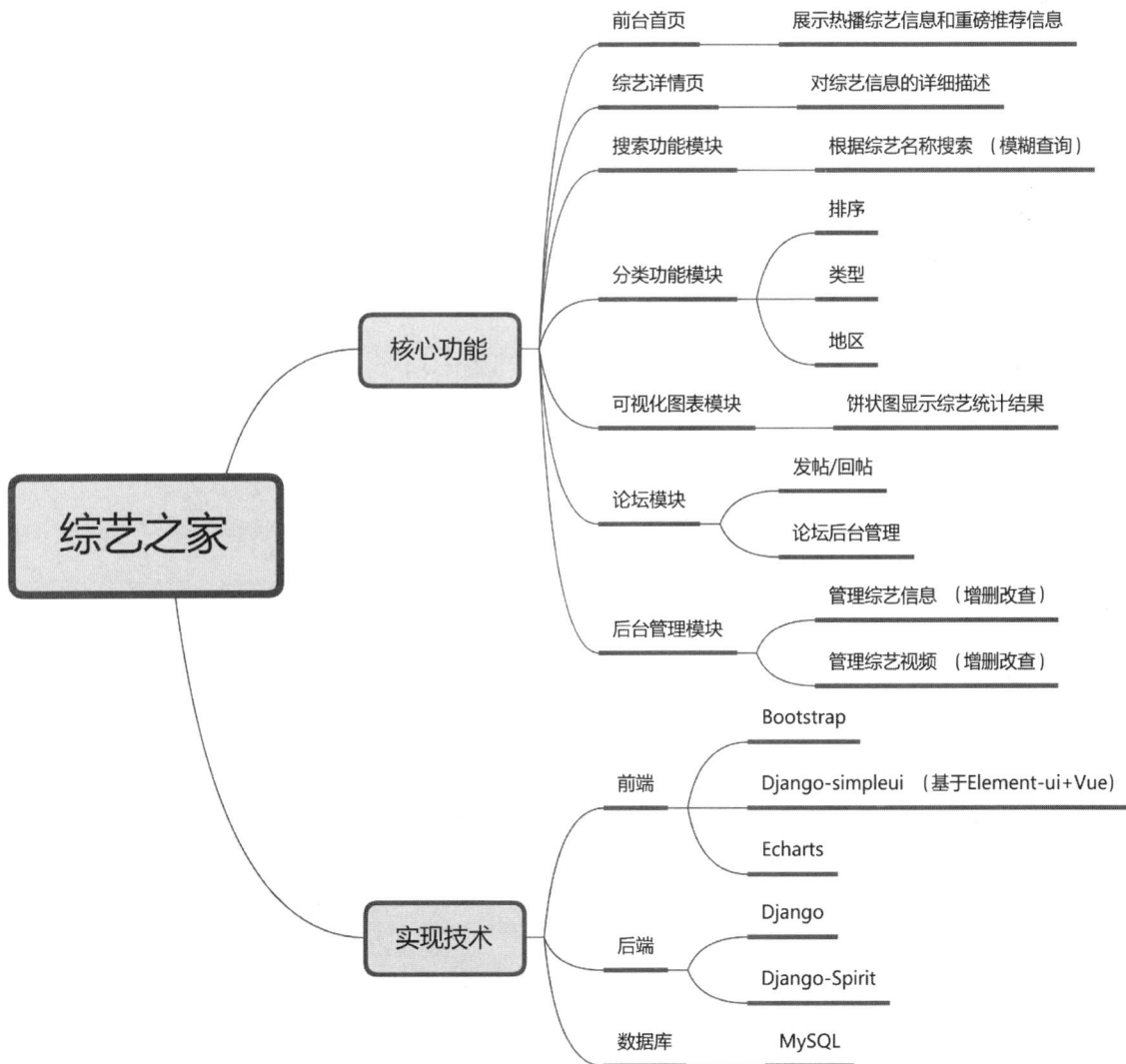

5.1 开 发 背 景

随着科技的飞速发展与经济水平的不断提升，多种多样的电视综艺节目成为丰富人们娱乐生活的重要方式之一，综艺节目的数量明显上升，然而，海量的节目数据也增加了观众获取信息的难度。同时由于商业利益、版权归属等问题，各视频平台之间难以实现资源共享，从而降低了观众搜索并观看节目内容的便捷程度。除此之外，现有的各类网站功能大多只限于视频的播放，面对海量的节目数据，很难从中直观地总结出节目规律、流行趋势等问题。基于以上问题及思考，本章将开发一个全栈项目，即综艺之家网站，该网站是用于综艺节目的可视化展示与交流的网络平台，其中，前端主要借助 Bootstrap、Django-simpleui、Echarts 等技术，并将后端接口获取到的综艺节目相关信息更好地呈现给用户，而后端则借助 Python 中的 Django、Django-Spirit 等技术从 MySQL 数据库和数据模型中获取数据，并通过相应的视图函数返回前端。

本项目的实现目标如下：
- ☑ 提供全面的综艺节目资源。
- ☑ 强大的搜索引擎，帮助用户快速找到感兴趣的节目。
- ☑ 提供节目排行榜功能，方便用户了解当下热点。
- ☑ 提供分页功能，提升页面性能。
- ☑ 提供多维统计分析饼状图。
- ☑ 建立论坛，让用户可以讨论节目内容，分享观点。
- ☑ 确保网站加载和播放速度快，减少缓冲时间，提升用户体验。
- ☑ 具备清晰、友好的用户界面，方便新用户快速上手并浏览内容。
- ☑ 合法获取节目版权，尊重知识产权，避免侵犯版权问题。

5.2 系 统 设 计

5.2.1 开发环境

本项目的开发及运行环境如下：
- ☑ 操作系统：推荐 Windows 10、11 及以上版本。
- ☑ 开发工具：PyCharm 2024（向下兼容）。
- ☑ 前端实现技术：Bootstrap、Django-simpleui、Echarts、HTML5、CSS3、JavaScript。
- ☑ 后端实现技术：Python、Django、Django-Spirit。
- ☑ 数据库：MySQL 8.0。

> **说明**
>
> Django-Spirit 框架集成 Django 框架，所以安装 Django-Spirit 时，会自动安装匹配版本的 Django 框架。

5.2.2 业务流程

综艺之家网站是一个专注于综艺节目信息的可视化展示与交流系统，该系统分为前后台设计，其中，前台主要面向用户，提供浏览及交互功能，用户查看、搜索综艺信息及视频，并参与相关内容的交流讨论；后台专为管理员设计，在后台中，管理员可以管理综艺信息和视频，包括执行添加、修改、删除和查询等操作，并通过独立的论坛管理后台入口对论坛内容进行管理。本项目的业务流程如图 5.1 所示。

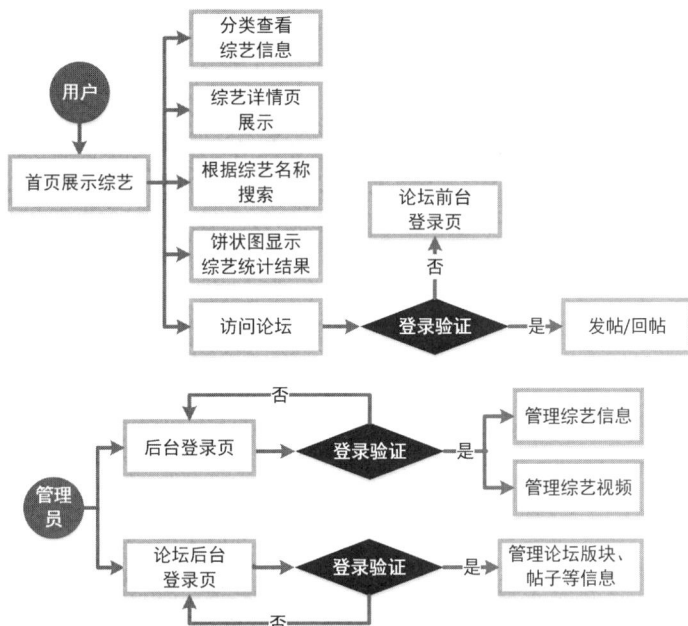

图 5.1 综艺之家网站的业务流程

5.2.3 功能结构

本项目的功能结构已经在章首页中给出，其实现的具体功能如下：

☑ 前台首页：包括头部信息、导航栏分类信息、幻灯片信息、正在热播的综艺信息和重磅推荐信息等内容。

☑ 综艺详情页：对综艺信息的详细描述，包括综艺名称、图片、上映时间、发布平台、综艺介绍，以及该综艺下的所有视频信息。

☑ 搜索功能模块：用户可直接按节目名进行搜索。

☑ 分类功能模块：提供分类联合筛选功能，用户可根据个人喜好选择按综艺类型或地区进行筛选，同时也可以查看最近热播和热门排行信息（排序）。

☑ 可视化图表模块：以图表形式，呈现综艺节目相关数据占比饼状图等。

☑ 论坛模块：用户可在独立的论坛版块发帖和回帖等，也可以通过论坛后台管理论坛中的版块、帖子等信息。

☑ 后台管理模块：对综艺信息、综艺的视频信息等进行管理。

5.3 前端技术准备

5.3.1 Bootstrap 前端框架应用

Bootstrap 是一个流行的开源前端框架，由 Twitter 开发和维护，用于快速开发响应式、移动优先的网页。下面介绍其基本使用方法。

1. 引入 Bootstrap

从 Bootstrap 官网（https://getbootstrap.com/）下载最新版本的 Bootstrap 文件，包括 CSS 和 JavaScript 文件，然后在 HTML 文件的<head>标签中引入 CSS 文件，在页面底部（通常在</body>标签前）引入 JavaScript 文件。例如：

```html
<head>
    <link rel="stylesheet" href="path/to/bootstrap.min.css">
</head>
<body>
    <!-- 页面内容 -->
    <script src="path/to/bootstrap.min.js"></script>
</body>
```

2. 使用 CSS 类

使用 ".container" 或 ".container-fluid" 类创建响应式布局容器，然后使用 ".row" 和 ".col-*" 类创建网格，使用 ".btn" 类创建按钮，并可以通过其他类如 ".btn-primary"".btn-secondary" 等设置按钮样式。例如：

```html
<div class="container">
    <div class="row">
        <div class="col-6">
            <p>这是第一列</p>
        </div>
        <div class="col-6">
            <p>这是第二列</p>
            <button type="button" class="btn btn-primary">按钮</button>
        </div>
    </div>
</div>
```

3. 使用 JavaScript 插件

当使用模态框插件时，首先在 HTML 中定义模态框结构，然后通过 JavaScript 触发显示或隐藏。例如：

```html
<!-- 按钮触发模态框 -->
<button type="button" class="btn btn-primary" data-bs-toggle="modal" data-bs-target="#myModal">
    打开模态框
</button>
<!-- 模态框 -->
<div class="modal fade" id="myModal" tabindex="-1" aria-labelledby="myModalLabel" aria-hidden="true">
    <div class="modal-dialog">
        <div class="modal-content">
            <div class="modal-header">
                <h1 class="modal-title fs-5" id="myModalLabel">模态框标题</h1>
                <button type="button" class="btn-close" data-bs-dismiss="modal" aria-label="Close"></button>
            </div>
            <div class="modal-body">
                <p>模态框内容</p>
            </div>
            <div class="modal-footer">
                <button type="button" class="btn btn-secondary" data-bs-dismiss="modal">关闭</button>
                <button type="button" class="btn btn-primary">保存更改</button>
            </div>
        </div>
    </div>
</div>
```

在上面代码中，通过 "data-bs-toggle" 和 "data-bs-target" 属性触发和指定目标模态框，同时模态框自身带有 "data-bs-dismiss" 属性，用于关闭模态框。

5.3.2 Django-simpleui 的使用

Django-simpleui 是一款专门为 Django 框架量身打造的第三方插件，其基于 Element-ui+Vue 开发，重写和优化了 Django 中 90%以上的原生页面，大大美化和增强了 Django 自带的管理界面，让开发者能够拥有更美观、便捷且功能丰富的后台管理体验。下面介绍 Django-simpleui 的使用方法。

1. 安装

可以使用 pip 命令安装 Django-simpleui，命令如下：

```
pip install django-simpleui
```

2. 配置

在 Django 项目的 settings.py 文件的 INSTALLED_APPS 列表中添加 simpleui，并确保它位于 django.contrib.admin 之前，代码如下：

```
INSTALLED_APPS = [
    'simpleui',
    'django.contrib.admin',
    # 其他应用
]
```

另外，还可以根据需要在 settings.py 文件中添加一些配置选项，如设置主题：

```
# 设置主题
SIMPLEUI_DEFAULT_THEME = 'element.css'
```

3. 基本使用

安装和配置完成 Django-simpleui 后，启动 Django 项目，访问 Django 管理界面的 URL（通常是/admin/），即可看到 Django-simpleui 提供的新界面。

4. 主题定制

Django-simpleui 支持自定义主题，开发人员可以在 settings.py 文件中设置 SIMPLEUI_CUSTOMIZE 为 True，然后创建自定义的 CSS 文件修改界面样式。例如：

```
# 开启自定义主题
SIMPLEUI_CUSTOMIZE = True
# 指定自定义 CSS 文件的路径
SIMPLEUI_CUSTOM_CSS = '/static/css/custom.css'
```

5.3.3 使用 Echarts 模块显示图表

Echarts 是一个基于 JavaScript 的开源可视化图表库，可以流畅地运行在 PC 和移动设备上，并兼容大多数浏览器（如 Chrome、Firefox、Safari 等），底层依赖轻量级的 Canvas 类库 ZRender，提供直观、生动、可交互、可高度个性化定制的数据可视化图表。创新的拖曳重计算、数据视图、值域漫游等特性大大增强了用户体验，使用户能够更有效地进行数据挖掘与整合。

Echarts 模块支持折线图（区域图）、柱状图（条状图）、散点图（气泡图）、K 线图、饼图（环形图）、雷达图（填充雷达图）、和弦图、力导向布局图、地图、仪表盘、漏斗图以及事件河流图等 12 类图表，同时提供标题、详情气泡、图例、值域、数据区域、时间轴、工具箱等 7 个交互组件，支持多图表、组件间的联动及组合展现。

1. 获取 Echarts

可以通过以下几种方式获取 Apache EChartsTM。

☑ 从 Apache ECharts 官网下载官方源码包后构建。

☑ 在 ECharts 的 GitHub 仓库中获取源码。

☑ 通过 npm 获取 echarts，即 npm install echarts-save。

☑ 通过 CDN 方式引入。

为方便起见，本项目中直接采用 CDN 方式引入 Echarts，读者需要保证计算机可以正常联网访问 Echarts 的 CDN 服务。实例代码如下：

```
<script src="https://cdn.bootcdn.net/ajax/libs/echarts/4.7.0/echarts-en.common.js">
</script>
```

2. 引入 ECharts

通过标签方式直接引入构建好的 Echarts 文件，关键代码如下：

```
<!DOCTYPE html>
<html>
<head>
    <meta charset="utf-8">
    <title>ECharts</title>
    <!-- 引入 echarts.js -->
    <script src="https://cdn.bootcdn.net/ajax/libs/echarts/4.7.0/echarts-en.common.js"></script>
</head>
</ html>
```

3. 绘制一个简单的图表

在绘图前我们需要为 ECharts 准备一个具备高度和宽度的 DOM 容器。

```
<body>
    <!-- 为 ECharts 准备一个具备大小（宽高）的 DOM -->
    <div id="main" style="width: 600px;height:400px;"></div>
</body>
```

然后可以通过 echarts.init()方法初始化一个 echarts 实例并通过 setOption()方法生成一个简单的柱状图，完整代码如下：

```
<!DOCTYPE html>
<html>
<head>
    <meta charset="utf-8">
    <title>ECharts</title>
    <!-- 引入 echarts.js -->
    <script src="https://cdn.bootcdn.net/ajax/libs/echarts/4.7.0/echarts-en.common.js"></script>
</head>
<body>
    <!-- 为 ECharts 准备一个具备大小（宽高）的 Dom -->
    <div id="main" style="width: 600px;height:400px;"></div>
    <script type="text/javascript">
        // 基于准备好的 dom，初始化 echarts 实例
        var myChart = echarts.init(document.getElementById('main'));
        // 指定图表的配置项和数据
        var option = {
            title: {
                text: 'ECharts 入门示例'
            },
            tooltip: {},
            legend: {
                data:['销量']
            },
            xAxis: {
                data: ["衬衫","羊毛衫","雪纺衫","裤子","高跟鞋","袜子"]
            },
            yAxis: {},
            series: [{
                name: '销量',
                type: 'bar',
                data: [5, 20, 36, 10, 10, 20]
            }]
        };
```

```
    // 使用刚指定的配置项和数据显示图表。
    myChart.setOption(option);
    </script>
</body>
</html>
```

运行结果如图 5.2 所示。

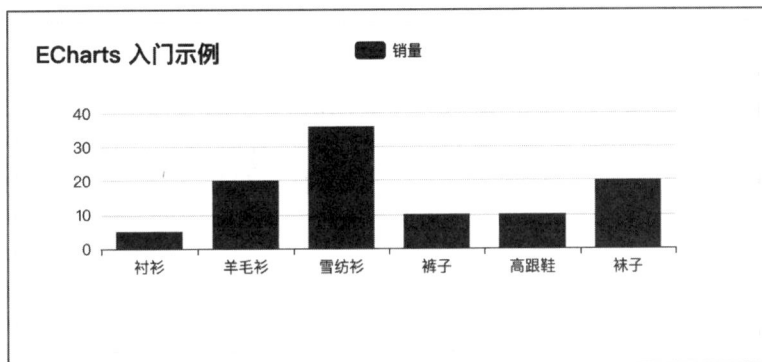

图 5.2　Echarts 柱状图示例

5.4　后端技术准备

本项目采用 Django 框架作为主体 Web 框架，还结合了基于 Django 的 Django-Spirit 框架。有关 Django 框架的基本使用方法，本书 4.4.1 节有详细的讲解，不熟悉的读者可以参考相关内容。

下面对实现本项目用到的其他技术点进行必要介绍，如 Django 框架的模型与数据库操作、Django-Spirit 框架的使用，以确保读者可以顺利完成本项目。

5.4.1　Django 框架的模型与数据库

1. 定义数据模型（models）

在 app1 的 models.py 中定义一个 Person 数据模型，代码如下：

```
from django.db import models

# Create your models here.
class Person(models.Model):
    """
    编写 Person 模型类，数据模型应该继承于 models.Model 或其子类
    """
    # 第一个字段使用 models.CharField 类型
    first_name = models.CharField(max_length=30)
    # 第二个字段使用 models.CharField 类型
    last_name = models.CharField(max_length=30)
```

上面的数据模型类在数据库中会创建如下数据表：

```
CREATE TABLE myapp_person (
    "id" serial NOT NULL PRIMARY KEY,
    "first_name" varchar(30) NOT NULL,
    "last_name" varchar(30) NOT NULL
);
```

另外，对于一些公有的字段，为了简化代码，可以使用如下的实现方式：

```
from django.db import models
```

```
class CreateUpdate(models.Model):                    # 创建抽象数据模型，同样要继承于 models.Model
    # 创建时间，使用 models.DateTimeField
    created_at = models.DateTimeField(auto_now_add=True)
    # 修改时间，使用 models.DateTimeField
    updated_at = models.DateTimeField(auto_now=True)
    class Meta:                                       # 元数据，除字段以外的所有属性
        # 设置 model 为抽象类。指定该表不应该在数据库中创建
        abstract = True
```

上述代码创建了一个抽象数据模型，其中主要是定义创建时间和修改时间的模型，创建完成后，其他需要用到创建时间和修改时间的数据模型都可以继承该类，例如：

```
class Person(CreateUpdate):                           # 继承 CreateUpdate 基类
    """
    编写 Person 模型类，数据模型应该继承于 models.Model 或其子类
    """
    # 第一个字段使用 models.CharField 类型
    first_name = models.CharField(max_length=30)
    #   第二个字段使用 models.CharField 类型
    last_name = models.CharField(max_length=30)

class Order(CreateUpdate):                            # 继承 CreateUpdate 基类
    """
    编写 Order 模型类，数据模型应该继承于 models.Model 或其子类
    """
    order_id = models.CharField(max_length=30, db_index=True)
    order_desc = models.CharField(max_length=120)
```

上面创建表时使用了两个字段类型：CharField 和 DateTimeField，它们分别表示字符串值类型和日期时间类型。此外，django.db.models 还提供了很多常见的字段类型，如表 5.1 所示。

表 5.1　Django 数据模型中常见的字段类型

字段类型	说　　明
AutoField	一个 id 自增的字段，但创建表时 Django 会自动添加一个自增的主键字段
BinaryField	一个保存二进制源数据的字段
BooleanField	一个布尔值的字段，应该指明默认值，管理后台中默认呈现为 CheckBox 形式
NullBooleanField	可以为 None 值的布尔值字段
CharField	字符串值字段，必须指明参数 max_length 值，管理后台中默认呈现为 TextInput 形式
TextField	文本域字段，对于大量文本应该使用 TextField。管理后台中默认呈现为 Textarea 形式
DateField	日期字段，代表 Python 中 datetime.date 的实例。管理后台默认呈现 TextInput 形式
DateTimeField	日期时间字段，代表 Python 中 datetime.datetime 实例。管理后台默认呈现 TextInput 形式
EmailField	邮件字段，是 CharField 的实现，用于检查该字段值是否符合邮件地址格式
FileField	上传文件字段，管理后台默认呈现 ClearableFileInput 形式
ImageField	图片上传字段，是 FileField 的实现。管理后台默认呈现 ClearableFileInput 形式
IntegerField	整数值字段，管理后台默认呈现 NumberInput 或者 TextInput 形式
FloatField	浮点数值字段，管理后台默认呈现 NumberInput 或者 TextInput 形式
SlugField	只保存字母、数字、下画线和连接符，用于生成 url 的短标签
UUIDField	保存一般统一标识符的字段，代表 Python 中 UUID 的实例，建议提供默认值 default
ForeignKey	外键关系字段，需要提供外键的模型参数和 on_delete 参数（指定当该模型实例删除的时候，是否删除关联模型），如果需要外键的模型出现在当前模型的后面，需要在第一个参数中使用单引号'Manufacture'

续表

字段类型	说　　明
ManyToManyField	多对多关系字段，与 ForeignKey 类似
OneToOneField	一对一关系字段，常用于扩展其他模型

2. 数据库迁移

创建完数据模型后，需要进行数据库迁移，步骤如下：

（1）如果不使用 Django 默认自带的 SQLite 数据库，而是使用当下流行的 MySQL 数据库，则需要在 django_demo/settings.py 配置文件中进行一些修改，如下所示。

```
DATABASES = {
    'default': {
        'ENGINE': 'django.db.backends.sqlite3',
        'NAME': os.path.join(BASE_DIR, 'db.sqlite3'),
    }
}
```

修改为：

```
DATABASES = {
    'default': {
        'ENGINE': 'django.db.backends.mysql',
        'NAME': 'demo',                              # 数据库名称
        'USER': 'root',                             # 数据库用户名
        'PASSWORD': 'root'                          # 数据库密码
    }
}
```

说明

这里需要安装 MySQL 数据库驱动（如 PyMySQL），并且需要在 MySQL 中创建相应的数据库。

（2）在 Django 项目中找到 django_demo__init__.py 文件，在行首添加如下代码：

```
import pymysql
pymysql.install_as_MySQLdb()                        # 为了使 pymysql 发挥最大数据库操作性能
```

（3）在终端命令窗口中执行以下命令创建数据表：

```
python manage.py makemigrations                     # 生成迁移文件
python manage.py migrate                            # 迁移数据库，创建新表
```

以上操作完成后，即可在数据库中查看这两张数据表。Django 会默认按照 App 名称+下画线+模型类名称小写的形式创建数据表。对于上面两个模型，Django 创建了如下表：

☑　Person 类对应 app1_person 表。

☑　Order 类对应 app1_order 表。

在数据库管理软件中可以查看新创建的数据表，效果如图 5.3 所示。

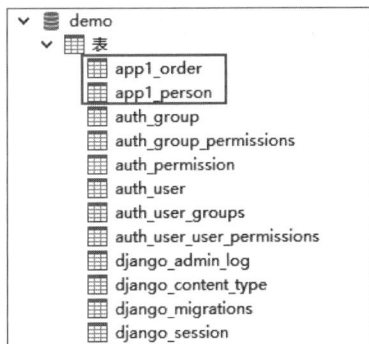

图 5.3　在数据库管理软件中查看新创建的数据表

3. Django 中的数据库操作命令

☑　导入数据模型。命令如下：

```
# 导入 Person 和 Order 两个类
from app1.models import Person, Order
```

☑ 创建数据。添加数据有两种方法，分别如下：

➢ 方法 1：

```
p = Person.objects.create(first_name="andy", last_name="feng")
```

➢ 方法 2：

```
p=Person(first_name="andy", last_name="王")
p.save()                                        # 必须调用 save()才能写入数据库
```

☑ 查询数据：

➢ 查询所有数据，命令如下：

```
Person.objects.all()
```

输出结果如下：

```
<QuerySet [<Person: Person object (1)>, <Person: Person object (2)>]>
```

➢ 查询单个数据，命令如下：

```
Person.objects.get(id =1)                       # 括号内需要加入确定的条件，因为 get()方法只返回一个确定值
```

输出结果如下：

```
<Person: Person object (1)>
```

➢ 查询指定条件的数据，命令如下：

```
Person.objects.filter(first_name__exact="andy")    # 指定 first_name 字段值必须为 andy
```

输出结果如下：

```
<QuerySet [<Person: Person object (1)>, <Person: Person object (2)>]>

Person.objects.filter(id__gt=1)                 # 查找所有 id 值大于 1 的数据
Person.objects.filter(id__lt=100)               # 查找所有 id 值小于 100 的数据
#排除所有创建时间大于现在时间的，exclude 的用法是排除，和 filter 正好相反
Person.objects.exclude(created_at__gt=datetime.datetime.now(tz=datetime.timezone.utc))
#过滤出所有 first_name 字段值包含 a 的数据，然后将之前的查询结果按照 id 进行排序
Person.objects.filter(first_name__contains="a").order_by("id")
Person.objects.exclude(first_name__icontains="a")    #查询所有 first_name 值不包含 a 的记录
```

☑ 修改数据。修改之前需要查询对应的数据或者数据集，代码如下：

```
p = Person.objects.get(id=1)
```

然后按照需求进行修改，例如：

```
p.first_name = "jack"
p.last_name = "ma"
p.save()
```

也可以使用 get_or_create()方法，如果数据存在就修改，不存在就创建，代码如下：

```
p, is_created = Person.objects.get_or_create(
    first_name="jackie",
    defaults={"last_name": "chan"}
)
```

get_or_create()方法返回一个元组、一个数据对象和一个布尔值，defaults 参数是一个字典。当获取数据的时候，defaults 参数里面的值不会被传入，也就是获取的对象只存在 defaults 之外的关键字参数的值中。

☑ 删除数据。删除数据同样需要先查找对应的数据，然后进行删除，代码如下：

```
Person.objects.get(id=1).delete()
```

运行结果如下：

```
(1,({'app1.Person':1}))
```

5.4.2 Django-Spirit 框架的使用

本项目在开发综艺之家的论坛模块时，使用 Django-Spirit 框架。Django-Spirit 框架是一个基于 Django 框架的开源论坛系统，使用它可以快速搭建功能丰富、易于维护的论坛，因为它集成了许多论坛必备的功能，如用户认证、主题分类、帖子管理、回复、用户权限控制等；另外，Django-Spirit 拥有简洁美观的界面设计，采用了响应式布局，能够自适应不同设备的屏幕尺寸，如计算机、平板电脑和手机等，为用户提供良好的浏览体验。

在使用时，需要先安装 Django 和 Django-Spirit，由于 Django 框架是使用 Django-Spirit 时必备的框架，所以安装 Django-Spirit 时，会自动安装其所必需的框架，这里直接通过 pip 命令安装 Django-Spirit 即可。对应的命令如下：

```
pip install django-spirit
```

另外，还需要手动安装 Django-Spirit 必需的支持模块 setuptools，对应的命令如下：

```
pip install setuptools==70.0.0
```

接下来就可以使用 Django-Spirit 创建项目了，基本步骤如下。

（1）创建 Django 项目，具体代码如下：

```
django-admin startproject wforum
cd wforum
```

（2）在项目的 settings.py 文件中，把"spirit.core"添加到 INSTALLED_APPS 列表中，并且确保相关依赖已添加。完成后的 INSTALLED_APPS 列表的代码如下：

```
INSTALLED_APPS = [
    'django.contrib.admin',
    'django.contrib.auth',
    'django.contrib.contenttypes',
    'django.contrib.sessions',
    'django.contrib.messages',
    'django.contrib.staticfiles',
    'django.contrib.humanize',
    'spirit.core',
    'spirit.admin',
    'spirit.user',
    'spirit.user.admin',
    'spirit.user.auth',
    'spirit.category',
    'spirit.topic',
    'spirit.comment',
    'djconfig',
    'haystack',
]
```

（3）配置 Django 使用的数据库（默认使用 SQLite3），通常情况下，在创建 Django 项目时，会自动在 settings.py 中配置完成，开发人员可以将默认的 SQLite3 修改为 MySQL，对应的代码如下：

```
DATABASES = {
    'default': {
        'ENGINE': 'django.db.backends.mysql',
        'NAME': 'wforum',
        'USER': 'root',
        'PASSWORD': 'root'
    }
}
```

（4）在 settings.py 文件中配置网站根目录的 URL 地址，例如，在 settings.py 中添加下面的代码：

```
ST_SITE_URL = 'http://127.0.0.1:8000/'
```

（5）在 HAYSTACK_CONNECTIONS 列表中，指定全文搜索的基本配置信息，代码如下：

```
import os
HAYSTACK_CONNECTIONS = {
    'default': {
        'ENGINE': 'haystack.backends.whoosh_backend.WhooshEngine',
        'PATH': os.path.join(BASE_DIR, 'st_search'),
    },
}
HAYSTACK_SIGNAL_PROCESSOR = 'spirit.search.signals.RealtimeSignalProcessor'
```

（6）在 MIDDLEWARE 列表中，添加处理请求和响应的中间件，这里添加 djconfig 对应的中间件。添加后的代码如下：

```
MIDDLEWARE = [
    'django.middleware.security.SecurityMiddleware',
    'django.contrib.sessions.middleware.SessionMiddleware',
    'django.middleware.locale.LocaleMiddleware',
    'django.middleware.common.CommonMiddleware',
    'django.middleware.csrf.CsrfViewMiddleware',
    'django.contrib.auth.middleware.AuthenticationMiddleware',
    'django.contrib.messages.middleware.MessageMiddleware',
    'django.middleware.clickjacking.XFrameOptionsMiddleware',
    'spirit.user.middleware.TimezoneMiddleware',
    'djconfig.middleware.DjConfigMiddleware',
]
```

（7）在 TEMPLATES 列表中，配置 djconfig 对应的模板引擎，对应的代码如下：

```
'djconfig.context_processors.config',
```

（8）配置 Django 项目的缓存设置和更新缓存配置，对应的代码如下：

```
CACHES = {
    'default': {
        'BACKEND': 'django.core.cache.backends.db.DatabaseCache',
        'LOCATION': 'spirit_cache',
    },
    'st_rate_limit': {
        'BACKEND': 'django.core.cache.backends.db.DatabaseCache',
        'LOCATION': 'spirit_rl_cache',
        'TIMEOUT': None
    }
}
CACHES.update({
    'default': {
        'BACKEND': 'django.core.cache.backends.locmem.LocMemCache',
    },
    'st_rate_limit': {
        'BACKEND': 'django.core.cache.backends.locmem.LocMemCache',
        'LOCATION': 'spirit_rl_cache',
        'TIMEOUT': None
    }
})
```

（9）配置用户登录、退出相关的配置项，代码如下：

```
LOGIN_URL = 'spirit:user:auth:login'
LOGIN_REDIRECT_URL = 'spirit:user:update'
LOGOUT_REDIRECT_URL = 'spirit:index'
```

（10）应用数据库迁移命令创建 Django-Spirit 所需要的数据表。在虚拟环境中，输入如下命令完成：

```
python manage.py migrate
```

（11）打开 wforum\wforum\urls.py 文件，在该文件中配置项目前台首页和后台管理首页的路由，代码如下：

```
from django.contrib import admin
from django.urls import include,re_path
```

```
urlpatterns = [
    re_path(r'^forums/', include('spirit.urls')),
    re_path(r'^admin/', admin.site.urls),
]
```

启动项目，在浏览器中访问 http://127.0.0.1:8000/forums/，即可查看项目的前台首页，如图 5.4 所示。

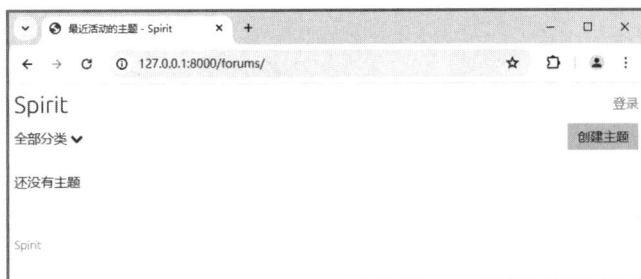

图 5.4 Django-Spirit 前台首页

5.5 数据库设计

5.5.1 数据库设计概要

本项目采用 MySQL 数据库，数据库名称为 variety，主要数据表名称及作用如表 5.2 所示。

表 5.2 数据库表结构

表　　名	含　　义	作　　用
variety	综艺节目表	用于存储综艺节目信息
video	综艺的每期视频表	用于存储综艺节目下的每期视频
slide	幻灯片表	用于存储幻灯片的信息
auth_user	用户表	用于存储用户的信息
spirit_user_userprofile	论坛用户表	用于存储论坛用户信息
spirit_category_category	论坛分类表	用于存储论坛分类信息
spirit_topic_topic	论坛主题表	用于存储论坛主题信息

5.5.2 数据表模型

Django 框架自带的 ORM 可以满足绝大多数数据库开发的需求，在没有达到一定的数量级时，完全不需要担心 ORM 为项目带来的瓶颈。下面是综艺之家网站中使用的 ORM 数据模型，由于篇幅有限，这里只给出 models.py 模型文件中比较重要的代码。关键代码如下：

```
from django.db import models

# 地区
Region = [
    (0,'内地'),
    (3,'欧美'),
    (6,'其他')
]
# 综艺类型
Type = [
```

```
        (0,'脱口秀'),
        (1,'真人秀'),
        (2,'搞笑'),
        (3,'选秀'),
        (4,'情感'),
        (5,'访谈'),
        (6,'音乐'),
        (7,'职场'),
        (8,'体育'),
        (9,'其他')
]
# 年份
Year = [
        ('2015','2015'),
        ('2016','2016'),
        ('2017','2017'),
        ('2018','2018'),
        ('2019','2019'),
        ('2020','2020'),
        ('2021','2021'),
        ('2022', '2022'),
        ('2023', '2023'),
        ('2024','2024')
]
Hot = [
        (False,'否'),
        (True,'是')
]
Recommend = [
        (False,'否'),
        (True,'是')
]

class Variety(models.Model):
    # 综艺表信息
    id = models.AutoField(primary_key=True)
    variety_name = models.CharField(max_length=100,verbose_name='综艺名')
    type = models.SmallIntegerField(choices=Type,blank=False,verbose_name='类型')
    year = models.CharField(choices=Year,max_length=4,verbose_name='年代')
    region = models.SmallIntegerField(choices=Region,blank=False,verbose_name='地区')
    ranking = models.IntegerField(verbose_name='全网排名')
    platform = models.CharField(max_length=100,default='',verbose_name='播出平台')
    star = models.CharField(max_length=200,verbose_name='明星')
    review = models.TextField(max_length=500,null=True,verbose_name='简介')
    is_hot = models.BooleanField(choices=Hot,default=False,verbose_name='是否热门')
    is_recommended = models.BooleanField(choices=Recommend,default=False,verbose_name='是否推荐')
    image = models.ImageField(upload_to='variety', verbose_name='图片', null=True)

    class Meta:
        db_table = 'variety'
        verbose_name = '综艺管理'
        verbose_name_plural = '综艺管理'

    def __str__(self):
        return self.variety_name

class Video(models.Model):
    # 视频信息
    id = models.AutoField(primary_key=True)
    title = models.CharField(max_length=100,verbose_name='标题')
    desc = models.CharField(max_length=255,verbose_name='描述',default='')
    image = models.ImageField(upload_to='video', verbose_name='图片', null=True)
    video_url = models.CharField(max_length=300,verbose_name='视频链接')
    release_date = models.DateField(verbose_name='上映日期')
    # 关联 variety 表
    variety = models.ForeignKey(Variety,on_delete=models.CASCADE,related_name='video',verbose_name='所属综艺')

    class Meta:
```

```
        db_table = 'video'
        verbose_name = '视频管理'
        verbose_name_plural = '视频管理'

    def __str__(self):
        return self.title

class Slide(models.Model):
    # 幻灯片
    id = models.AutoField(primary_key=True)
    title = models.CharField(max_length=100,verbose_name='名称')
    desc = models.CharField(max_length=100,verbose_name='描述',default='')
    ranking = models.IntegerField(verbose_name='排序')
    image = models.ImageField(upload_to='slide', verbose_name='图片', null=True)
    jump_url = models.CharField(max_length=255,verbose_name='链接地址',default='')
    created_date = models.DateTimeField(auto_now_add=True, verbose_name='创建时间')
    modified_date = models.DateTimeField(auto_now=True, null=True, blank=True, verbose_name='更新时间')

    class Meta:
        db_table = 'slide'
        verbose_name = '幻灯片管理'
        verbose_name_plural = '幻灯片管理'

    def __str__(self):
        return self.title
```

5.5.3 数据表关系

本项目有一组主要的数据表关系，一个综艺节目（variety 表）对应多个综艺视频（video 表），它们之间是一对多的关系，每个 video 表中的 variety_id 字段都对应着 variety 表中的 id 字段。variety 表与 video 表之间的关系如图 5.5 所示。

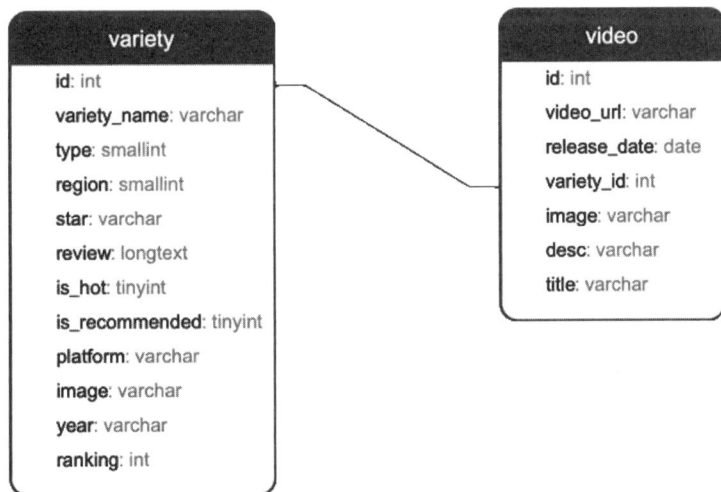

图 5.5 主要表关系

5.6 前台首页设计

前台首页是网站的门面，页面设计要简洁，并且展示重要信息。在本项目中，首页内容包括头部信息、导航栏分类信息、幻灯片信息、正在热播的综艺信息和重磅推荐信息等内容。本节重点介绍如何在首页中展示正在热播的综艺信息和重磅推荐信息，前台首页中的热播综艺和重磅推荐效果如图 5.6 所示。

图 5.6　热播综艺和重磅推荐的运行效果

5.6.1　后端设计

由于网站的综艺信息和视频信息较多，不可能全部展示在首页，所以，在本项目的前台首页设置了热播综艺和重磅推荐两个栏位，这两个栏位显示的内容是由管理员在后台设置的。在 variety 表中，is_hot 字段对应热播综艺栏位，is_recommended 对应重磅推荐栏位，取值内容如下：

☑　is_hot：值为 0，表示非热播综艺；值为 1，表示热播综艺。

☑　is_recommended：值为 0，表示不推荐；值为 1，表示推荐。

在 variety\views.py 文件中定义一个 index() 视图函数，实现首页的热播综艺和重磅推荐功能，在该函数中，首先根据 filter(is_hot =True) 筛选条件获取最多 12 条热门综艺，并且使用 order_by() 方法根据时间进行降序排列；接下来通过 variety 表和 video 表的一对多关系，获取该综艺下的所有视频，并选择最后一个视频信息。而推荐综艺的筛选条件为 filter(is_recommended=True)。最后需要将获取的数据通过 render() 方法渲染到前台首页中（variety\templates\index.html）并进行显示。关键代码如下：

```python
def index(request):
    """
    首页
    """
    # 获取幻灯片
    slide = Slide.objects.order_by('ranking')[:10]
    # 热门综艺
    hot_variety = Variety.objects.filter(is_hot=True).order_by("-year")[:12]
    hot = []
    for item in hot_variety:
        last = item.video.all().last()
        if last:
            hot.append(last)
    # 推荐综艺
    recommend_variety = Variety.objects.filter(is_recommended=True).order_by("-year")[:12]
    recommend = []
    for item in recommend_variety:
        last = item.video.all().last()
        if last:
            recommend.append(last)
    return render(request, 'index.html', {'slide':slide,'hot':hot,'recommend':recommend,
                    'type':Type[:8],'region': Region, })
```

5.6.2 前端设计

variety\templates\index.html 为前台首页模板页，在该页面中，item 对象表示获取到的每一个视频信息，另外，由于在数据模型中设置了综艺与视频的一对多关系，所以，可以通过 item.variety 属性获取 variety 对象，然后再通过该对象获取对应的综艺信息并进行显示，包括综艺的名称、期数等。关键代码如下：

```html
<div class="m-rebo p-mod" id="js-rebo">
    <div class="p-mod-title">
        <span class="p-mod-label">正在热播</span>
    </div>
    <div class="content">
        <ul class="rebo-list w-newfigure-list g-clear js-list">
            {% for item in hot %}
                <li title='{{item.variety.variety_name}}' >
                    <a href="{% url 'detail' id=item.variety.id %}"
                        data-url='{{item.video_url}}' data-specialurl='' class='js-link'>
                        <div class='w-newfigure-imglink g-playicon js-playicon'>
                            <img src='/media/{{item.image}}'
                                alt='{{item.variety.variety_name}}'/>
                            <span class='w-newfigure-hint'>{{item.release_date}}期</span>
                        </div>
                        <div class='w-newfigure-detail'>
                            <p class='title g-clear'>
                                <span class='s1' style="padding-left:8px">
                                    {{item.variety.variety_name}}</span></p>
                            <p class='w-newfigure-desc' style="padding-left:8px">
                                {{item.title}}</p>
                        </div>
                    </a></li>
            {% endfor %}
        </ul>
    </div>
</div>
<div class="p-mod-title">
    <span class="p-mod-label">重磅推荐！</span>
</div>
<div class="content">
    <ul class="rebo-list w-newfigure-list g-clear js-list">
        {% for item in recommend %}
        <li title='{{item.variety.variety_name}}' >
            <a href="{% url 'detail' id=item.variety.id %}"
                data-url='{{item.video_url}}' data-specialurl='' class='js-link'>
                <div class='w-newfigure-imglink g-playicon js-playicon'>
                    <img src='/media/{{item.image}}'
                        alt='{{item.variety.variety_name}}'/>
                    <span class='w-newfigure-hint'>{{item.release_date}}期</span></div>
                <div class='w-newfigure-detail'>
                    <p class='title g-clear'>
                        <span class='s1' style="padding-left:8px">
                            {{item.variety.variety_name}}</span></p>
                    <p class='w-newfigure-desc' style="padding-left:8px">
                        {{item.title}}</p>
                </div>
            </a></li>
        {% endfor %}
    </ul>
</div>
```

5.7 综艺详情页设计

在综艺之家网站的首页，单击综艺名称或综艺图片即可进入到综艺详情页。综艺详情页是对综艺信息的详细描述，包括综艺名称、图片、上映时间、发布平台、综艺介绍，以及该综艺下的所有视频信息。此外，当用户单击综艺详情页后，还需要记录用户的浏览记录信息。综艺详情页的运行效果如图 5.7 所示。

图 5.7　综艺详情页运行效果

5.7.1　后端设计

在 variety\views.py 文件中定义一个 detail()视图函数，实现综艺详情页功能，在该函数中，首先接收一个参数综艺 id，该参数是唯一的，通过它可以获取综艺节目信息。如果接收的综艺 id 在 variety 综艺表中不存在，则返回 404 页面。接下来，为了记录浏览信息，设置一个名为 variety_cookies 的 Cookie，首次访问时，该值为空字符串，需要将综艺 id 写入到 variety_cookies 中；再次访问时，将原有综艺 id 删除，并将当前的综艺 id 写入到第一个位置。最后渲染 detail.html 模板页。关键代码如下：

```
def detail(request, id):
    """
    详情页
    :param request:
    :param id: 综艺 id
    :return:
    """
    try:
        variety = Variety.objects.get(pk=id) # 根据 id 获取对象
        # 实现浏览记录功能
        cookies = request.COOKIES.get('variety_cookies','')
        if cookies == '':
            # 第一次浏览综艺详情，本地还没有生成综艺的 cookie 信息，
            # 直接将这个综艺的 id 存到 cookie。
            cookies = str(id)+';'            # '1;2;3;'
        elif cookies != '':
            # 说明不是第一次浏览综艺详情，本地已经存在综艺的 cookie 信息；
            # 从'1;2;3;'这个 cookie 字符串中，取出每一个综艺的 id
            variety_id_list = cookies.split(';')    # ['1','2','3']
            if str(id) in variety_id_list:
                # 说明当前这个商品记录已经存在，将这个记录从 Cookie 中删除
```

```
            variety_id_list.remove(str(id))
            variety_id_list.insert(0,str(id))
            if len(variety_id_list) >= 6:
                variety_id_list = variety_id_list[:5]
            cookies = ';'.join(variety_id_list)
    except Variety.DoesNotExist:          # 如果不存在，返回 404 页面
        return render(request, '404.html')
    response = render(request,'detail.html', {'variety': variety,'region':Region,'year':Year,'type':Type})
    response.set_cookie('variety_cookies', cookies)
    return response
```

5.7.2 前端设计

variety\templates\detail.html 为综艺详情模板页，该页面分为两部分，第一部分是获取综艺信息，直接通过 vareity 对象的属性即可获取基本信息，但是对于更新时间这个栏位，需要使用 variety.video.all 对象获取全部视频，然后再获取最后一个视频对象的发布日期属性，即 variety.video.all.last.release_date。第二部分是获取该综艺下的所有视频，由于 variety 表和 video 表的一对多关系，可以使用 variety.video.all.values 获取所有的 video 对象，然后再遍历每一个 video 对象，获取相应的视频属性。关键代码如下：

```html
<div data-block="tj-info" class="top-info">
    <div class="top-info-title g-clear">
        <div class="title-left g-clear">
            <h1>{{variety.variety_name}}</h1>
            <p class="tag">更新至{{variety.video.all.last.release_date}}期</p>
            <a href="#" class="rank" data-block="tj-排行"
                monitor-shortpv-c-sub="tab_排名">全网综艺排名第{{variety.ranking}}名</a>
            <img src="https://p4.ssl.qhimg.com/t01460566f2d9f59a1b.png" />
        </div>
        <div class="s-title-right">
        </div>
    </div>
    <div id="js-desc-switch" class="top-info-detail g-clear">
        <div class="base-item-wrap g-clear">
            <p class="item item42"><span class="cat-title">类型：</span>
                {% for item in type %}
                    {% if item.0 == variety.type %}
                        {{item.1}}
                    {% endif %}
                {% endfor %}
            </p>
            <p class="item item41"><span>年代：</span>{{variety.year}}年</p>
            <p class="item item41"><span>地区：</span>
                {% for item in region %}
                    {% if item.0 == variety.region %}
                        {{item.1}}
                    {% endif %}
                {% endfor %}
            </p>
            <p style='clear:both'></p>
            <p class="item item41"><span>播出：</span>{{variety.platform}}</p>
            <p class="item item44 item-actor">
                <span>明星：</span>
                {{variety.star}}
            </p>
        </div>
        <div class="item-desc-wrap g-clear js-open-wrap"><span>简介：</span>
            <p class="item-desc">{{variety.review}}
            </p></div>
    </div>
</div>
<div data-block="tj-juji" class="juji-main-wrap">
    <ul class="list w-newfigure-list g-clear">
        {% for item in variety.video.all.values %}
            <li title="{{item.title}}">
                <a href="{{item.video_url}}" data-url="{{item.video_url}}"
```

```
data-specialurl="" data-daochu="to=qiyi" class="js-link">
    <div class="w-newfigure-imglink g-playicon js-playicon">
        <img src="/media/{{item.image}}"
            data-src="/media/{{item.image}}" alt="{{item.title}}">
        <span class="w-newfigure-hint">{{ item.release_date }}期</span>
    </div>
    <div class="w-newfigure-detail">
        <p class="title g-clear">
            <span class="s1">
                {% if item.desc %}
                    {{ item.desc }}
                {% else %}
                    {{ item.title }}
                {% endif %}
            </span>
        </p>
    </div>
</a>
            </li>
        {% endfor %}
    </ul>
</div>
```

5.8 搜索功能模块设计

为了快速查找想要观看的综艺信息，可以使用顶部导航栏的搜索功能。在搜索文本框中输入关键字，然后单击"全网搜"按钮，即可搜索所有包含该关键字的综艺信息。本项目在实现综艺信息的搜索功能时，使用了模糊查询，即通过 MySQL 中的 like 关键字结合"%"匹配所有综艺名称，如果匹配成功，则获取搜索的综艺信息；否则，提示搜索内容不存在。例如，在前台首页的顶部输入搜索关键字，如"明眸皓齿"，单击"全网搜"按钮，将显示如图 5.8 所示的效果；否则，提示综艺不存在，运行效果如图 5.9 所示。

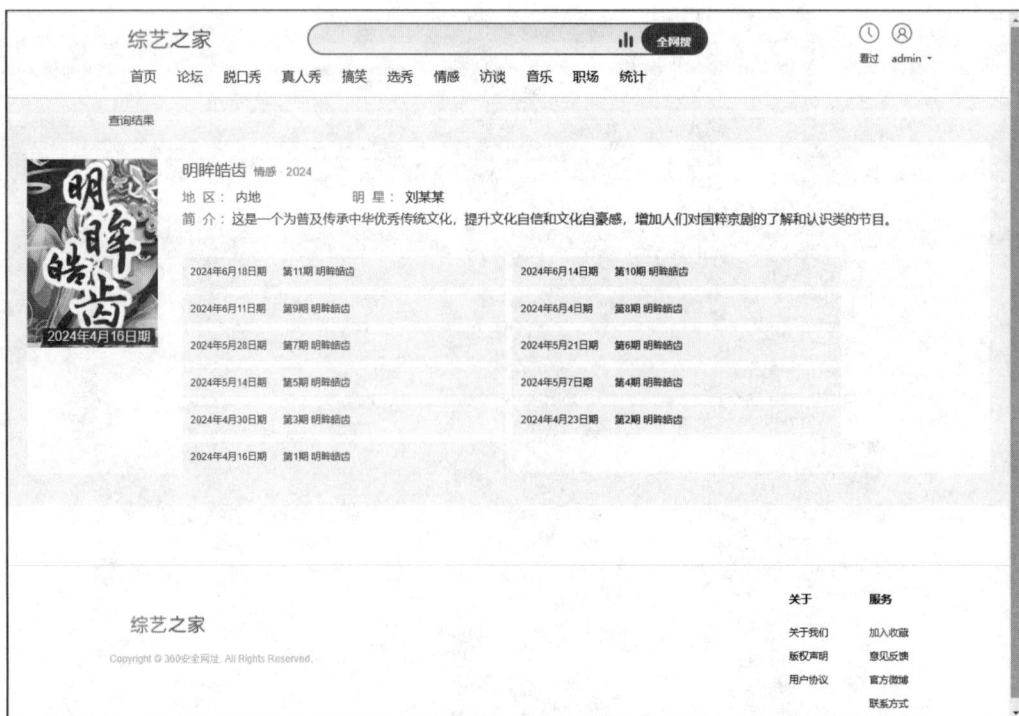

图 5.8 显示搜索结果

图 5.9 搜索结果不存在时的运行效果

5.8.1 后端设计

在 variety\views.py 文件中定义一个 search()视图函数，实现综艺搜索功能，在该函数中，接收关键字 keyword，然后使用 filter()方法中的"字段名+_contains"参数查询所有综艺名字中包含关键字的 variety 对象。由于查询结果可能很多，所以使用 Paginator 对象实现分页。最后渲染 search.html 模板页。关键代码如下：

```python
def search(request):
    keyword = request.GET.get('keyword', '')
    variety_list = Variety.objects.filter(variety_name__contains=keyword)
    # 分页效果
    paginator = Paginator(variety_list, 8)
    page_number = request.GET.get('page')
    page_obj = paginator.get_page(page_number)
    page_range = paginator.page_range
    return render(request, 'search.html', {'keyword': keyword, 'page_obj': page_obj,
                'page_range': page_range,'region':Region,'type':Type})
```

5.8.2 前端设计

variety\templates\search.html 为综艺搜索模板页，在该页面中，使用{% if %}标签判断搜索内容是否存在，如果存在，则使用{% for %}标签遍历每一个综艺，并展示综艺信息和该综艺下的视频信息。关键代码如下：

```html
<div class="p-body g-clear js-logger">
    {% if not page_obj %}
    <span style="font-size:20px">
        您搜索的名字不存在，换一个名字试试！
    </span>
    {% else %}
    {% for variety in page_obj %}
        <div >
        <div class="m-mainpic">
            <a href="{% url 'detail' id=variety.id %}"
                title="{{variety.variety_name}}">
                <img src="/media/{{ variety.image }}" />
                <span>{{variety.video.all.values.last.release_date}}期</span>
            </a>
        </div>
        <div class="cont" style="width:80%">
            <h3 class="title">
            <a href="{% url 'detail' id=variety.id %}" >
                <b>{{ variety.variety_name }}</b>
            </a>
            <span class="playtype">
                {% for item in type %}
                    {% if item.0 == variety.type %}
                        {{item.1}}
                    {% endif %}
                {% endfor %}
                ·{{variety.year}}</span>
            <div class="m-score"></div>
            </h3>
```

```
<ul class="index-zongyi-ul g-clear" style="padding:0px">
    <li class='area'><b>地  区  : </b>
        {% for item in region %}
            {% if item.0 == variety.region %}
            <span>{{item.1}}</span>
            {% endif %}
        {% endfor %}
    </li>
    <li class='director'><b>明  星  : </b>
        {{ variety.star }}
    </li>
</ul>
<div class="m-description">
    <p><i>简  介 : </i>
        {{ variety.review }}
    </p>
</div>
<div class="index-zongyi-tabview js-zongyi-tabview">
    <div class="views js-zongyi-views">
        <div>
            {% for item in variety.video.all.values %}
            <a href="{{item.video_url}}" title="{{ item.title }}">
                <span class="data" style="width:105px">
                    {{ item.release_date }}期</span>
                <span class="name">{{ item.title }}</span>
            </a>
            {% endfor %}
        </div>
    </div>
</div>
</div>
</div>
{% endfor %}
{% endif %}
</div>
```

5.9 分类功能模块设计

综艺节目根据类型可以划分为"真人秀""脱口秀""选秀""情感""音乐"等。为了方便用户查找同一类型的综艺，本项目提供了分类筛选功能。例如，在综艺之家网站的前台首页中，单击导航栏中的"情感"超链接，即可进入到分类功能页面，并展示"情感"类的综艺，运行效果如图5.10所示。

图 5.10 分类筛选页面的效果

5.9.1　后端设计

本项目中的综艺分类筛选条件可以分为如下 3 类：

☑　排序：最近热映，热门排行。

☑　类型：全部，脱口秀，真人秀，搞笑等。

☑　地区：国内，欧美，其他等。

在筛选时，这 3 个分类属于"并且"关系，即筛选的结果需要同时满足 3 个筛选条件才会被显示，可以通过 URL 中的参数设置分类的条件。在分类页面中，一个完整的 URL 示例如下：

```
http://127.0.0.1:8000/lists/?tag=2&page=1&region=0&ranking=rank_order
```

具体实现时，需要重点关注"？"后的参数，tag 表示类型，region 表示地区，ranking 表示排序，page 表示页码。通过获取这几个参数，就能确定最终的筛选条件。

在 variety\views.py 文件中定义一个 lists()视图函数，实现分类功能，在该函数中，首先获取 3 个分类变量，然后加入 condition_dict 字典中，接下来使用 filter(**condition_dict)进行多条件筛选，并结合 Paginator 实现分页功能。最后渲染 lists.html 模板页。关键代码如下：

```python
def lists(request):
    # 获取参数
    tag = request.GET.get('tag', '全部')
    region = request.GET.get('region', '全部')
    ranking = request.GET.get('ranking', '最近热映')
    condition_dict = {}                              # 筛选条件字典
    if tag != '全部':                                 # 筛选类型
        condition_dict['type'] = tag
    if region != '全部':                              # 筛选地区
        condition_dict['region'] = region
    if ranking == 'rank_hot':                        # 筛选热门综艺，后台设置是否热门
        condition_dict['is_hot'] = True
        variety_list = Variety.objects.filter(**condition_dict)
    else:  # 根据排名进行排序
        variety_list = Variety.objects.filter(**condition_dict).order_by('ranking')
    # 分页功能实现
    paginator = Paginator(variety_list, 14)          # 设置每页显示条数
    page_number = request.GET.get('page')            # 获取当前页面
    page_obj = paginator.get_page(page_number)       # 获取分页对象
    page_range = paginator.page_range                # 分页迭代对象
    return render(request, 'lists.html', {'type':Type,'region': Region, 'page_obj': page_obj, 'page_range': page_range})
```

5.9.2　前端设计

variety\templates\list.html 为综艺分类模板页，在该页面中，使用{% for %}标签遍历获取每一个 variety 对象，然后获取对应的属性。关键代码如下：

```html
<div data-channel="zongyi">
    <div class="filter-container" >
        <div class="s-filter">
            <dl class="s-filter-item g-clear">
                <dt class="type">排序</dt>
                <dd class="item g-clear js-filter-content">
                    <a class="ranking" href="javascript:;"
                        data-ranking='rank_hot' >最近热映</a>
                    <a class="ranking"  href="javascript:;"
                        data-ranking='rank_order'> 热门排行 </a>
                </dd>
            </dl>
            <dl class="s-filter-item js-s-filter">
                <dt class="type">类型</dt>
                <dd class="item g-clear js-filter-content">
                    <a class="tag" href="javascript:;" data-tag="全部">全部 </a>
```

```html
                            {% for item in type %}
                                <a class="tag" href="javascript:;" data-tag="{{ item.0 }}">
                                    {{ item.1 }}
                                </a>
                            {% endfor %}
                        </dd>
                    </dl>
                    <dl class="s-filter-item js-s-filter">
                        <dt class="type">地区</dt>
                        <dd class="item g-clear js-filter-content">
                        <a class="region" href="javascript:;" data-region="全部">全部</a>
                            {% for item in region %}
                                <a class="region" href="javascript:;"
                                    data-region="{{ item.0 }}">
                                    {{ item.1 }}
                                </a>
                            {% endfor %}
                        </dd>
                    </dl>
                </div>
            </div>
            <div class="js-tab-container" data-block="tj-list" >
                <div class="s-tab">
                    <div class="s-tab-main">
                        <ul class="list g-clear js-list">
                            {% for variety in page_obj %}
                                <li class="item">
                                    <a class="js-tongjic"
                                        href="{% url 'detail' id=variety.id %}" >
                                        <div class="cover g-playicon">
                                            <img src="/media/{{variety.image}}">
                                            <div class="mask-wrap">
                                                <span class="hint">
                                                    {% if   variety.video.all.last.release_date %}
                                                        {{variety.video.all.last.release_date}}期
                                                    {% endif %}
                                                </span>
                                            </div>
                                        </div>
                                        <div class="detail">
                                            <p class="title g-clear">
                                                <span class="s1">{{variety.variety_name}}</span>
                                            </p>
                                            <p class="star">{{variety.video.all.last.title}}</p>
                                        </div>
                                    </a>
                                </li>
                            {% endfor %}
                        </ul>
                    </div>
                </div>
            </div>
```

以上只是根据分类条件获取对象。当单击分类右侧的名称时，筛选条件发生改变，此时需要保证其余的条件不变。例如，当前的筛选条件为"排序：热门排行；类型：脱口秀；地区：内地；页码：2"，当单击类型"真人秀"时，只有类型发生变化，而其他条件保持不变，即筛选条件为"排序：热门排行；类型：真人秀；地区：内地；页码：2"。为了实现以上功能，需要在 variety\templates\list.html 文件中添加如下 JavaScript 代码：

```javascript
<script>
$(".tag , .region , .ranking").each(function () {
    $(this).click(function () {
        class_name = $(this).attr('class');
        var data_tag = $(this).data(class_name);
        matchUrl(class_name,data_tag);
    });
```

```
});
// 添加选中样式
$(document).ready(function(){
    // 清除原来选中的选项
    $(".on").removeClass("on");
    // 获取 tag 值，默认为"all"
    var tag =  getUrlParam('tag') ? getUrlParam('tag') : '全部';
    var region = getUrlParam("region") ? getUrlParam("region") : '全部';
    var ranking = getUrlParam("ranking") ? getUrlParam("ranking") : 'rank_hot';
    // 为 tag 添加选中样式
    console.log(tag)
    $(".tag , .region , .ranking").each(function(){
        if($(this).data('tag') == tag){
            $(this).addClass("on");
        }
        if($(this).data('region') == region){
            $(this).addClass("on");
        }
        if($(this).data('ranking') == ranking){
            $(this).addClass("on");
        }
    });
});
</script>
```

5.10 可视化图表模块设计

正所谓一图胜千言，使用图表可以更直观地展示项目中的综艺信息数据。例如，每种类型的综艺占比，所有平台的综艺节目数量占比等。启动项目，在前台首页的导航栏上单击"统计"超链接，将显示所有类型节目数量占比饼状图，运行效果如图 5.11 所示，在下拉列表中选择"所有平台播出节目数量占比"选项，将显示所有平台播出节目数量占比的饼状图，运行效果如图 5.12 所示。

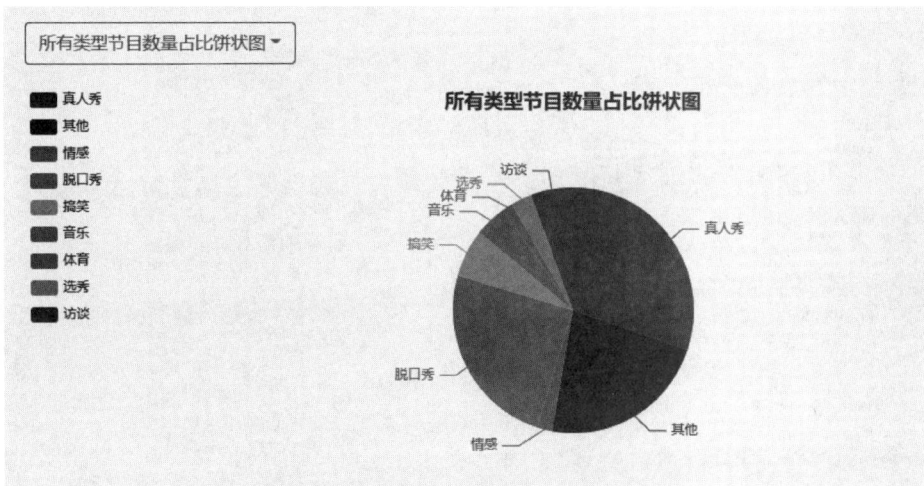

图 5.11　所有类型节目占比饼状图运行效果

5.10.1 后端设计

在 variety\views.py 文件中定义一个 chart()视图函数，在该函数中，首先接收 type 参数，通过 type 参数的值，判断要显示的图表内容；接下来使用 cursor.execute()方法执行 SQL 语句，在 SQL 语句中，主要使用 group by 进行分组统计，并使用 as 关键字为返回的字段设置别名，方便后面整合数据。另外，使用自定

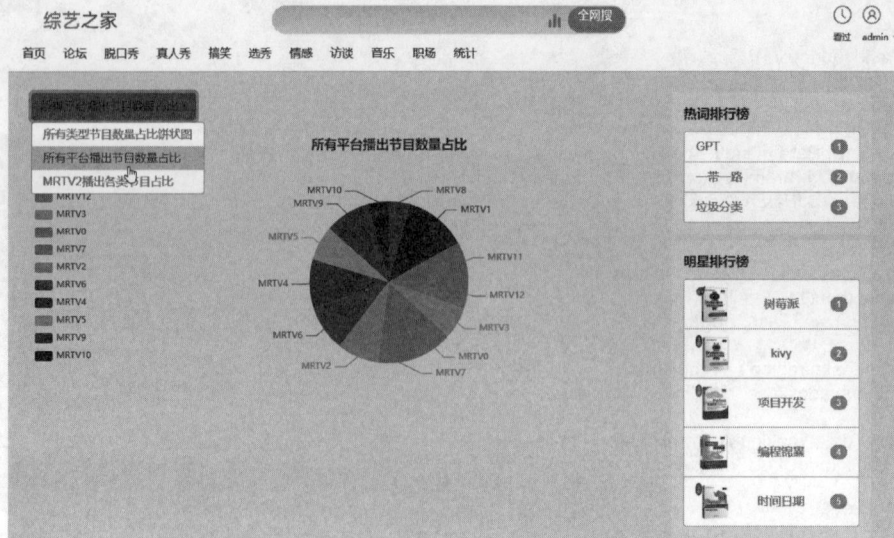

图 5.12　所有平台播出节目数量占比饼状图运行效果

义函数 ditcfetchall()将输出的列表类型数据转换为字典类型数据，使用 transfor_type()函数将数字转化为对应的文字，例如 type 为 1，则转换为真人秀。最后，使用 JsonResponse()函数将获取到的数据转化为 JSON 格式数据返回。关键代码如下：

```python
def dictfetchall(cursor):
    "将获取到的行数据以字典方式展示"
    desc = cursor.description
    return [
        dict(zip([col[0] for col in desc], row))
        for row in cursor.fetchall()
    ]
def transfor_type(data):
    "将类型由数字转化为名称"
    l = []
    for i in data:
        for j in Type:
            if i['name'] == j[0]:
                l.append({'name':j[1],'value':i['value']})
    return l
def chart(request,type):
    "生成图表数据"
    data = {}
    cursor = connection.cursor()
    if type == 'all-platforms':    # 所有平台综艺占比
        cursor.execute("select platform as name,count(*) as value from variety
                        where platform != '' group by platform")
        variety = dictfetchall(cursor)
        data['data'] = variety
    elif type == 'all-categories':      # 所有类型综艺占比
        cursor.execute("select type as name,count(*) as value from variety group by type")
        variety = dictfetchall(cursor)
        data['data'] = transfor_type(variety)
    # 返回 JSON 格式数据
    return JsonResponse(data)
```

返回的 JSON 格式数据示例如下：

```python
# 示例数据
data['data'] = [
    {'value':235, 'name':'视频广告'},
    {'value':274, 'name':'联盟广告'},
    {'value':310, 'name':'邮件营销'},
```

```
        {'value':335, 'name':'直接访问'},
        {'value':400, 'name':'搜索引擎'}
]
```

说明

在获取数据时并没有使用 Django 自带的 ORM，而是使用了原生的 SQL 语句，因为当筛选的条件比较复杂时，使用 ORM 编写 SQL 比较麻烦，而且可读性不好。

接下来，在 variety\urls.py 文件中设置路由，代码如下：

```
path('chart/<type>',views.chart,name='chart'),
```

5.10.2 前端设计

本项目使用流行的开源可视化图表库 Echarts 和 Ajax 更直观地展示相关的图表信息，具体实现时，首先打开展示图表信息的模板文件 variety\templates\statistics.html，在该文件中，通过 JavaScript 的 click 单击事件实现图表切换，然后使用 Ajax 发送 get 请求，请求地址的 URL 为 http://127.0.0.1:8000/chart/，最后将请求返回的 JSON 数据填充到 Echart 中 series 对象的 data 属性。关键代码如下：

```html
<div class="col-9">
    <div class="dropdown" style="padding-bottom:20px">
        <a href="#" role="button" id="dropdownMenuLink" >
            类型
        </a>
        <ul class="dropdown-menu" aria-labelledby="dropdownMenuLink">
            <li><a class="dropdown-item type" href="#" id="all-categories">
                所有类型节目数量占比饼状图</a></li>
            <li><a class="dropdown-item type" href="#" id="all-platforms">
                所有平台播出节目数量占比</a></li>
            <li><a class="dropdown-item type" href="#" id="MRTV2">
                MRTV2 播出各类节目占比</a></li>
        </ul>
    </div>
    <!-- 展示图表 -->
    <div id="main" style="width: 1000px;height:400px;"></div>
</div>

<script src="/static/variety/js/jquery.js"></script>
<script src="https://cdn.bootcdn.net/ajax/libs/echarts/4.7.0/echarts-en.common.js"></script>
<script>
    // 自动加载时，执行单击事件
    $(document).ready(function(){
        $('#all-categories').click();
    });
    //点击事件
    $('.type').click(function(){
        words = $(this).text()
        id = $(this).attr('id')
        $('#dropdownMenuLink').html(words)
        $(".shows").hide()
        $("."+id).show()
        var myChart = echarts.init(document.getElementById('main'));
        // 显示标题，图例和空的坐标轴
        myChart.setOption({
            title: {
                text: words,
                left: 'center'
            },
            tooltip: {
                trigger: 'item'
            },
            legend: {
```

```
                orient: 'vertical',
                left: 'left',
            },
            series : [
                {
                    type: 'pie',
                    radius: '55%',
                    data:[]
                }
            ]
    })
    url = '/chart/'+id
    console.log(id)
    // 异步加载数据
    $.get(url).done(function (data) {
        console.log(data)
        // 填入数据
        myChart.setOption({
            series: [{
                // 根据名字对应到相应的系列
                name: '销量',
                data: data.data
            }]
        });
    });
})
</script>
```

5.11　论坛模块设计

论坛模块，也可以称为社区，为用户提供相互交流和评论点赞的平台。论坛模块的主要功能包含发帖、回帖和收藏等。本项目使用开源模块 Django-Spirit 实现论坛功能。在综艺之家网站中，将 Django_Spirit 作为一个应用并整合到项目中。具体操作：把 Django-Spirit 的配置文件作为综艺之家项目的配置文件，将 variety 综艺应用添加到 INSTALLED_APPS 配置列表中，这里需要在 config\settings\base.py 文件中进行配置，关键配置代码如下：

```
INSTALLED_APPS = [
    'simpleui',
    'django.contrib.admin',
    'django.contrib.auth',
    'django.contrib.contenttypes',
    'django.contrib.sessions',
    'django.contrib.messages',
    'django.contrib.staticfiles',
    'django.contrib.humanize',

    'spirit.core',
    'spirit.admin',
    'spirit.search',

    'spirit.user',
    'spirit.user.admin',
    'spirit.user.auth',

    'spirit.category',
    'spirit.category.admin',

    'spirit.topic',
    'spirit.topic.admin',
    'spirit.topic.favorite',
    'spirit.topic.moderate',
    'spirit.topic.notification',
    'spirit.topic.private',
    'spirit.topic.unread',
```

```
    'spirit.comment',
    'spirit.comment.bookmark',
    'spirit.comment.flag',
    'spirit.comment.flag.admin',
    'spirit.comment.history',
    'spirit.comment.like',
    'spirit.comment.poll',

    'djconfig',
    'haystack',
    'variety'
]
```

接下来，配置路由文件，关键代码如下：

```
urlpatterns = [
    url(r'^', include('variety.urls')),
    url(r'^forum/', include('spirit.urls')),
    url(r'^admin/', admin.site.urls),
]
```

路由文件配置完成后，即可体验完善的论坛前后台功能。例如，访问 http://127.0.0.1:8000/forum/st/ admin/地址，即可访问 Django_Spirit 的管理后台，后台首页的运行效果如图 5.13 所示。

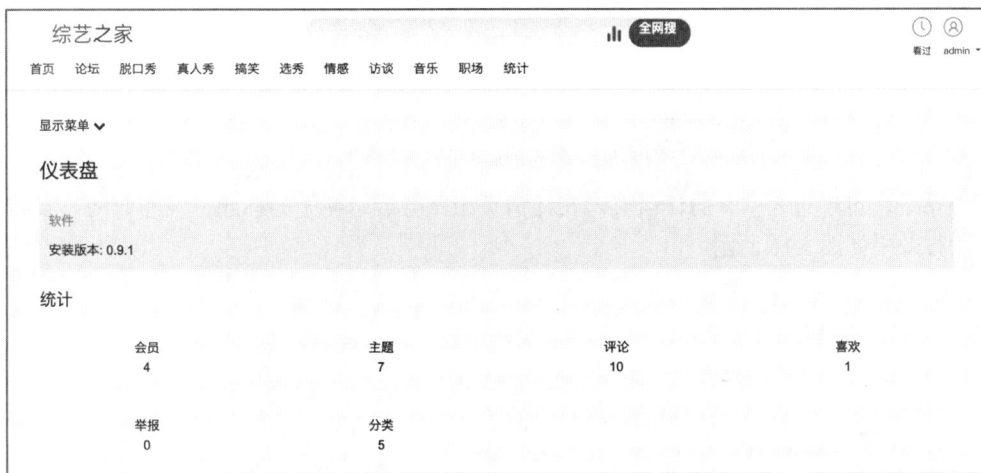

图 5.13　论坛管理后台首页运行效果

论坛管理后台可以设置论坛的基本信息，管理帖子分类、主题、用户、举报信息等。例如，本项目中管理帖子分类的运行效果如图 5.14 所示。

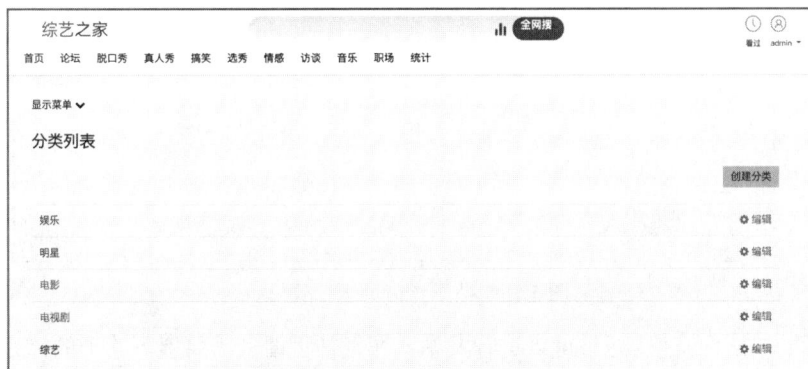

图 5.14　管理帖子分类运行效果

而当访问 http://127.0.0.1:8000/forum/时，可以访问论坛的前台首页。运行效果如图 5.15 所示。

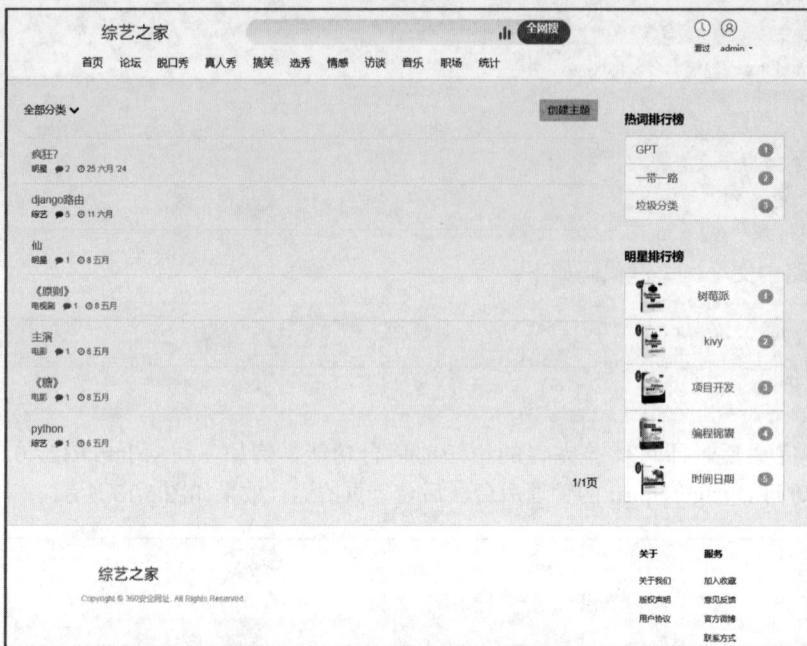

图 5.15　论坛前台首页运行效果

单击某个帖子，可以进入帖子的详情页。在详情页中，会展示帖子的标题、发布时间、发布人、发布的内容等，运行效果如图 5.16 所示。

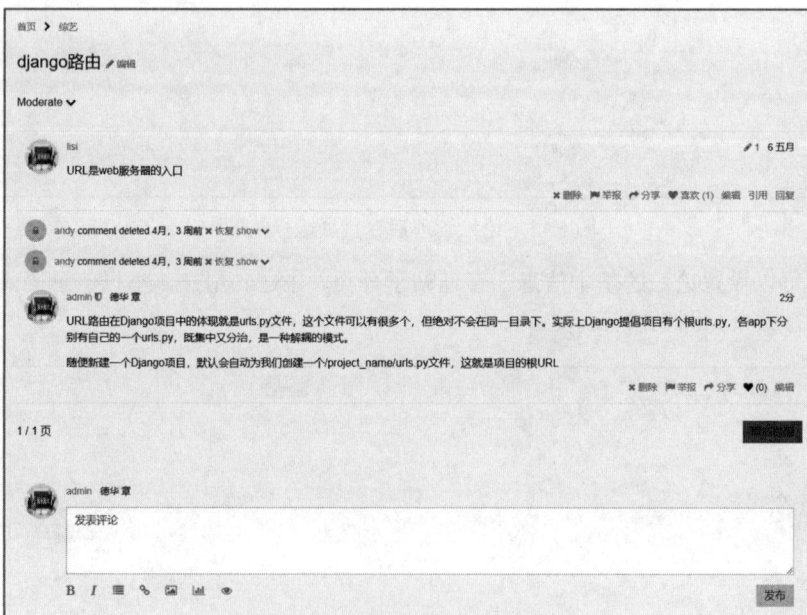

图 5.16　帖子详情页运行效果

在论坛前台首页单击"创建主题"可以进行发帖，在发帖页面，需要填写帖子的标题，选择帖子的分类，用文本编辑器编写帖子的内容，发布帖子的运行效果如图 5.17 所示。

图 5.17　发布帖子页面

5.12　后台管理模块设计

Django 框架自带后台管理系统，使用时，只需要配置几行简单的代码就可以实现一个完整的后台数据管理控制平台。

在 5.5.2 节中，已经创建了数据表模型，Admin 管理后台通过读取模型数据，可以快速构造出一个可以对实际数据进行管理的 Web 站点。关键代码如下：

```
from django.contrib import admin
from variety.models import Variety,Video,Slide,Star,HotWord
class VarietyAdmin(admin.ModelAdmin):
    # 显示列表
    list_display = ('variety_name','type','region','year')
    # 右侧筛选条件
    list_filter = ('region','type')
    # 查询字段
    search_fields = ('variety_name', 'type')
class VideoAdmin(admin.ModelAdmin):
    # 显示列表
    list_display = ('title','release_date')
    # 查询字段
    search_fields = ('variety_name',)
    # 获取视频所属的综艺名
    def get_variety_name(self, obj):
        return obj.variety.variety_name
    # 列名的描述信息
    get_variety_name.short_description = '综艺名'
admin.site.register(Variety,VarietyAdmin)
admin.site.register(Video,VideoAdmin)
```

上述代码创建了 VarietyAdmin 和 VideoAdmin 两个类，它们都继承系统后台模块的 admin.ModelAdmin 类。在这两个类中，只需要定义对应的属性，即可实现相应的功能。例如，list_display 属性用于设置后台列表页显示的字段名和数据，list_fiter 属性用于设置筛选的条件。最后，再使用 admin.site.regiter()方法将数据模型和定义的两个类注册到后台模块。

另外，本项目后台使用了 Django-simpleui 主题，在配置文件中需要配置安装该主题应用的代码。代码如下：

```
INSTALLED_APPS = [
    'simpleui',  # 使用 Django-simpleui 主题
    'django.contrib.admin',
    'django.contrib.auth',
```

启动项目，在浏览器的地址栏中输入 http://127.0.0.1:8000/admin，首先显示登录页面，输入正确的用户名和密码后（如用户名为 admin，密码为 admin），将进入综艺之家网站的后台，在左侧的列表中选择相应的列表项，即可显示对应的功能界面。例如，综艺信息管理列表页如图 5.18 所示，综艺信息编辑页如图 5.19 所示。

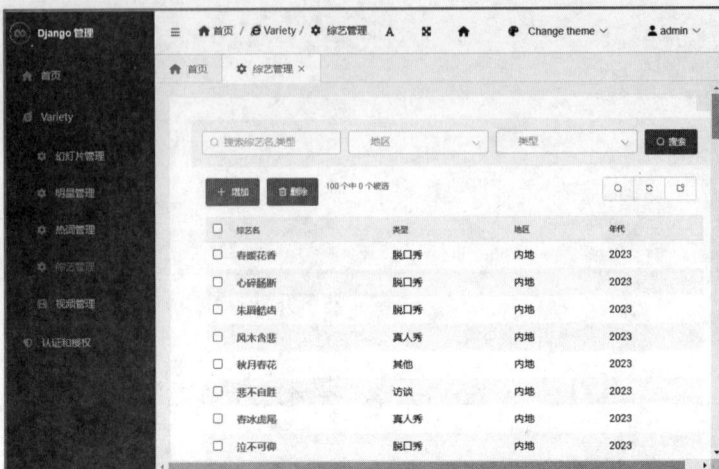

图 5.18　综艺信息管理列表页运行效果

图 5.19　综艺信息编辑页运行效果

5.13　项　目　运　行

前述步骤设计并完成了"综艺之家"项目的开发。下面运行该项目，检验一下我们的开发成果。运行"综艺之家"项目的步骤如下：

（1）打开 config\settings\dev.py 文件，根据自己的 MySQL 数据库账号和密码修改如下代码：

```
DATABASES = {
    'default': {
        'ENGINE': 'django.db.backends.mysql',
        'NAME': 'variety',
        'USER': 'root',
        'PASSWORD': 'root'
    }
} # 数据库基本配置信息
```

（2）打开命令提示符窗口，进入 variety 项目文件夹所在目录，在命令提示符窗口中输入如下命令创建 venv 虚拟环境：

```
virtualenv venv
```

（3）在命令提示符窗口中输入如下命令启动 venv 虚拟环境：

```
venv\Scripts\activate
```

（4）在命令提示符窗口中使用如下命令安装所需的模块：

```
pip install -r   requirements.txt
```

（5）创建数据库。可以使用 MySQL 命令行方式或 MySQL 可视化管理工具（如 Navicat）创建数据库。使用命令行方式如下：

```
create database variety default character set utf8mb4;
```

（6）在命令提示符窗口中执行 variety.py 文件，用于创建数据表及添加默认数据。具体命令如下：

```
SOURCE variety.py
```

（7）在 PyCharm 中打开项目文件夹 variety，在其中选中 manage.py 文件，单击鼠标右键，在弹出的快捷菜单中选择 Modify Run Configuration…菜单项，如图 5.20 所示。

（8）在打开的对话框中，找到 Parameters 下拉列表框，输入 runserver，并且单击 Apply 按钮，如图 5.21 所示。

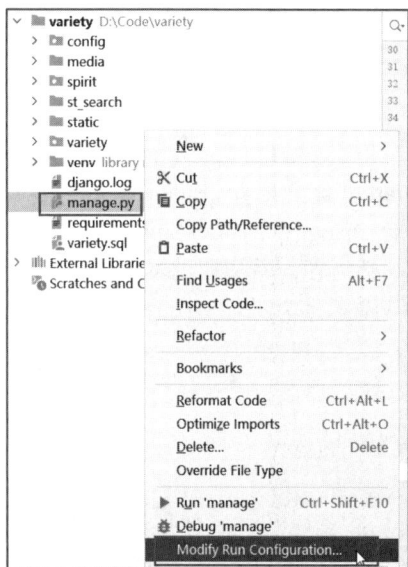

图 5.20　选择 Modify Run Configuration…菜单项

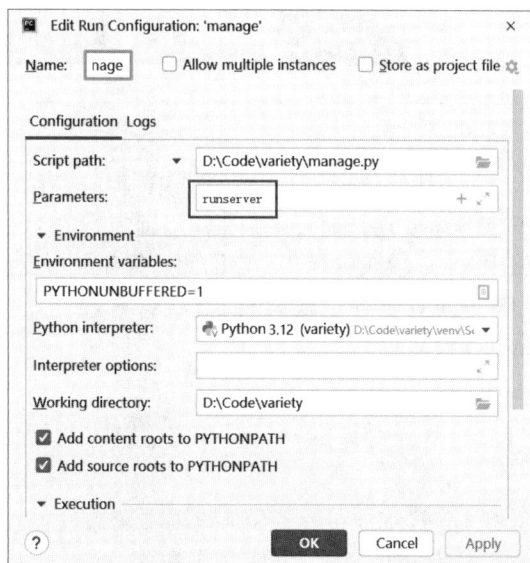

图 5.21　Modify Run Configuration 对话框

（9）单击右上角的运行按钮，运行项目，如果在 PyCharm 底部出现如图 5.22 所示的提示，说明程序运行成功。

```
↑    System check identified 16 issues (0 silenced).
↓
         You have 1 unapplied migration(s). Your project may not work properly until you apply the migrations for app(s): auth.
⇥    Run 'python manage.py migrate' to apply them.
         June 12, 2024 - 19:59:18
⬇    Django version 4.2.13, using settings 'config.settings.dev'
         Starting development server at http://127.0.0.1:8000/
🖶    Quit the server with CTRL-BREAK.
»»
```

图 5.22　程序运行成功提示

（10）在浏览器中输入网址 http://127.0.0.1:8000/即可进入综艺之家网站的首页，效果如图 5.23 所示。在该页面中，可以按类型、地区查看综艺信息和视频，也可以进入论坛讨论节目内容，分享观点等。

图 5.23　综艺之家网站首页

本章主要讲解综艺之家网站的实现过程，其中，前端使用 Bootstrap 以及基于 Vue.js 的 Django-simpleui、Echarts 等技术实现；而后端则采用当前流行的 Python 语言，并结合 Django、Django-Spirit 框架实现。本项目使用 MVC 模式进行开发，因此，每部分功能都是模块化的，灵活方便。希望通过本章的学习，读者可以理解 Django 框架的模块化开发思想，掌握 Django-Spirit 的基本配置技术，并能够结合主流的前端技术进行全栈项目的开发。

5.14　源码下载

虽然本章详细地讲解了如何编码实现综艺之家网站的各个功能，但给出的代码都是代码片段，而非源码。为了方便读者学习，本书提供了完整的项目源码，扫描右侧二维码即可下载。

源码下载

第**3**篇

Node.js+Vue.js 方向

Node.js 以其高效的异步 I/O 处理和事件驱动模型，为后端服务提供了强大的性能支持，适合构建高并发、实时的应用；而 Vue.js 则以其简洁的语法和灵活的组件化开发方式，使前端界面开发更加高效且易于维护。

本篇主要使用 Node.js 技术，并结合 Vue.js 前端技术开发了两个全栈项目，具体如下：

- ☑ 四季旅游信息网。
- ☑ 电影易购 APP。

第6章

四季旅游信息网

——Vue CLI + axios + ElementPlus + Node.js + Express 框架 + MySQL

在当今快节奏的生活中，旅游成为许多人首选的休闲娱乐方式。随着互联网的广泛普及，众多机构积极开发并运营旅游网站，为人们查询旅游信息和预订旅游产品提供了极大的便利。本章将开发一个全栈项目——四季旅游信息网。其中，项目的前端将使用 Vue CLI、axios 和 ElementPlus 等技术实现，后端将使用 Node.js 和 Express 框架等技术实现。此外，本项目使用 MySQL 数据库存储数据。

项目微视频

本项目的核心功能及实现技术如下：

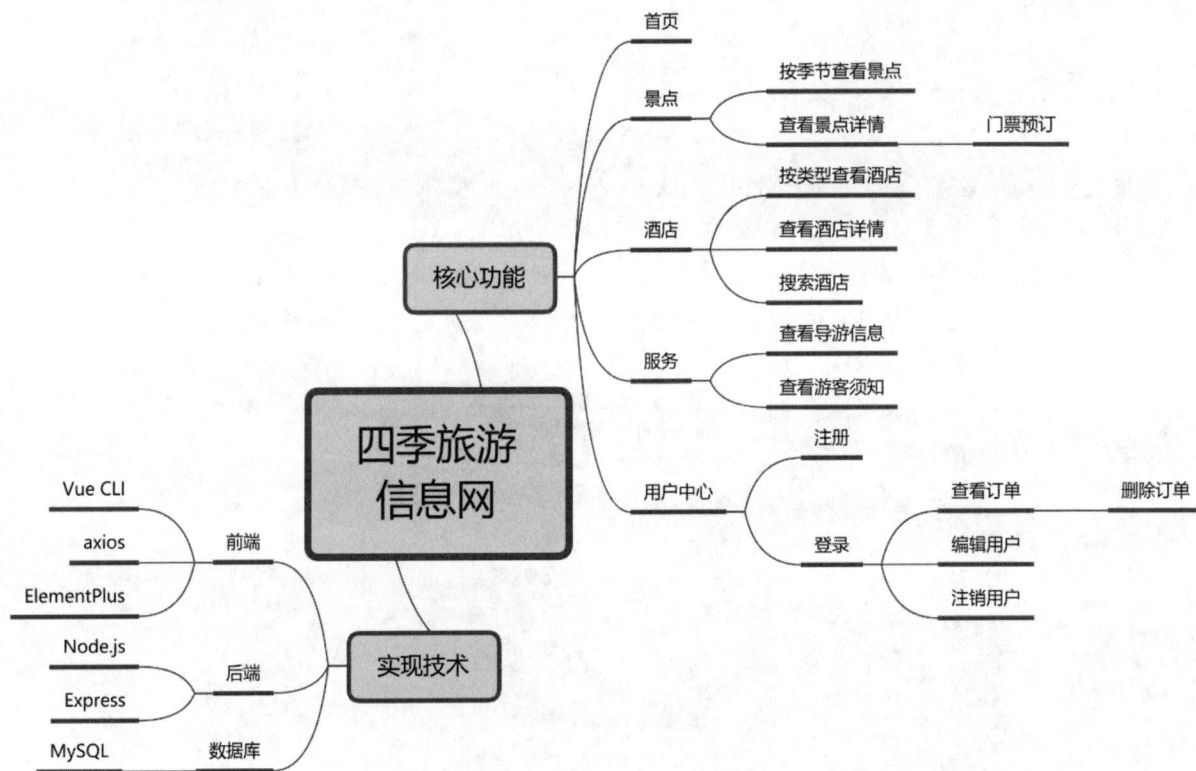

6.1 开发背景

互联网的飞速发展，不仅带来了技术的革新，更引领了一种以信息为核心的全新生活方式。旅游业作为高度依赖信息技术的产业，其基础在于信息的流通与共享，而信息化则成为了推动旅游业发展的强劲动力。随着经济的持续增长和人们生活水平的不断提升，旅游已悄然成为人们生活中不可或缺的一部分。在出游前，游客都会积极搜集目的地的各类旅游信息，如景区景点的位置、活动项目安排，以及交通、住宿等实用信息。因此，为了更有效地利用旅游资源，吸引更多游客前来观光，开发并运营旅游信息网站，为游客提供全方位、一站式的旅游信息服务显得尤为重要。在这样的背景下，本章将开发一个全栈项目，即四季旅游信息网，其实现目标如下：

- ☑ 设计旅游广告轮播图；
- ☑ 按季节查询热门景点；
- ☑ 为各景点设计详情展示；
- ☑ 按酒店类型查询酒店；
- ☑ 为各酒店设计详情展示；
- ☑ 提供酒店搜索功能；
- ☑ 实现游客服务功能；
- ☑ 实现用户注册和登录；
- ☑ 实现用户管理；
- ☑ 实现门票预订功能。

6.2 系 统 设 计

6.2.1 开发环境

本项目的开发及运行环境如下：

- ☑ 操作系统：推荐 Windows 10、11 及以上版本，兼容 Windows7（SP1）。
- ☑ 开发工具：WebStorm。
- ☑ 前端框架：Vue.js 3.0。
- ☑ 后端运行环境与框架：Node.js、Express。
- ☑ 数据库：MySQL 9.0

6.2.2 业务流程

四季旅游信息网由多个页面组成，包括网站首页、热门景点页面、酒店住宿页面、游客服务页面和用户中心页面等。如果用户未注册，或已经注册但是未登录，则可以浏览网站首页、热门景点页面、酒店住宿页面和游客服务页面。用户登录成功之后，除了可以浏览上述页面，还可以实现门票预订和管理用户信息。根据该项目的业务需求，设计如图 6.1 所示的业务流程图。

6.2.3 功能结构

本项目的功能结构已经在章首页中给出，其实现的具体功能如下：

- ☑ 网站首页：提供网站导航、旅游广告轮播图、热门景点图片和酒店住宿图片等内容。
- ☑ 查看景点：分页展示景点主图。按季节对景点进行分类，单击不同的季节展示不同的景点。单击某个景点主图进入该景点的景点详情页面，在景点详情页面展示该景点的详细信息。
- ☑ 查看酒店：分页展示酒店信息。按经济型、舒适型、豪华型等对酒店进行分类，单击不同的类型展示不同的酒店。单击某个酒店名称进入该酒店的酒店详情页面，在酒店详情页面中展示该酒店的详细信息。
- ☑ 搜索酒店：酒店住宿页面提供一个搜索框，在搜索框中输入搜索关键词，单击"搜索"按钮进入酒店搜索结果页面，在该页面中展示酒店名称中包含搜索关键词的所有酒店信息。

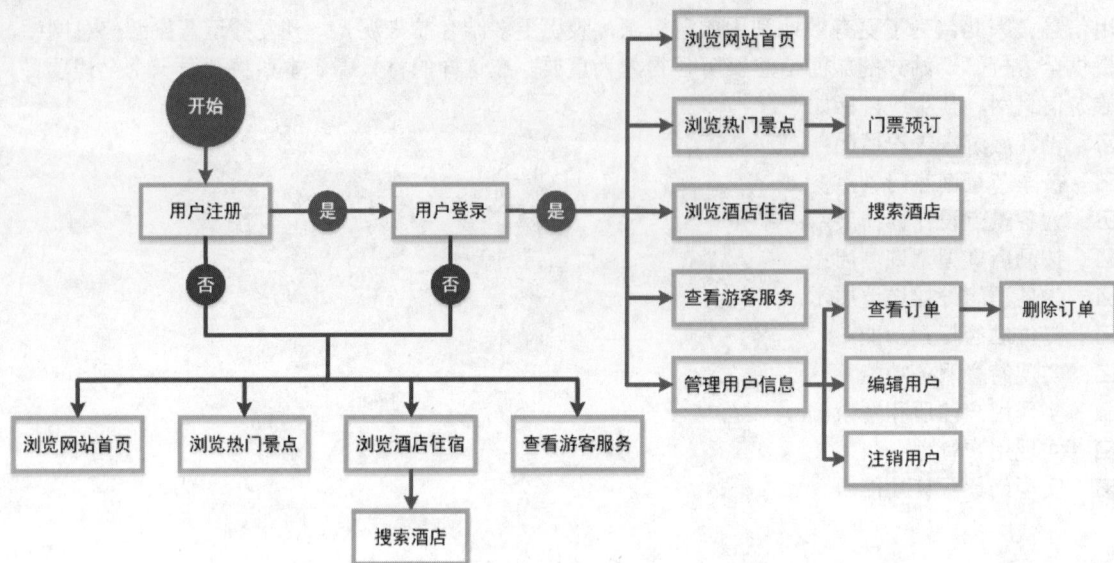

图 6.1　四季旅游信息网的业务流程图

☑ 查看游客服务：在游客服务页面可以查看导游信息和游客须知。
☑ 用户注册：在注册时需要输入用户名、密码、确认密码和邮箱，并验证用户输入的内容是否符合要求。
☑ 用户登录：在登录时需要输入用户名和密码，并验证用户输入的用户名和密码是否正确。
☑ 门票预订：用户登录成功后，在某个景点详情页面单击"门票预订"按钮可以进入该景点的门票预订页面。在门票预订页面中可以选择购买门票的日期、设置购买门票的张数，还提供了新增游客信息的功能。
☑ 查看用户订单：在门票预订页面，单击"提交订单"按钮，或单击用户中心页面中的"用户订单"按钮可以进入查看用户订单页面。该页面展示了当前登录用户的所有订单信息。
☑ 删除订单：在用户订单页面中，可以删除某个订单或批量删除订单。
☑ 编辑用户：在用户中心页面中，单击"编辑用户"按钮可以进入用户编辑页面，该页面提供了编辑当前登录用户信息的功能。
☑ 注销用户：在用户中心页面中，单击"注销用户"按钮可以注销当前登录用户。

6.3　前端技术准备

在开发四季旅游信息网时，前端使用的技术主要有 Vue CLI、axios 和 ElementPlus。下面将对这些知识进行必要介绍，以确保读者可以顺利完成本项目。

6.3.1　Vue CLI

Vue CLI 是一个基于 Vue.js 进行快速开发的完整系统。新版本的 Vue CLI 的包名由原来的 vue-cli 改成了 @vue/cli。Vue CLI 是使用 Node.js 编写的命令行工具，需要进行全局安装。如果想安装它的最新版本，需要在命令提示符窗口中输入如下命令：

```
npm install -g @vue/cli
```

在使用 Vue CLI 创建项目时，可以使用 vue create 命令。例如，创建一个名称是 myapp 的项目，输入

命令如下:

```
vue create myapp
```

执行该命令后即可按照指定步骤完成项目的创建。

6.3.2 axios

axios 是一个基于 Promise 的 HTTP 客户端,可以工作于浏览器中,也可以在 Node.js 中使用。使用 axios 可以实现 Ajax 请求,从而实现本地与服务器端的通信。在项目中使用 axios 时,可以使用 npm 方式进行安装。在命令提示符窗口中输入命令如下:

```
npm install axios --save
```

安装 axios 之后,需要在项目中引入 axios,代码如下:

```
import axios from 'axios'
```

axios 常用的请求方法包括 GET 和 POST 等。GET 请求主要是从服务器上获取数据,传递的数据量比较小。POST 请求主要是向服务器传递数据,传递的数据量比较大。使用 axios 无论发送 GET 请求还是 POST 请求,在发送请求后都需要使用回调函数对请求的结果进行处理。如果请求成功,需要使用.then()方法处理请求的结果;如果请求失败,需要使用.catch()方法处理请求的结果。示例代码如下:

```
axios.get('/book',{
        params:{                              //传递的参数
                type : 'Vue',
                number : 10
        }
}).then(res => {
        console.log(res.data);
}).catch(error => {
        console.log(error);
})
```

注意

这两个回调函数都有各自独立的作用域,如果在定义回调函数时使用了箭头函数,那么在函数内部可以使用 this 关键字直接访问 Vue 实例。如果未使用箭头函数,为了访问 Vue 实例,需要在回调函数的后面添加.bind(this)。

有关 Vue CLI 和 axios 的知识在《Vue.js 从入门到精通》一书中有详细的讲解,对这些知识不太熟悉的读者可以参考该书对应的内容。下面将对 ElementPlus 进行必要介绍,以确保读者可以顺利完成本项目。

6.3.3 ElementPlus

1. ElementPlus 简介

ElementPlus 是一套为开发者、设计师和产品经理准备的基于 Vue 3.0 的组件库,它提供了一系列丰富的组件,用于快速构建高质量的 Vue 应用程序。ElementPlus 是 ElementUI 的升级版本,提供了配套设计资源,可以帮助用户实现网站的快速成型。

2. 安装 ElementPlus

在现有的项目中使用 ElementPlus,可以使用 npm 方式进行安装。安装 ElementPlus 的命令如下:

```
npm install element-plus --save
```

211

3. 使用组件

要使用 ElementPlus 中的组件，需要先引入组件。ElementPlus 组件的引入方式有两种，用户可以根据实际业务需要进行选择。

1）全局引入组件

全局引入组件需要在 main.js 文件中进行设置。采用这种方式时，可以在项目中的任意子组件中使用注册的 ElementPlus 组件。全局引入组件的代码如下：

```
import { createApp } from 'vue'
import App from './App.vue'
import ElementPlus from 'element-plus'
import 'element-plus/dist/index.css'
const app = createApp(App)
app.use(ElementPlus)
app.mount('#app')
```

引入完成后，就可以在项目中使用 ElementPlus 提供的任意组件。

说明

index.css 是 ElementPlus 的样式文件。引入该样式文件后，就可以在页面中正常显示 ElementPlus 组件的样式。

2）按需引入组件

如果只想使用 ElementPlus 中的一小部分组件，可以采用按需引入的方式。例如，在组件中引入 ElementPlus 中的 Button 按钮组件，代码如下：

```
import { ElButton } from 'element-plus';
```

按需引入组件后，如果要想使用这个组件，还需要在 components 选项中进行注册。例如，注册 Button 按钮组件的代码如下：

```
export default {
    components: { ElButton }
}
```

注册后，就可以在模板中使用组件了。例如，在模板中添加一个"提交"按钮，代码如下：

```
<template>
  <el-button>提交</el-button>
</template>
```

ElementPlus 包含大量的组件。在四季旅游信息网中，主要使用 ElementPlus 中的 Form 组件、FormItem 组件、Input 组件、Button 组件、ElMessage 组件和 DatePicker 组件。限于篇幅，本章不对这些组件进行介绍，读者可以查阅相关资料以了解这些知识。

6.4　后端技术准备

在开发四季旅游信息网时，后端使用的技术主要有 Node.js 和 Express 框架。下面将对这些技术知识进行必要介绍，以确保读者可以顺利完成本项目。

6.4.1　Node.js

Node.js 是一个开源的跨平台 JavaScript 运行环境，它允许开发者使用 JavaScript 编写服务器端的应用程序。Node.js 基于 Chrome V8 引擎构建，可以运行在几乎所有的操作系统上，包括 Windows、Linux 和

macOS 等。

1. 核心特性

☑ 事件驱动：Node.js 使用非阻塞 I/O 调用和事件循环机制处理并发请求，这使得它在处理大量连接时非常高效。

☑ 单线程模型：尽管 Node.js 使用单线程处理请求，但是通过异步 I/O 和事件驱动的方式，它可以同时响应大量的客户端请求。

☑ 模块化：Node.js 具有模块化的结构，允许开发者重用代码并组织项目。它自带了一些核心模块，如 http、fs 等，并且可以通过 npm（node package manager）安装第三方模块或创建自己的模块。

☑ 轻量级：Node.js 的特殊设计使得它可以快速启动并且消耗较少的资源。

☑ npm 生态系统：npm 是 Node.js 的默认包管理器，提供了丰富的库和工具，方便开发者构建复杂的 Web 应用和服务。

2. 适用场景

☑ Web 服务：Node.js 非常适合构建高性能的 Web 服务器和 API 服务。

☑ 实时应用：由于 Node.js 擅长处理并发请求，因此非常适合开发实时聊天、在线游戏等实时应用。

☑ 流式应用：Node.js 对文件流和网络流的支持使得它成为处理大文件上传和下载等流式应用的理想选择。

☑ 前后端分离：Node.js 可以作为后端语言，与前端 JavaScript 代码无缝对接，实现前后端分离的开发模式。

3. 安装 Node.js

Node.js 的安装可以通过官方网站提供的安装包完成，也可以使用系统的包管理工具完成。安装完成后，可以通过命令行工具 node 执行 JavaScript 文件，或者使用 npm 管理项目依赖。

6.4.2 Express 框架

Express 是一个基于 Node.js 平台的 Web 应用开发框架，它提供了一系列强大特性，可以帮助开发者创建各种 Web 应用。

1. Express 框架的特性

☑ 简洁的路由定义：Express 提供了方便简洁的路由定义方式，使得开发者可以轻松地定义不同的 URL 路径和处理函数。

☑ 简化的 HTTP 请求参数处理：Express 对获取 HTTP 请求参数进行了简化处理，使得开发者可以更方便地获取客户端的请求数据。

☑ 模板引擎支持：Express 对模板引擎支持程度高，方便渲染动态 HTML 页面，从而提高了 Web 应用的交互性和用户体验。

☑ 中间件机制：Express 提供了中间件机制，使得开发者可以对 HTTP 请求进行有效的控制。中间件可以接收客户端发来的请求、对请求做出响应，也可以将请求交给下一个中间件继续处理。此外，Express 拥有大量第三方中间件，可以对功能进行扩展。

2. 使用 Express 框架快速创建项目

1）安装 express-generator

express-generator 是 Express 框架的一个脚手架工具，它可以帮助开发者快速生成一个完整的 Express 应用结构。要使用 express-generator 创建一个新的 Express 项目，首先需要对它进行全局安装，安装命令如下：

```
npm install -g express-generator
```

2）创建项目

创建一个新的 Express 项目可以使用 express 命令（express-generator 安装后提供的命令行工具）。例如，要创建一个名称为 myapp 的项目，执行命令如下：

```
express myapp
```

3）安装项目依赖

进入新创建的项目目录，安装项目所需的依赖，执行命令如下：

```
cd myapp
npm install
```

4）启动服务器

安装项目依赖后需要启动服务器，执行命令如下：

```
npm start
```

打开浏览器，在地址栏中输入 http://127.0.0.1:3000，按下 Enter 键，即可看到一个默认的 Express 欢迎页面。此时，就可以根据需求自定义项目了，包括添加新的路由、视图，以及配置中间件和数据库连接等。

3. 设置路由

路由是 Express 框架的核心功能之一。路由是指应用程序如何响应不同的 HTTP 请求和不同的 URL 路径。通过定义路由，可以指定客户端请求某个 URL 时执行的代码。使用 Express 框架创建项目后，路由会定义在单独的模块中，并在主应用程序文件 app.js 中引入这些模块。

例如，在 routes\users.js 路由模块中定义一个 GET 请求的路由，当访问根路径加上一个动态参数 userid 时返回用户 id，代码如下：

```
const express = require('express');
const router = express.Router();
router.get('/:userid', (req, res) => {
  const userid = req.params.userid;
  res.send(`用户 id: ${userid}`);
});
module.exports = router;
```

有关 Node.js 和 Express 框架的知识在《Node.js 从入门到精通》一书中有详细的讲解，对这些知识不太熟悉的读者可以参考该书对应的内容。

6.5 搭建项目结构

四季旅游信息网的项目文件夹包括前端文件夹和后端文件夹。在设计网站各功能模块之前，需要创建前端和后端项目结构。

6.5.1 生成前端文件夹

创建项目文件夹 tourism，在命令行中切换到该文件夹，再使用 Vue CLI 创建前端项目文件夹，文件夹名称设置为 frontend。在命令提示符窗口中输入如下命令：

```
vue create frontend
```

按下 Enter 键，选择 Manually select features，如图 6.2 所示。

按下 Enter 键后，选择 Router 和 CSS Pre-processors 选项，如图 6.3 所示。

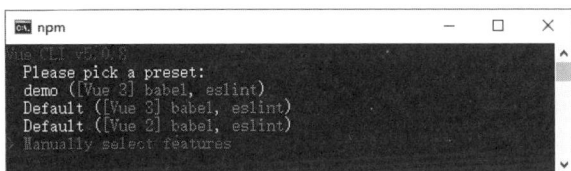

图 6.2　选择 Manually select features

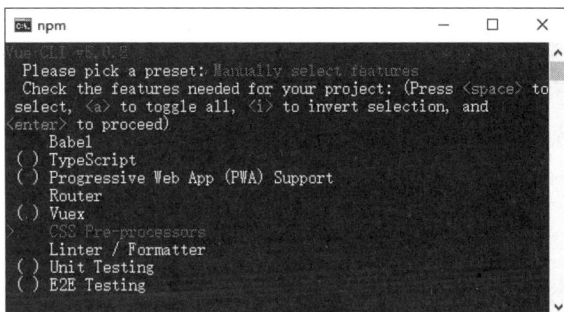

图 6.3　选择配置选项

按下 Enter 键后，选择 Vue 3.x 版本，如图 6.4 所示。

然后选择路由是否使用 history 模式，输入 y 表示使用 history 模式，如图 6.5 所示。

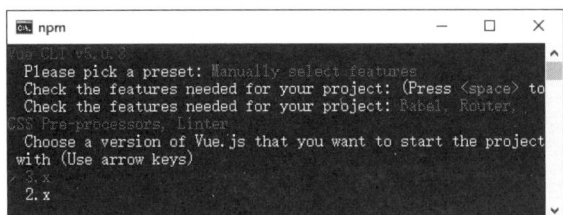

图 6.4　选择 Vue 版本

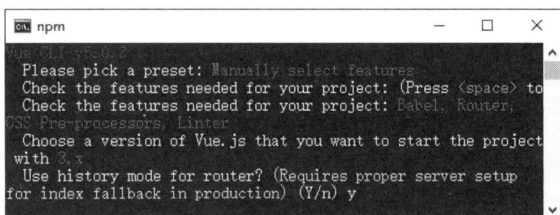

图 6.5　使用 history 模式

在选择 CSS 预处理器时选择 Sass/SCSS 选项，如图 6.6 所示。

在选择配置信息的存放位置时选择 In package.json 选项，即将配置信息存储在 package.json 文件中，如图 6.7 所示。

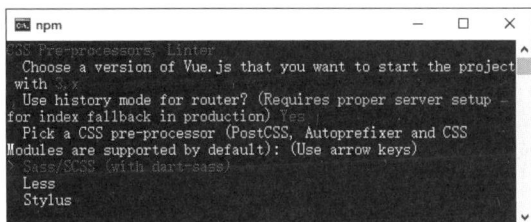

图 6.6　选择 CSS 预处理器

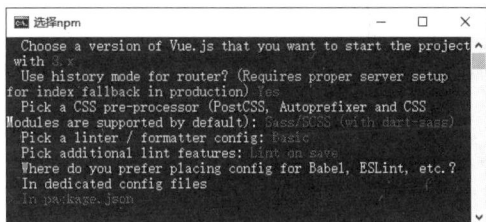

图 6.7　选择配置信息的存放位置

创建项目后进入项目目录，分别安装项目需要使用的插件和库，包括 axios、ElementPlus 和 Day.js。安装后整理项目目录，在 public 目录中创建 img 文件夹，在该文件夹中存储项目需要用到的图片文件。在 assets 目录中创建 css 文件夹和 img 文件夹，分别存储项目需要用到的 CSS 文件和图片文件。最后输入 npm run serve 命令启动项目。

6.5.2　生成后端文件夹

在命令行中切换到 tourism 文件夹，使用 express 命令创建后端项目文件夹，文件夹名称设置为 backend。在命令提示符窗口中输入命令如下：

```
express backend
```

进入 backend 文件夹，安装项目所需的依赖，输入命令如下：

```
cd backend
npm install
```

安装项目依赖后启动服务器，输入命令如下：

```
npm start
```

6.5.3　解决跨域问题

在全栈项目中，当前端 Vue 应用尝试访问后端 API 时，如果后端 API 的域名、协议或端口与前端 Vue 应用不同，就会触发浏览器的同源策略，导致跨域请求被阻止。为了解决跨域问题，可以使用 Vue CLI 的代理功能。在 Vue.js 的开发环境中，通常使用 Vue CLI 创建的项目会自带一个开发服务器。这个服务器可以通过代理的方式解决跨域问题。

在 Vue.js 项目中，可以通过创建或编辑 vue.config.js 文件配置开发服务器的代理规则。这个文件位于前端项目的根目录下，如果不存在，则需要手动创建。在该项目中，前端的访问端口是 8080，后端的访问端口是 3000，为了实现前端到后端的跨域请求，需要编辑 vue.config.js 文件。代码如下：

```
module.exports = defineConfig({
  //配置跨域代理
  devServer: {
    proxy: {
      '/api': {
        target: 'http://localhost:3000',
        changeOrigin: true,
        pathRewrite: {
          '^/api': ''
        }
      }
    }
  }
})
```

配置后需要执行 npm run serve 命令重新启动项目。这样配置后，前端开发环境下的请求就可以通过代理服务器发送到后端服务器，从而绕过浏览器的同源策略限制。

> **说明**
>
> 本章只介绍了开发环境下的跨域处理。如果在生产环境（即应用程序实际部署并供用户使用的环境）中，前端应用和后端 API 通常会部署在不同的域名下。此时，后端服务器需要正确配置 CORS（cross-origin resource sharing）以处理跨域请求。

6.6　数据库设计

6.6.1　数据库概述

本项目采用 MySQL 数据库，数据库名称为 db_tourism，其中包含 5 张数据表，数据表名称及作用如表 6.1 所示。

表 6.1　数据库表名称及说明

表名	含义	作用
tb_scenery	热门景点信息表	用于存储热门景点信息
tb_hotel	酒店住宿信息表	用于存储酒店住宿信息
tb_user	用户信息表	用于存储用户信息

表名	含义	作用
tb_tourist	游客信息表	用于存储游客信息
tb_orders	订单信息表	用于存储订单信息

6.6.2 数据表结构

☑ tb_scenery（热门景点信息表）：表结构如表 6.2 所示。

表 6.2 tb_scenery 表的表结构

字段	类型	长度	是否为空	含义
id	int	默认	否	主键，编号
season_id	int	默认	是	季节 id
small_pic_url	varchar	45	是	景点主图 URL
scenery_name	varchar	45	是	景点名称
price	int	默认	是	门票价格
address	varchar	45	是	景点地址
start_time	varchar	10	是	景点开放开始时间
end_time	varchar	10	是	景点开放结束时间
level	varchar	45	是	景点级别
playtime	varchar	45	是	建议游玩时间
intro	longtext	默认	是	景点介绍
big_pic_url	varchar	45	是	景点大图 URL
entrance_address	varchar	45	是	入园地址

☑ tb_hotel（酒店住宿信息表）：表结构如表 6.3 所示。

表 6.3 tb_hotel 表的表结构

字段	类型	长度	是否为空	含义
id	int	默认	否	主键，编号
type_id	int	默认	是	类型 id
hotel_pic_url	varchar	45	是	酒店外观图片 URL
hotel_name	varchar	45	是	酒店名称
price	int	默认	是	酒店起始价格
address	varchar	45	是	酒店地址
phone	varchar	45	是	联系电话
checkin_time	varchar	45	是	入住时间
intro	longtext	默认	是	酒店介绍
room_pic_url	varchar	45	是	酒店房间图片 URL

☑ tb_user（用户信息表）：表结构如表 6.4 所示。

表 6.4 tb_user 表的表结构

字段	类型	长度	是否为空	含义
id	int	默认	否	主键，编号
username	varchar	45	是	用户名
password	varchar	45	是	密码
email	varchar	45	是	邮箱地址

☑ tb_tourist（游客信息表）：表结构如表 6.5 所示。

表 6.5 tb_tourist 表的表结构

字段	类型	长度	是否为空	含义
id	int	默认	否	主键，编号
tourist_name	varchar	45	是	游客姓名
identity_card	varchar	45	是	身份证号
phone	varchar	45	是	手机号
userid	int	默认	是	登录用户 id

☑ tb_orders（订单信息表）：表结构如表 6.6 所示。

表 6.6 tb_orders 表的表结构

字段	类型	长度	是否为空	含义
id	int	默认	否	主键，编号
userid	int	默认	是	登录用户 id
scenery_name	varchar	20	是	景点名称
booking_date	varchar	20	是	预订日期
number	int	默认	是	门票数量
total_price	int	默认	是	门票总价
order_time	datetime	默认	是	下单时间

6.6.3 数据库连接文件

在 Node.js 中，为了连接 MySQL 数据库，需要使用 mysql2 模块。使用 mysql2 模块之前需要使用 npm 命令进行安装。首先，在命令行中切换到 backend 文件夹，执行命令如下：

```
npm install mysql2
```

然后，在 backend 文件夹中创建 db 文件夹，在 db 文件夹中创建用于连接 MySQL 数据库的文件 index.js。在文件中编写代码如下：

```
var mysql = require('mysql2');                          //引入 mysql2 模块
//创建数据库连接
var db = mysql.createConnection({
    host: 'localhost',                                  //数据库服务器地址
```

```
        port: '3306',                                    //数据库端口号
        user: 'root',                                    //数据库用户名
        password: 'root',                                //数据库密码
        database: 'db_tourism'                           //数据库名
});
//连接数据库
db.connect(function(err){
        if(err){
                console.log('[query] - :'+err);
                return;
        }
        console.log('MySQL 数据库连接成功!');
});
module.exports = db;
```

通过上述步骤，即可在 Node.js 中使用 mysql2 模块连接 MySQL 数据库。

6.7 公共组件设计

在开发全栈项目的前端部分时，通过编写公共组件可以减少重复代码的编写，从而有利于代码的重用及维护。本项目大部分页面都会用到两个公共组件，一个组件是页面头部组件 MyHeader.vue，另一个组件是页面底部组件 MyFooter.vue，由于这两个组件只负责前端用户界面的呈现和交互，因此不涉及后端逻辑。下面将详细介绍这两个组件。

6.7.1 页面头部组件设计

头部组件主要提供网站导航栏的功能，其界面效果如图 6.8 所示。

图 6.8 页面头部组件

头部组件的实现过程比较简单。在 frontend\src\components 文件夹下新建 MyHeader.vue 文件，并在 \<template\>标签中添加一个 ul 列表，在该列表中使用\<router-link\>组件设置导航链接，并将\<router-link\>渲染成\<li\>标签。最后引入该组件使用的样式文件 nav.css。代码如下：

```html
<template>
  <div class="nav my-header">
    <div class="center">
      <div class="area">
        <div>
          <img src="/img/logo.png" />
        </div>
        <ul>
          <router-link to="/" custom v-slot="{navigate, isExactActive}">
            <li :class="[isExactActive && 'router-link-exact-active']" @click="navigate">
              <div></div>
              首页
            </li>
          </router-link>
          <router-link to="/scenery_list" custom v-slot="{navigate, isExactActive}">
            <li :class="[isExactActive && 'router-link-exact-active']" @click="navigate">
              <div></div>
              热门景点
```

```
      </li>
    </router-link>
    <router-link to="/hotel" custom v-slot="{navigate, isExactActive}">
      <li :class="[isExactActive && 'router-link-exact-active']" @click="navigate">
        <div></div>
        酒店住宿
      </li>
    </router-link>
    <router-link to="/service" custom v-slot="{navigate, isActive}">
      <li :class="[isActive && 'router-link-active']" @click="navigate">
        <div></div>
        游客服务
      </li>
    </router-link>
    <router-link to="/user" custom v-slot="{navigate, isActive}">
      <li :class="[isActive && 'router-link-active']" @click="navigate">
        <div></div>
        用户中心
      </li>
    </router-link>
      </ul>
    </div>
  </div>
 </div>
</template>
<style scoped src="@/assets/css/nav.css"></style>
```

6.7.2 页面底部组件设计

页面底部组件主要展示友情链接、旅游咨询投诉热线和网站官方的联系方式，其界面效果如图 6.9 所示。

图 6.9 页面底部组件

底部组件的实现过程也比较简单。在 frontend\src\components 文件夹下新建 MyFooter.vue 文件，在 <template>标签中使用<div>标签分别定义友情链接、旅游咨询投诉热线和网站官方的联系方式，最后引入该组件使用的样式文件 footer.css。代码如下：

```
<template>
  <div class="foot my-footer">
    <div class="center">
      <div class="main">
        <div class="box1">
          <p>友情链接</p>
          <div>
            <a href="#">明日旅游网</a>
            <a href="https://www.ctrip.com/">携程旅游网</a>
            <a href="https://www.tuniu.com/">途牛旅游网</a>
          </div>
        </div>
        <div class="box2">
          <img src="/img/icon1.png" />
          <span>旅游咨询投诉热线：12345</span>
        </div>
        <div class="box3">
          <div>
            <img src="/img/weibo.png" />
            <p>官方微博</p>
          </div>
```

```
        <div>
            <img src="/img/weixin.png" />
            <p>官方微信</p>
        </div>
    </div>
  </div>
 </div>
</div>
</template>
<style scoped src="@/assets/css/footer.css"></style>
```

6.8 首页设计

四季旅游信息网的首页主要提供网站导航、旅游广告轮播图、热门景点图片展示和酒店住宿图片展示等内容。首页效果如图6.10所示，其中网站导航的部分公共组件已经在第6.7.1节的页面头部组件设计中实现。

图6.10 首页

四季旅游信息网首页的实现过程如下：

（1）在 frontend\src\views 文件夹下新建 Home 文件夹，在 Home 文件夹下新建首页组件 index.vue。在
<template>标签中分别定义旅游广告轮播图、热门景点图片列表、酒店住宿图片列表和无间断向左滚动的
旅游景点图片列表。单击热门景点图片列表区域中的"更多"超链接可以进入热门景点页面。单击酒店住
宿图片列表区域中的"更多"超链接可以进入酒店住宿页面。代码如下：

```html
<template>
  <div>
    <!-- 轮播图 -->
    <div id="box">
      <ul id="imagesUl" class="list">
        <transition-group name="fade" tag="div">
          <li v-for="(v,i) in banners" :key="v" v-show="(i+1)===index?true:false"><img :src="v"></li>
        </transition-group>
      </ul>
      <ul id="btnUl" class="count">
        <li v-for="num in 5" :key="num" @mouseover='change(num)' :class='{current:num===index}'>
          {{num}}
        </li>
      </ul>
    </div>
    <!-- 热门景点 -->
    <div class="scenery">
      <div class="center">
        <div class="row1">
          <div class="txt2">
            <div class="icon"></div>
            <span>热门景点</span>
          </div>
          <router-link to="/scenery_list">更多&gt;&gt;</router-link>
        </div>
        <div class="pic">
          <div class="center">
            <div class="left-pic">
              <a href="/scenery_show?scenery_id=1"
                ><img src="img/index/jyt.jpg"
              /></a>
              <p>净月潭国家森林公园</p>
            </div>
            <!--此处省略部分代码-->
          </div>
        </div>
      </div>
    </div>
    <div class="hotel">
      <div class="center">
        <div class="row1">
          <div class="txt2">
            <div class="icon"></div>
            <span>酒店住宿</span>
          </div>
          <router-link to="/hotel">更多&gt;&gt;</router-link>
        </div>
        <div class="pic">
          <div class="center">
            <ul>
              <li>
                <img src="img/hotel/1.jpg" alt="" />
                <p>益田喜来登酒店</p>
              </li>
              <!--此处省略部分代码-->
            </ul>
          </div>
        </div>
      </div>
    </div>
```

```
        <div class="scenery2">
          <div class="center">
            <div class="txt2">
              <div class="icon"></div>
              <span>欢迎来长春旅游</span>
            </div>
            <div class="area">
              <ul>
                <li class="active">
                  <img src="img/scenery/1.jpg" />
                  <p>净月潭国家森林公园</p>
                </li>
                <!--此处省略部分代码-->
              </ul>
            </div>
          </div>
        </div>
      </div>
    </div>
  </div>
</template>
```

（2）在<script>标签中首先定义与轮播图相关的数据，然后在 methods 选项中定义方法。其中，next()方法用于设置轮播图中图片的索引，change()方法在单击轮播图中的数字按钮时调用，该方法用于将轮播图切换为数字按钮对应的图片。最后在 mounted 选项中设置每隔 3 秒切换一张图片。代码如下：

```
<script>
export default {
  name: 'TheIndex',
  data() {
    return {
      banners : [                                              //广告图片数组
        require('/public/img/banner/banner_1.jpg'),
        require('/public/img/banner/banner_2.jpg'),
        require('/public/img/banner/banner_3.jpg'),
        require('/public/img/banner/banner_4.jpg'),
        require('/public/img/banner/banner_5.jpg')
      ],
      index : 1,                                               //图片的索引
      flag : true,                                             //控制不允许连续单击数字按钮
      timer : '',                                              //定时器 ID
    }
  },
  methods : {
    next : function(){
      //下一张图片，当图片索引为 5 时返回第一张图片
      this.index = this.index + 1 === 6 ? 1 : this.index + 1;
    },
    change : function(num){
      //鼠标移入按钮时切换到对应图片
      if(this.flag){
        this.flag = false;
        //过 1 秒钟后可以再次移入按钮并切换图片
        setTimeout(()=>{
          this.flag = true;
        },1000);
        this.index = num;                                     //切换为选中的图片
        clearInterval(this.timer);                            //取消定时器
        //过 3 秒图片轮换
        this.timer = setInterval(this.next,3000);
      }
    }
  },
  mounted : function(){
    //过 3 秒图片轮换
    this.timer = setInterval(this.next,3000);
  },
  beforeUnmount : function(){
    clearInterval(this.timer);
  }
```

```
};
</script>
```

6.9　热门景点页面设计

单击导航栏中的"热门景点"超链接，或单击首页中热门景点图片列表区域的"更多"超链接可以进入热门景点页面。热门景点页面的效果如图 6.11 所示。

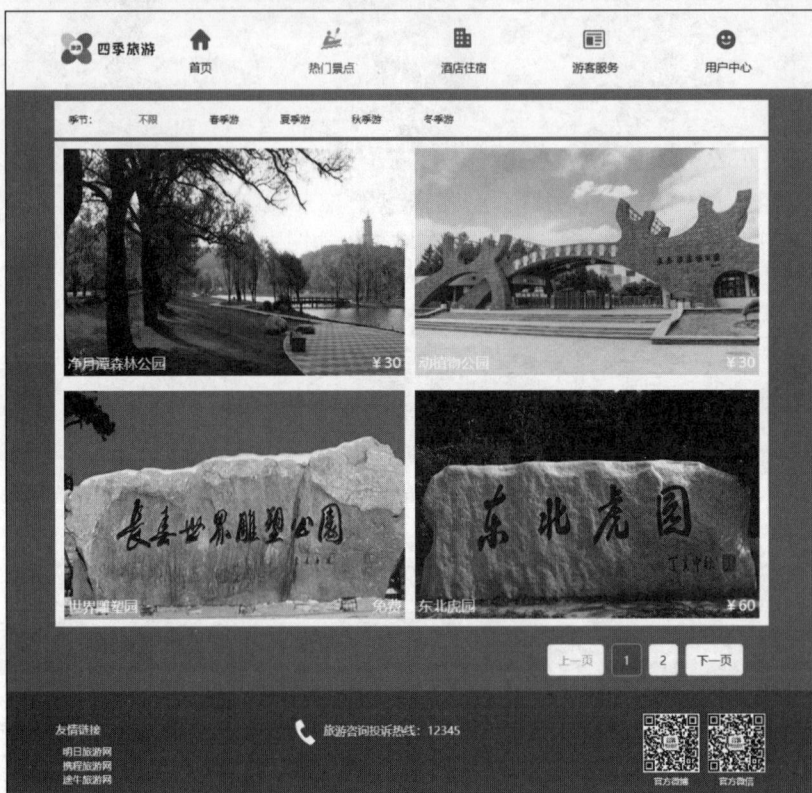

图 6.11　热门景点页面

热门景点页面的相关组件主要有 4 个，分别是景点列表组件、景点列表项组件、景点详情组件和门票预订组件，下面对这 4 个组件进行详细介绍。

6.9.1　景点列表组件设计

1. 前端设计

景点列表组件主要包括季节分类、景点列表和分页部件。每页显示 4 个景点列表项，每个景点列表项都展示景点图片、景点名称和景点门票价格等信息。景点列表组件的实现过程如下：

（1）在 frontend\src\views 文件夹下新建 Scenery 文件夹，在 Scenery 文件夹下新建景点列表组件 SceneryList.vue。在<template>标签中首先定义季节分类，通过 active 属性值的变化控制季节被单击后的样式；然后对景点列表进行遍历，根据 seasonId 的值判断遍历的是全部景点列表还是按季节分类的景点列表；在遍历景点列表的下面定义分页部件，根据 now 的值控制当前的页数。代码如下：

```
<template>
```

```
<div class="body">
  <div class="center">
    <div class="txt" style="height: 10px;"></div>
  </div>
  <div class="search">
    <div class="center">
      <div class="main">
        <div class="season">
          <span>季节：</span>
          <a :class="{active:active===0}" @click="seasonId = null,active = 0">不限</a>
          <a :class="{active:active===1}" @click="seasonId = 1,active = 1">春季游</a>
          <a :class="{active:active===2}" @click="seasonId = 2,active = 2">夏季游</a>
          <a :class="{active:active===3}" @click="seasonId = 3,active = 3">秋季游</a>
          <a :class="{active:active===4}" @click="seasonId = 4,active = 4">冬季游</a>
        </div>
      </div>
    </div>
  </div>
  <div class="scenery">
    <div class="center">
      <div class="main">
        <ul v-if="!seasonId">
          <scenery-cell v-for="scenery in sceneriesPageData" :key="scenery.id" :s="scenery"/>
        </ul>
        <ul v-if="seasonId">
          <scenery-cell v-for="scenery in sceneriesBySeason" :key="scenery.id" :s="scenery"/>
        </ul>
      </div>
    </div>
  </div>
  <!-- 分页器 -->
  <div class="center" v-show="pages !== 1">
    <div class="pages">
      <span :class="{disabled:now===1}" @click="now--">上一页</span>
      <span @click="now=n" :class="{active:now===n}" v-for="n in pages" :key="n">{{n}}</span>
      <span :class="{disabled:now===pages}" @click="now++">下一页</span>
    </div>
  </div>
</div>
</template>
```

（2）在<script>标签中首先分别引入 axios 实例、ElMessage 组件和景点列表项组件 SceneryCell.vue；然后注册 SceneryCell 组件、定义数据，对 seasonId 属性和 now 属性进行监听，根据属性值的变化执行不同的查询操作；接下来在 created()钩子函数中调用获取所有景点数据的方法 getSceneriesList()，在该方法中调用分页获取景点的方法 getSceneries()；最后定义 getSceneriesList()方法、getSceneriesBySeason()方法和 getSceneries()方法，getSceneriesBySeason()方法用于按照指定的季节查询景点，getSceneries()方法用于分页获取所有景点信息。代码如下：

```
<script>
import axios from "axios";                                    //引入 axios
import {ElMessage} from "element-plus";
import SceneryCell from '@/components/SceneryCell.vue';
export default {
  components: { SceneryCell },
  data() {
    return {
      active:0,                                                //激活当前单击季节的样式
      now: 1,                                                  //当前页码
      sceneries:[],                                            //所有热门景点数据
      sceneriesPageData:[],                                    //分页查询热门景点的数据
      sceneriesBySeason:[],                                    //按照季节获取的景点
      seasonId: null,                                          //季节分类 id
      limit: 4,                                                //每页显示数据条数
      pages: 0                                                 //总页数
    }
  },
```

```
watch: {
  seasonId(newValue){
    if(newValue !== null) {                                    //如果单击了季节分类，则根据季节查询景点
      this.getSceneriesBySeason();
    } else {
      this.now = 1;                                            //重置当前页码
      this.pages = Math.ceil(this.sceneries.length / this.limit);  //重置总页数
      this.getSceneries();                                     //重新获取分页数据
    }
  },
  now() {
    this.getSceneries()                                        //重新获取分页数据
  }
},
created () {
  this.getSceneriesList();
},
methods: {
  getSceneriesList(){
    //获取所有热门景点数据
    axios.get('/api/scenery').then(res=>{
      this.sceneries = res.data.data;
      this.pages = Math.ceil(this.sceneries.length / this.limit);  //计算总页数
      this.getSceneries();                                     //分页显示所有热门景点信息
    }).catch(error => {
      ElMessage.error(error);
    })
  },
  getSceneriesBySeason(){
    this.pages = 1;
    //根据当前季节 id 查询景点
    axios.get('/api/scenery/'+this.seasonId).then(res=>{
      this.sceneriesBySeason = res.data.data
    }).catch(error => {
      ElMessage.error(error);
    })
  },
  //分页获取所有景点信息
  getSceneries() {
    let start = (this.now - 1) * this.limit;
    let end = start + parseInt(this.limit);
    this.sceneriesPageData = this.sceneries.slice(start, end);
  }
},
};
</script>
```

2. 后端设计

编写 backend\routes\index.js 文件，在文件中首先引入 express、创建路由对象、引入数据库连接文件，然后分别定义客户端发送 GET 请求的路由处理函数。当客户端访问/scenery 路径时，查询 tb_scenery 数据表获取所有景点信息，当客户端访问/scenery 路径并加上一个动态参数 season_id 时，则根据季节 id 查询 tb_scenery 数据表以获取指定季节的景点信息，并将查询结果以 JSON 格式返回客户端。代码如下：

```
const express = require('express');                            //引入 express
const router = express.Router();                               //创建路由对象
const db = require('../db');                                   //引入数据库连接文件
/* GET home page. */
router.get('/scenery', function(req, res, next) {
  const sql = 'SELECT * FROM tb_scenery';                      //要执行的 SQL 语句
  db.query(sql, function (err, result){
    if(err){
      return res.status(500).send();
    }
    res.json({
      data: result
    })
```

```
    })
  });
router.get('/scenery/:season_id', function(req, res, next){
    const season_id = req.params.season_id;              //要查询的季节 id
    const sql = 'SELECT * FROM tb_scenery WHERE season_id = ?';  //要执行的 SQL 语句
    db.query(sql, [season_id], function (err, result){
        if(err){
            return res.status(500).send();
        }
        res.json({
            data: result
        })
    })
});
```

6.9.2　景点列表项组件设计

　　景点列表项组件是景点列表组件的子组件。单个景点列
表项的界面效果如图 6.12 所示。

　　景点列表项组件的实现过程比较简单。在 frontend\src\
components 文件夹下新建景点列表项组件 SceneryCell.vue。
首先在<template>标签中定义<li>列表项标签，在标签中分别显
示景点图片、景点名称和景点门票价格，单击景点图片会跳转
到景点详情页面。然后在<script>标签中定义父组件传递的
Prop 属性。最后引入该组件使用的样式文件 sceneryList.css。
代码如下：

图 6.12　景点列表项

```
<template>
  <li class="scenery-cell">
    <router-link :to="`/scenery_show?id=${s.id}`">
      <img :src="`${s.small_pic_url}`" />
    </router-link>
    <p>{{s.scenery_name}}</p>
    <span>{{s.price ? '￥'+s.price : '免费'}}</span>
  </li>
</template>
<script>
export default {
  props:['s'],
};
</script>
<style scoped src="@/assets/css/sceneryList.css"></style>
```

6.9.3　景点详情组件设计

　　单击热门景点页面中的景点图片可以进入该景点的景点详情页面。该页面主要展示景点图片、地理位
置、开放时间、景点级别、门票价格、建议游玩时间、"门票预订"按钮和景点介绍等内容，效果如图
6.13 所示。

1. 前端设计

　　景点详情组件的实现过程如下：

　　（1）在 Scenery 文件夹下新建景点详情组件 SceneryShow.vue。在<template>标签中定义<div>标签，在
标签中分别定义景点图片、景点名称、地理位置、开放时间、景点级别、门票价格、建议游玩时间、"门
票预订"按钮和景点介绍等内容。代码如下：

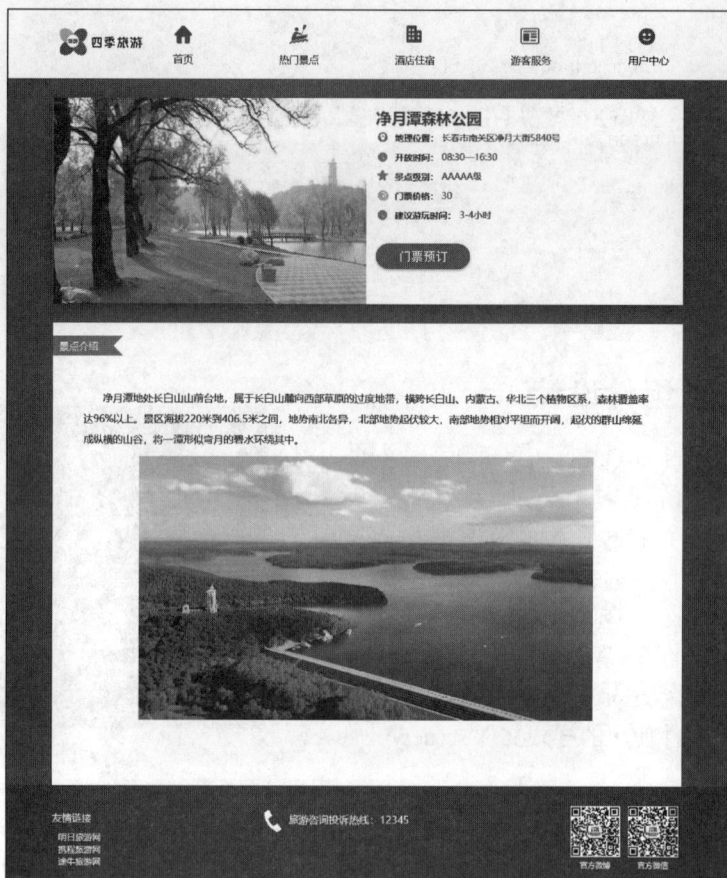

图 6.13　景点详情页面

```
<template>
  <div class="body">
    <div class="center">
      <div class="txt" style="height:30px;"></div>
    </div>
    <div class="show">
      <div class="center">
        <div class="col1-1">
          <img :src="`${data&&data.small_pic_url}`" />
        </div>
        <div class="col1-2">
          <div>
            <h3>{{data&&data.scenery_name}}</h3>
          </div>
          <!--此处省略部分代码-->
          <div v-show="data&&data.price !== 0">
            <el-button class="ele" type="primary" @click="book(data&&data.id)">门票预订</el-button>
          </div>
        </div>
      </div>
    </div>
    <div class="f2"></div>
    <div class="introduce">
      <div class="center">
        <div class="main">
          <div>
            <span>景点介绍</span>
            <span></span>
          </div>
```

```
        <div>
          <p>
            {{data&&data.intro}}
          </p>
          <img :src="`${data&&data.big_pic_url}`"/>
          <br />
          <br />
        </div>
      </div>
    </div>
  </div>
</template>
```

（2）在<script>标签中首先引入 axios 实例和 EIMessage 组件；然后在 data 选项中定义用于存储景点详情的数据，在 mounted()钩子函数中调用 getData()方法；最后在 methods 选项中定义 getData()方法和 book()方法，在 getData()方法中使用 axios 发送 GET 请求，根据景点 id 查询景点信息；在 book()方法中执行跳转到门票预订页面的操作。代码如下：

```
<script>
import axios from "axios";                                    //引入 axios
import {ElMessage} from "element-plus";
export default {
  data() {
    return {
      data: []                                                //景点详情
    };
  },
  mounted() {
    this.getData();                                           //获取数据
  },
  methods: {
    //根据景点 id 查询景点信息
    getData() {
      axios.get('/api/show/'+this.$route.query.id).then(res => {
        this.data = res.data.data[0];
      }).catch(error => {
        ElMessage.error(error);
      });
    },
    //跳转到门票预订页面
    book(id){
      this.$router.push({path:'/ticket/'+id})
    }
  },
};
</script>
```

2. 后端设计

在 backend\routes\index.js 文件中定义客户端发送 GET 请求的路由处理函数。当客户端访问/show 路径并加上一个动态参数 id 时，根据景点 id 查询 tb_scenery 数据表获取该景点的详细信息，并将查询结果以 JSON 格式返回客户端。代码如下：

```
router.get('/show/:id', function (req, res, next){
  const id = req.params.id;                                  //要查询的景点 id
  const sql = 'SELECT * FROM tb_scenery WHERE id = ?';       //要执行的 SQL 语句
  db.query(sql, [id], function (err, result){
    if(err){
      return res.status(500).send();
    }
    res.json({
      data: result
    })
  })
});
```

6.9.4 门票预订组件设计

如果用户未登录，单击景点详情页面中的"门票预订"按钮会跳转到用户登录页面。如果用户已登录，单击景点详情页面中的"门票预订"按钮就可以进入门票预订页面。该页面主要展示景点名称、可以选择的日期、门票购买张数、新增游客信息、购票须知和使用说明等内容，效果如图 6.14 所示。

图 6.14　门票预订页面

1. 前端设计

门票预订组件的实现过程如下：

（1）在 Scenery 文件夹下新建门票预订组件 TicketPage.vue。在<template>标签中首先定义景点名称。然后设置可以选择的日期，使用 DatePicker 组件定义日期选择器。随后定义"+"按钮和"-"按钮，通过单击这两个按钮可以设置门票购买张数。接下来定义新增游客信息表单和游客信息，如果当前登录用户没有新增游客信息就显示新增游客信息表单，在表单中需要用户输入姓名、手机号和身份证号；如果当前登录用户已经新增游客信息就显示该游客信息。最后定义购票须知和门票使用说明等内容。代码如下：

```
<template>
  <div class="main body">
    <div class="center">
      <div class="left">
        <div class="f1">
          <p>{{ scenery_name }}门票（成人票）</p>
          <span>¥{{ unitPrice }}/张</span>
        </div>
        <div class="f2">
```

```html
        <span>选择日期</span>
        <div class="date">
          <ul>
            <li @click="pick(1)" :class="{ active: now === 1 }">
              <span>今天({{ getDate(0) }})</span>
              <h4>￥30</h4>
            </li>
            <li @click="pick(2)" :class="{ active: now === 2 }">
              <span>明天({{getDate(1) }})</span>
              <h4>￥30</h4>
            </li>
            <li @click="pick(3)" :class="{ active: now === 3 }">
              <span>后天({{getDate(2) }})</span>
              <h4>￥30</h4>
            </li>
            <li style="border:none">
              <el-date-picker
                  v-model="date"
                  format="订 M 月 D 日"
                  value-format="M 月 D 日"
                  style="width:110px;font-size:12px"
                  type="date"
                  placeholder="其他日期"
                  :disabledDate="disabledDate"
                  @change="now=0"
              >
              </el-date-picker>
            </li>
          </ul>
        </div>
      </div>
      <div class="f3">
        <div>购买张数</div>
        <div>
          <button :disabled="number === 1" @click="number--">-</button>
          <input type="text" :value="number" />
          <button :disabled="number >= 10" @click="number++">+</button>
        </div>
        <div>最多订购 10 张</div>
      </div>
      <!--此处省略显示游客信息表单和游客信息的代码-->
      <div class="total">
        <span>订单总价</span>
        <span>￥{{ unitPrice * number }}</span>
        <span>({{ number }}张)</span>
        <el-button type="primary" class="but" @click="submitOrder">提交订单</el-button>
      </div>
    </div>
  </div>
  <div class="right">
    <div class="title">购票须知</div>
    <div class="refund">
      <h4>无需换票</h4>
      <p>无需换票，凭[入园码]直接入园，外籍游客持护照入园。</p><br>
      <h4>随时退</h4>
      <p>未使用可随时申请全额退款</p>
    </div>
```

```
            <div class="title">使用说明</div>
            <div class="msg">
                <h4>入园时间</h4>
                <p>{{ start_time }}—{{ end_time }}</p><br>
                <h4>入园地址</h4>
                <p>{{ entrance_address }}</p>
            </div>
            <button><a href="#mask">详情购买须知&gt;&gt;</a></button>
        </div>
    </div>
  </div>
</template>
```

（2）在<script>标签中首先分别引入 Day.js、ElMessage 组件和 axios，然后在 data 选项中分别定义验证姓名、手机号、身份证号以及数据和表单验证规则。接下来在 methods 选项中定义方法。其中，pick()方法用于控制哪个日期的样式被激活，并设置日期选择器不显示日期；getDate()方法用于获取指定日期；disabledDate()方法用于禁用过去的日期；save()方法用于添加游客并获取新增的游客信息；cancel()方法用于删除游客；submitOrder()方法用于提交订单。最后在 mounted()钩子函数中判断用户是否已登录，如果未登录就跳转到登录页面，再分别获取当前用户新增的游客信息和当前的景点信息。代码如下：

```
<script>
import dayjs from "dayjs";                              //引入 dayjs
import {ElMessage} from "element-plus";                 //引入 ElMessage 组件
import axios from "axios";                              //引入 axios
export default {
  data() {
    //验证姓名
    let validatorName = (rule, value, callback) => {
      if (!/^[\u4e00-\u9fff]{2,3}$/.test(this.user.tourist_name)) {
        callback(new Error('请输入正确的姓名！'));
      } else {
        callback();
      }
    };
    //此处省略验证手机号和身份证号规则的代码
    return {
      userid: sessionStorage.getItem("userid"),          //用户 id
      showTourist: false,                                //是否显示游客信息
      //此处省略定义其他数据的代码
    };
  },
  methods: {
    pick(num){
      this.now = num;
      this.date = "";                                    //日期选择器不显示日期
    },
    //获取指定日期
    getDate(num){
      return dayjs().add(num, "day").format("M 月 D 日")
    },
    // 禁用过去的日期
    disabledDate(time){
      return time.getTime() < Date.now() - 8.64e7;
    },
    save() {
```

```
        this.$refs.orderForm.validate((valid) => {                    //验证表单元素
          if (valid) {                                                //如果验证成功就添加数据
            axios.post('/api/users/tourist',
              {
                tourist_name: this.user.tourist_name,
                identity_card: this.user.identity_card,
                phone: this.user.phone,
                userid: this.userid
              }
            ).then(res => {
              if(res.status === 201){                                 //返回 201 状态码表示添加成功
                ElMessage({
                  message: "游客添加成功！",
                  type: "success"
                })
                this.$refs.orderForm.resetFields();                   //重置表单
                this.showTourist = true;                             //显示游客信息
                //获取当前用户的游客信息
                axios.get('/api/users/tourist/'+this.userid).then(res => {
                  this.user = res.data.data[0];
                }).catch(error => {
                  ElMessage.error(error);
                })
              }
            }).catch(error => {
              ElMessage.error(error);
            })
          }
        });
      },
      //此处省略删除游客方法和提交订单方法的代码
    },
    mounted() {
      if(!sessionStorage.getItem("userid")){                          //未登录
        ElMessage({
          message: "请您先登录！",
          type: "warning"
        })
        this.$router.push("/user/login");                            //跳转到登录页面
        return;
      }
      //此处省略获取游客信息和景点信息的代码
    }
};
</script>
```

2. 后端设计

在 backend\routes\users.js 文件中分别定义客户端发送请求的路由处理函数。当客户端发送 POST 请求访问/tourist 路径时，将游客信息添加到 tb_tourist 数据表；当客户端发送 GET 请求访问/tourist 路径并加上一个动态参数 userid 时，根据用户 id 查询 tb_tourist 数据表获取游客信息，并将查询结果以 JSON 格式返回客户端；当客户端发送 DELETE 请求访问/tourist 路径并加上一个动态参数 userid 时，根据用户 id 删除 tb_tourist 数据表中的游客信息；当客户端发送 POST 请求访问/orders 路径时，将订单信息添加到 tb_orders 数据表。代码如下：

```
router.post('/tourist', function(req, res, next){
```

```javascript
      const sql = 'INSERT INTO tb_tourist (tourist_name,identity_card,phone,userid) VALUES(?,?,?,?)';   //要执行的 SQL 语句
      db.query(sql, [
        req.body.tourist_name,
        req.body.identity_card,
        req.body.phone,
        req.body.userid
      ], function (err, result){
        if(err){
          return res.status(500).send();
        }
        res.status(201).send(result);
      })
});
router.get('/tourist/:userid', function(req, res, next){
      const userid = req.params.userid;                       //要查询游客信息中的用户 id
      const sql = 'SELECT * FROM tb_tourist WHERE userid = ?';  //要执行的 SQL 语句
      db.query(sql, [userid], function (err, result){
        if(err){
          return res.status(500).send();
        }
        res.json({
          data: result
        })
      })
});
router.delete('/tourist/:userid', function (req, res, next){
      const userid = req.params.userid;                       //要删除游客信息中的用户 id
      const sql = 'DELETE FROM tb_tourist WHERE userid = ?';   //要执行的 SQL 语句
      db.query(sql, [userid], function (err, result){
        if(err){
          return res.status(500).send();
        }
        if (result.affectedRows === 0) {
          //如果没有影响任何行，说明数据不存在
          return res.status(404).send();
        }
        //数据删除成功
        res.status(204).send();
      })
});
router.post('/orders', function(req, res, next){
      //要执行的 SQL 语句
      const sql = 'INSERT INTO tb_orders (userid,scenery_name,booking_date,number,total_price,order_time) VALUES
      (?,?,?,?,?,?)';
      db.query(sql, [
        req.body.userid,
        req.body.scenery_name,
        req.body.booking_date,
        req.body.number,
        req.body.total_price,
        req.body.order_time
      ], function (err, result){
        if(err){
          return res.status(500).send();
        }
        res.status(201).send(result);
```

```
  })
});
```

6.10　酒店住宿页面设计

单击导航栏中的"酒店住宿"超链接，或单击首页中酒店住宿图片列表区域的"更多"超链接可以进入酒店住宿页面。酒店住宿页面的效果如图 6.15 所示。

酒店住宿页面的相关组件主要有 4 个，分别是酒店列表组件、酒店列表项组件、酒店搜索结果组件和酒店详情组件，下面对这 4 个组件进行详细介绍。

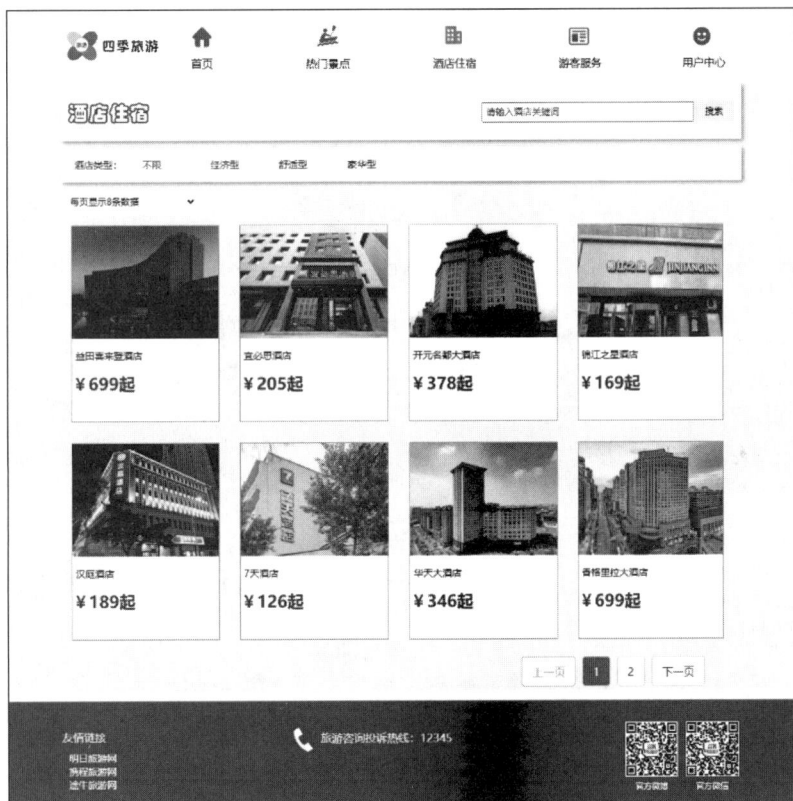

图 6.15　酒店住宿页面

6.10.1　酒店列表组件设计

1. 前端设计

酒店列表组件主要包括酒店搜索框、酒店类型、选择每页显示数据条数的下拉菜单、酒店列表和分页部件。在默认情况下，每页显示 8 个酒店列表项，每个酒店列表项都展示了酒店图片、酒店名称和酒店起始价格等信息。酒店列表组件的实现过程如下：

（1）在 frontend\src\views 文件夹下新建 Hotel 文件夹，在 Hotel 文件夹下新建酒店列表组件 HotelList.vue。在<template>标签中首先定义酒店搜索框和"搜索"按钮，单击"搜索"按钮调用 search()方法；然后定义酒店类型和用于选择每页显示数据条数的下拉菜单；接下来对酒店列表进行遍历，根据 hotelTypeId 的值判断遍历的是全部酒店列表还是指定类型的酒店列表；最后定义分页部件，根据 now 的值控制当前的页数。代码如下：

```
<template>
  <div class="body">
    <div class="search">
      <div class="center">
        <div class="btn-search">
          <h3>酒店住宿</h3>
          <div>
            <input type="text" v-model="keyword" placeholder="请输入酒店关键词" />
            <button @click="search">搜索</button>
          </div>
        </div>
        <div class="main">
          <div class="hotel-type">
            <span>酒店类型：</span>
            <a :class="{active:active===0}" @click="hotelTypeId=null, active=0">不限</a>
            <a :class="{active:active===1}" @click="hotelTypeId=1, active=1">经济型</a>
            <a :class="{active:active===2}" @click="hotelTypeId=2, active=2">舒适型</a>
            <a :class="{active:active===3}" @click="hotelTypeId=3, active=3">豪华型</a>
          </div>
        </div>
      </div>
    </div>
    <div class="hotel-list">
      <div class="center">
        <select class="number" v-model="limit" v-if="pages > 0">
          <option value="4">每页显示 4 条数据</option>
          <option value="8">每页显示 8 条数据</option>
          <option value="16">每页显示 16 条数据</option>
        </select>
        <ul v-if="!hotelTypeId">
          <hotel-cell v-for="item in hotelsPageData" :key="item.id" :item="item"/>
        </ul>
        <ul v-if="hotelTypeId">
          <hotel-cell v-for="item in hotelsPageData" :key="item.id" :item="item"/>
        </ul>
      </div>
    </div>
    <!-- 分页器 -->
    <div class="center" v-show="pages !== 1">
      <div class="pages">
        <span :class="{disabled:now===1}" @click="now--">上一页</span>
        <span @click="now=n" :class="{active:now===n}" v-for="n in pages" :key="n">{{n}}</span>
        <span :class="{disabled:now===pages}" @click="now++">下一页</span>
      </div>
    </div>
  </div>
</template>
```

（2）在<script>标签中首先分别引入 axios 实例、ElMessage 组件和酒店列表项组件 HotelCell.vue；然后注册 HotelCell 组件、定义数据，在 created()钩子函数中调用获取所有酒店数据的方法 getHotelsList()，在该方法中调用分页获取酒店的方法 getHotels()。接下来对 hotelTypeId 属性、limit 属性和 now 属性进行监听，根据属性值的变化执行相应的查询操作。最后在 methods 选项中分别定义 getHotelsList()方法、search()方法、getHotels()方法和 getHotelsByType()方法。search()方法用于跳转到酒店搜索结果页面，在路由跳转时将搜索关键词作为参数进行传递；getHotels()方法用于分页获取所有酒店；getHotelsByType()方法用于按照酒店类型分页获取酒店。代码如下：

```
<script>
import axios from "axios";                                        //引入 axios
import {ElMessage} from "element-plus";
import HotelCell from '@/components/HotelCell.vue';
export default {
  components: { HotelCell },
  data() {
```

```
        return {
            keyword: "",                                                        //搜索关键词
            hotelsByType: [],                                                   //根据酒店分类查询的酒店数据
            hotelTypeId: null,                                                  //酒店分类
            hotels: [],                                                         //所有酒店数据
            hotelsPageData:[],                                                  //分页查询酒店数据
            active: 0,                                                          //激活当前单击酒店分类的样式
            now: 1,                                                             //当前页码
            limit: 8,                                                           //每页显示数据条数
            pages: 0                                                            //总页数
        }
    },
    created () {
        this.getHotelsList();
    },
    watch: {
        hotelTypeId(value) {
            if(value !== null) {                                               //选择了酒店分类
                this.now = 1;                                                  //重置页码
                //根据酒店分类查询酒店数据
                axios.get('/api/hotel/'+this.hotelTypeId).then(res=>{
                    this.hotelsByType = res.data.data;
                    this.pages = Math.ceil(this.hotelsByType.length / this.limit);
                    this.getHotelsByType();                                    //分页显示指定分类的酒店数据
                }).catch(error => {
                    ElMessage.error(error);
                })
            } else {
                this.now = 1;                                                  //重置页码
                this.pages = Math.ceil(this.hotels.length / this.limit);
                this.getHotels();                                             //分页显示所有酒店数据
            }
        },
        //此处省略监听 limit 属性和 now 属性的代码
    },
    methods: {
        getHotelsList(){
            //获取所有酒店数据
            axios.get('/api/hotel').then(res => {
                this.hotels = res.data.data;
                this.pages = Math.ceil(this.hotels.length / this.limit);
                this.getHotels();                                             //分页显示所有酒店数据
            }).catch(error => {
                ElMessage.error(error);
            })
        },
        search(){
            if(!this.keyword){
                ElMessage({
                    message: "请输入酒店关键词！",
                    type: "warning"
                })
                return;
            }
            this.$router.push({
                path: "/search_result",
                query: {
                    keyword: this.keyword
                }
            })
        },
        getHotels(){
            let start = (this.now - 1) * this.limit;
            let end = start + parseInt(this.limit);
            this.hotelsPageData = this.hotels.slice(start, end);
        },
        getHotelsByType() {
            let start = (this.now - 1) * this.limit;
```

```
        let end = start + parseInt(this.limit);
        this.hotelsPageData = this.hotelsByType.slice(start, end);
      }
    },
};
</script>
```

2. 后端设计

在 backend\routes\index.js 文件中定义客户端发送 GET 请求的路由处理函数。当客户端访问/hotel 路径时，查询 tb_hotel 数据表获取所有酒店信息，当客户端访问/hotel 路径并加上一个动态参数 id 时，根据酒店类型 id 查询 tb_hotel 数据表获取指定类型的酒店信息，并将查询结果以 JSON 格式返回客户端。代码如下：

```
router.get('/hotel', function (req, res, next){
  const sql = 'SELECT * FROM tb_hotel';                         //要执行的 SQL 语句
  db.query(sql, function (err, result){
    if(err){
      return res.status(500).send();
    }
    res.json({
      data: result
    })
  })
});
router.get('/hotel/:id', function (req, res, next){
  const id = req.params.id;                                     //要查询的类型 id
  const sql = 'SELECT * FROM tb_hotel WHERE type_id = ?';       //要执行的 SQL 语句
  db.query(sql, [id], function (err, result){
    if(err){
      return res.status(500).send();
    }
    res.json({
      data: result
    })
  })
});
```

6.10.2 酒店列表项组件设计

酒店列表项组件是酒店列表组件的子组件。单个酒店列表项的界面效果如图 6.16 所示。

酒店列表项组件的实现过程比较简单。在 frontend\src\components 文件夹下新建酒店列表项组件 HotelCell.vue。首先在<template>标签中定义<li>列表项标签，在标签中分别显示酒店图片、酒店名称和酒店起始价格，单击酒店图片会跳转到酒店详情页面。然后在<script>标签中定义父组件传递的 Prop 属性，最后引入该组件使用的样式文件 hotel.css。代码如下：

图 6.16 酒店列表项

```
<template>
  <li class="hotel-cell">
    <img :src="`${item.hotel_pic_url}`" />
    <router-link :to="`/hotel_show?id=${item.id}`">{{item.hotel_name}}</router-link>
    <h4>¥{{item.price}}起</h4>
  </li>
</template>
<script>
export default {
  props:['item']
};
</script>
<style scoped src="@/assets/css/hotel.css"></style>
```

6.10.3 酒店搜索结果组件设计

在酒店住宿页面的搜索框中输入关键词，单击"搜索"按钮后会跳转到酒店搜索结果页面，在该页面中会展示酒店名称中包含搜索关键词的所有酒店列表。例如，搜索酒店名称中包含"天"的所有酒店，搜索结果如图6.17所示。

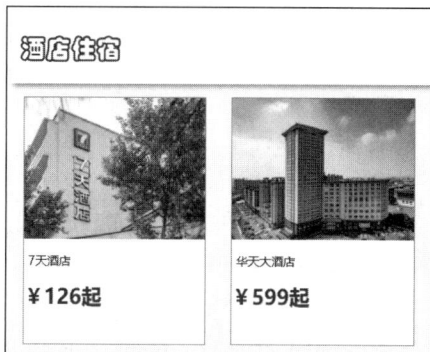

图6.17 酒店搜索结果

1. 前端设计

酒店搜索结果组件的实现过程如下：

（1）在 Hotel 文件夹下新建酒店搜索结果组件 SearchResult.vue。在<template>标签中对搜索结果进行遍历，将遍历的每一项作为 Prop 属性传递给酒店列表项组件。代码如下：

```
<template>
  <div class="body">
    <div class="search">
      <div class="center">
        <div class="btn-search">
          <h3>酒店住宿</h3>
        </div>
      </div>
    </div>
    <div class="hotel-list">
      <div class="center">
        <ul>
          <hotel-cell v-for="item in hotels" :key="item.id" :item="item"/>
        </ul>
      </div>
    </div>
    <div class="empty" v-show="!hotels.length">搜索结果为空</div>
  </div>
</template>
```

（2）在<script>标签中首先分别引入 axios 实例、ElMessage 组件和酒店列表项组件 HotelCell.vue；然后注册 HotelCell 组件、定义数据，在 mounted()钩子函数中调用查询酒店的方法 getHotels()；最后在 methods 选项中定义 getHotels()方法，在该方法中使用 axios 发送 GET 请求，查询酒店名称中包含搜索关键词的所有酒店。代码如下：

```
<script>
import axios from "axios";                                    //引入 axios
import {ElMessage} from "element-plus";
import HotelCell from '@/components/HotelCell.vue';
export default {
  components: { HotelCell },
  data() {
    return {
      keyword: this.$route.query.keyword,                     //搜索关键词
      hotels: []                                              //所有酒店数据
    }
  },
  mounted () {
    this.getHotels();
  },
  methods: {
    getHotels(){
      axios.get('/api/search',{
        params:{
          k: this.keyword
        }
      }).then(res => {
        this.hotels = res.data.data;
      }).catch(error => {
        ElMessage.error(error);
```

```
      })
    }
  }
};
</script>
```

2. 后端设计

在 backend\routes\index.js 文件中定义客户端发送 GET 请求的路由处理函数。当客户端访问/search 路径时，根据搜索关键词查询 tb_hotel 数据表获取酒店名称中包含搜索关键词的酒店信息，并将查询结果以 JSON 格式返回客户端。代码如下：

```
router.get('/search', function (req, res, next){
    const keyword = req.query.k;                                      //要查询的关键词
    const sql = 'SELECT * FROM tb_hotel WHERE hotel_name like ?';     //要执行的 SQL 语句
    db.query(sql,[`%${keyword}%`], function (err, result){
        if(err){
            return res.status(500).send();
        }
        res.json({
            data: result
        })
    })
});
```

6.10.4　酒店详情组件设计

单击酒店住宿页面中的酒店名称可以进入该酒店的详情页面。该页面主要展示酒店图片、酒店名称、酒店起始价格、酒店地址、联系电话、入住时间、酒店介绍、酒店设施等内容，效果如图 6.18 所示。

图 6.18　酒店详情页面

1. 前端设计

酒店详情组件的实现过程如下：

（1）在 Hotel 文件夹下新建酒店详情组件 HotelShow.vue。在<template>标签中定义<div>标签，在标签中分别定义酒店图片、酒店名称、酒店起始价格、酒店地址、联系电话、入住时间、酒店介绍和酒店设施等内容。代码如下：

```
<template>
  <div>
    <div class="show" v-if="data">
      <div class="center">
        <div class="col1-1">
          <img :src="`${data&&data.hotel_pic_url}`" />
        </div>
        <div class="col1-2">
          <div>
            <h3>{{data&&data.hotel_name}}</h3>
          </div>
          <!--此处省略部分代码-->
        </div>
      </div>
    </div>
    <!-- 酒店介绍 -->
    <div class="introduce">
      <div class="center">
        <div class="icon">
          <span>酒店介绍</span>
          <div></div>
        </div>
        <p>
          {{data&&data.intro}}
        </p>
        <img :src="`${data&&data.room_pic_url}`" alt="" />
      </div>
    </div>
    <!-- 酒店设施 -->
    <div class="facility">
      <div class="center">
        <div class="icon">
          <span>酒店设施</span>
          <div></div>
        </div>
        <ul>
          <li>
            <div></div>
            <span>客房 Wi-Fi</span>
          </li>
          <!--此处省略部分代码-->
        </ul>
      </div>
    </div>
  </div>
</template>
```

（2）在<script>标签中首先引入 axios 实例和 ElMessage 组件；然后在 data 选项中定义用于存储酒店详情的数据，在 mounted()钩子函数中调用 getData()方法；最后在 methods 选项中定义 getData()方法，在该方法中使用 axios 发送 GET 请求，根据酒店 id 查询酒店信息。代码如下：

```
<script>
import axios from "axios";                                    //引入 axios
import {ElMessage} from "element-plus";
```

```
export default {
  data() {
    return {
      data: []                                                    //酒店详情数据
    };
  },
  mounted() {
    this.getData();                                               //获取数据
  },
  methods: {
    //根据酒店 id 查询酒店信息
    getData() {
      axios.get('/api/hotel_detail/'+this.$route.query.id).then((res) => {
        this.data = res.data.data[0];
      }).catch(error => {
        ElMessage.error(error);
      });
    },
  },
};
</script>
```

2. 后端设计

在 backend\routes\index.js 文件中定义客户端发送 GET 请求的路由处理函数。当客户端访问/hotel_detail 路径并加上一个动态参数 id 时，根据酒店 id 查询 tb_hotel 数据表获取该酒店的详细信息，并将查询结果以 JSON 格式返回客户端。代码如下：

```
router.get('/hotel_detail/:id', function (req, res, next){
  const id = req.params.id;                                       //要查询的酒店 id
  const sql = 'SELECT * FROM tb_hotel WHERE id = ?';              //要执行的 SQL 语句
  db.query(sql, [id], function (err, result){
    if(err){
      return res.status(500).send();
    }
    res.json({
      data: result
    })
  })
});
```

6.11 游客服务页面设计

单击导航栏中的"游客服务"超链接可以进入游客服务页面。在游客服务页面中可以查看导游和游客须知等信息。游客服务页面的效果如图 6.19 所示。

由于游客服务页面中的"交通查询"和"投诉热线"两个选项并没有实质功能，因此与游客服务页面相关的组件主要有 3 个，分别是游客服务组件、导游组件和游客须知组件，下面对这 3 个组件进行详细介绍。

6.11.1 游客服务组件设计

游客服务组件是一级路由组件，该组件主要提供"导游""游客须知""交通查询""投诉热线"4 个服务选项。限于本书篇幅，这里仅为"导游"和"游客须知"设置了超链接，单击其中某个超链接可以进入对应的二级路由渲染的页面。游客服务组件的实现过程如下：

（1）在 frontend\src\views 文件夹下新建 Service 文件夹，在 Service 文件夹下新建游客服务组件 ServicePage.vue。在<template>标签中定义游客服务选项，包括"导游""游客须知""交通查询"和"投诉热线"。其中，为"导游"和"游客须知"两个选项设置路由跳转。在游客服务选项下面使用<router-view>渲染二级路由组件。代码如下：

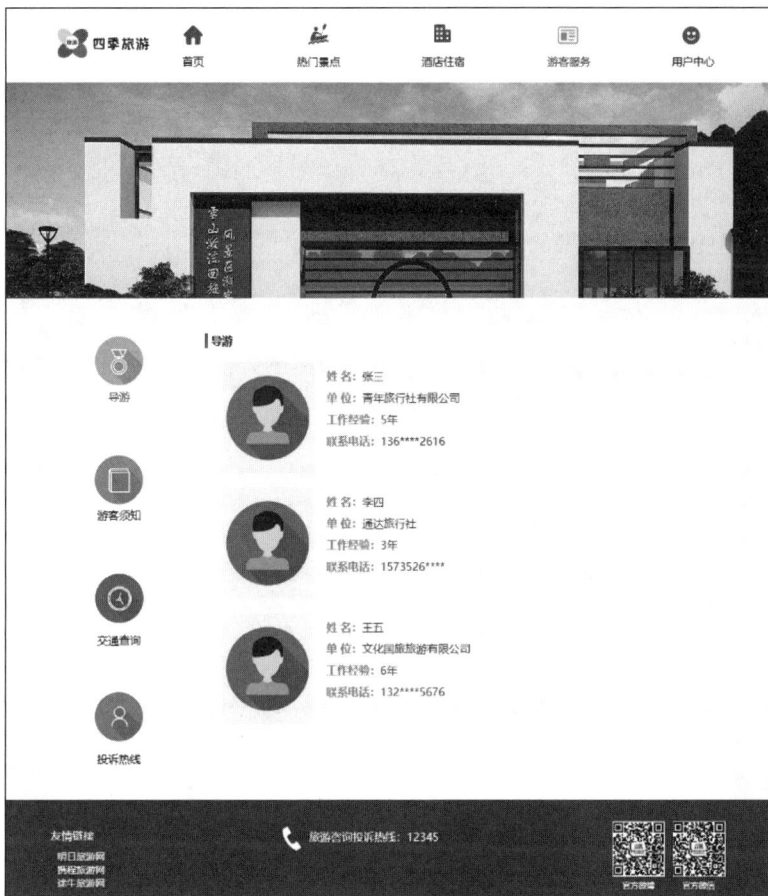

图 6.19　游客服务页面

```
<template>
  <div class="body">
    <div class="service_bg">
      <img src="/img/service/service.jpg" alt="" />
    </div>
    <div class="service">
      <div class="center">
        <div class="main">
          <div class="menu">
            <ul>
              <router-link to="/service/guide" custom v-slot="{navigate, isExactActive}">
                <li :class="[isExactActive && 'router-link-exact-active']" @click="navigate">
                  <div class="icon1"></div>
                  导游
                </li>
              </router-link>
              <router-link to="/service/notice" custom v-slot="{navigate, isExactActive}">
                <li :class="[isExactActive && 'router-link-exact-active']" @click="navigate">
                  <div class="icon2"></div>
                  游客须知
                </li>
              </router-link>
              <li>
```

```
        <div class="icon3"></div>
          <p>交通查询</p>
        </li>
        <li>
          <div class="icon4"></div>
          <p>投诉热线</p>
        </li>
      </ul>
    </div>
    <div class="detail">
      <router-view/>
    </div>
      </div>
    </div>
  </div>
</div>
</template>
```

（2）在<style>标签中引入该组件使用的样式文件 service.css。代码如下：

```
<style scoped src="@/assets/css/service.css"></style>
```

6.11.2　导游组件设计

导游组件是二级路由渲染的组件。该组件主要提供导游信息，包括导游姓名、工作单位、工作经验年限和联系电话。导游组件的界面效果如图 6.20 所示。

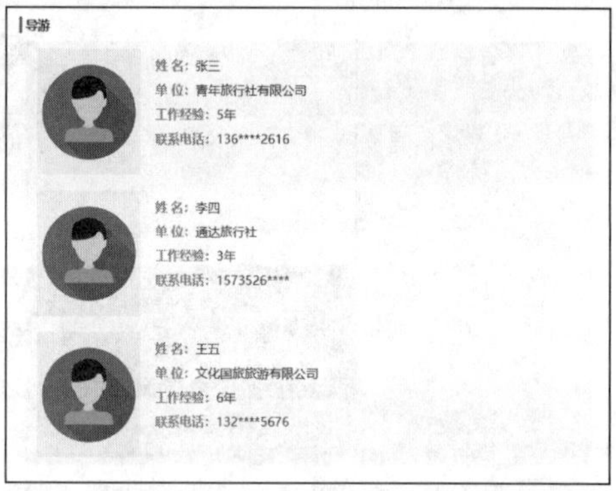

图 6.20　导游组件界面

导游组件的实现过程比较简单。在 Service 文件夹下新建导游组件 ServiceGuide.vue。在<template>标签中对导游列表进行遍历，在遍历时输出导游头像、导游姓名、工作单位、工作经验年限和联系电话。然后在<script>标签中定义导游列表。最后引入该组件使用的样式文件 service.css。代码如下：

```
<template>
  <div class="guide">
    <h4>导游</h4>
    <ul>
      <li v-for="item in guide" :key="item">
        <img :src="item.head" />
        <div class="introduce">
          <div>
            <h4>姓　名：</h4>
            <p>{{ item.name }}</p>
          </div>
          <div>
            <h4>单　位：</h4>
            <p>{{ item.unit }}</p>
          </div>
          <div>
            <h4>工作经验：</h4>
            <p>{{ item.years }}年</p>
          </div>
          <div>
            <h4>联系电话：</h4>
            <p>{{ item.phone }}</p>
          </div>
        </div>
      </li>
```

```
          </ul>
        </div>
</template>
<script>
export default {
  data(){
    return {
      guide: [
        {
          head: "/img/guide/1.jpg",
          name: "张三",
          unit: "青年旅行社有限公司",
          years: 5,
          phone: "136****2616"
        },
        {
          head: "/img/guide/1.jpg",
          name: "李四",
          unit: "通达旅行社",
          years: 3,
          phone: "1573526****"
        },
        {
          head: "/img/guide/1.jpg",
          name: "王五",
          unit: "文化国旅旅游有限公司",
          years: 6,
          phone: "132****5676"
        }
      ]
    }
  }
};
</script>
<style scoped src="@/assets/css/service.css"></style>
```

6.11.3　游客须知组件设计

游客须知组件也是二级路由渲染的组件。该组件主要提供游客须知信息，包括旅游时的注意事项和温馨提示内容。游客须知组件的界面效果如图 6.21 所示。

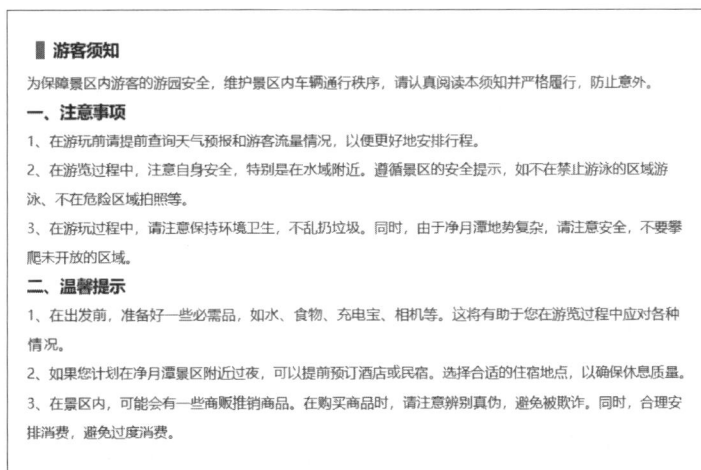

图 6.21　游客须知组件

游客须知组件是 ServiceNotice.vue。在 Service 文件夹下新建该组件，在<template>标签中定义游客须知信息，包括旅游时的注意事项和温馨提示。代码如下：

```
<template>
  <div class="notice">
    <div class="txt">
      <span></span>
      <h3>游客须知</h3>
    </div>
    <p>
      为保障景区内游客的游园安全，维护景区内车辆通行秩序，请认真阅读本须知并严格履行，防止意外。
    <h3>一、注意事项</h3>
    <p>
      1、在游玩前请提前查询天气预报和游客流量情况，以便更好地安排行程。
    </p>
    <p>2、在游览过程中，注意自身安全，特别是在水域附近。遵循景区的安全提示，如不在禁止游泳的区域游泳、不在危险区域拍照
等。</p>
    <p>
      3、在游玩过程中，请注意保持环境卫生，不乱扔垃圾。同时，由于净月潭地势复杂，请注意安全，不要攀爬未开放的区域。
    </p>
    <h3>二、温馨提示</h3>
    <p>
      1、在出发前，准备好一些必需品，如水、食物、充电宝、相机等。这将有助于您在游览过程中应对各种情况。
    </p>
    <p>
      2、如果您计划在净月潭景区附近过夜，可以提前预订酒店或民宿。选择合适的住宿地点，以确保休息质量。
    </p>
    <p>
      3、在景区内，可能会有一些商贩推销商品。在购买商品时，请注意辨别真伪，避免被欺诈。同时，合理安排消费，避免过度消费。
    </p>
  </div>
</template>
```

6.12　用户中心页面设计

单击导航栏中的"用户中心"超链接，默认会进入用户登录页面，效果如图 6.22 所示。如果用户还未注册，需要先进行注册再进行登录。单击登录页面中的"立即注册"超链接会进入用户注册页面，效果如图 6.23 所示。

图 6.22　用户登录界面

用户中心页面的相关组件包括用户注册组件、用户登录组件、用户管理组件、用户编辑组件和用户订单组件，下面对这几个组件进行详细介绍。

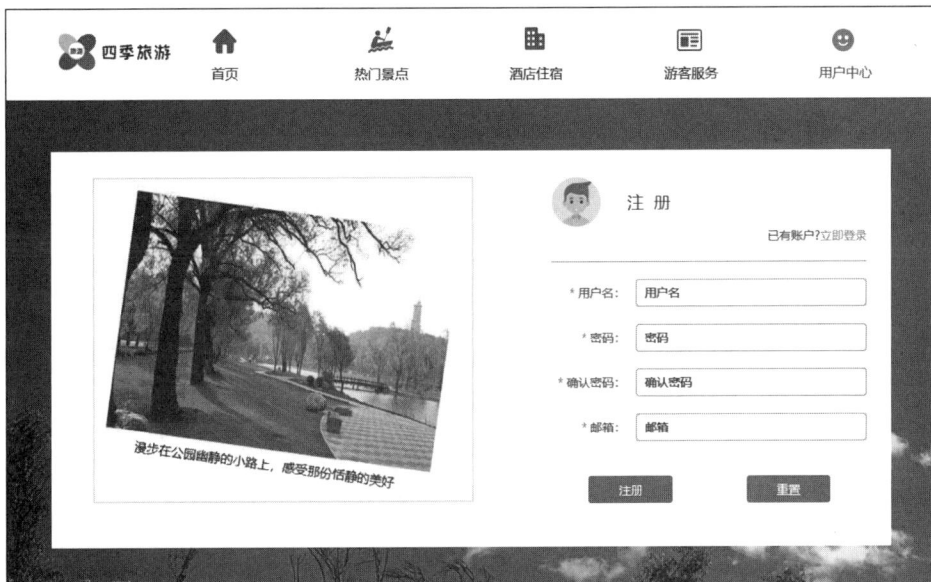

图 6.23　用户注册界面

6.12.1　用户注册组件设计

用户注册组件主要由注册表单组成。用户在注册表单中需要输入用户名、密码、确认密码和邮箱。在注册时需要对用户输入的内容进行验证，如果输入的内容不符合要求就给出相应的提示信息，效果如图 6.24 所示。如果验证通过，单击"注册"按钮后会提示注册成功。

图 6.24　注册表单验证效果

1. 前端设计

用户注册组件的实现过程如下：

（1）在 frontend\src\views 文件夹下新建 User 文件夹，在 User 文件夹下新建用户注册组件 UserRegister.

vue。在<template>标签中使用 ElementPlus 中的 Form 组件、FormItem 组件、Input 组件和 Button 组件定义用户注册表单，并设置表单的验证规则。将输入框和定义的数据进行绑定。当单击"注册"按钮时调用 submitForm()方法，当单击"重置"按钮时调用 resetForm()方法。代码如下：

```html
<template>
  <div class="body">
    <div class="center">
      <div style="height: 10px"></div>
      <div class="login">
        <div class="pic">
          <img src="/img/reg/2.jpg" class="pic1" />
        </div>
        <div class="msg">
          <div class="user-title">
            <img src="/img/login/user.png" alt="" />
            <span>注  册</span>
          </div>
          <div class="reg">
            <span>已有账户?</span>
            <router-link to="/user/login">立即登录</router-link>
          </div>
          <el-form :model="form" :rules="rules" ref="registerForm">
            <el-form-item class="ele" prop="username" label="用户名：" label-width="100px">
              <el-input v-model="form.username" placeholder="用户名"></el-input>
            </el-form-item>
            <el-form-item class="ele" prop="password" label="密码：" label-width="100px">
              <el-input type="password" v-model="form.password" placeholder="密码"></el-input>
            </el-form-item>
            <el-form-item class="ele" prop="rePassword" label="确认密码：" label-width="100px">
              <el-input type="password" v-model="form.rePassword" placeholder="确认密码"></el-input>
            </el-form-item>
            <el-form-item class="ele" prop="email" label="邮箱：" label-width="100px">
              <el-input v-model="form.email" placeholder="邮箱"></el-input>
            </el-form-item>
            <el-form-item class="ele">
              <el-button type="primary" style="width: 100px;" size="default" @click="submitForm">注册</el-button>
              <el-button type="info" style="width: 100px;" size="default" @click="resetForm">重置</el-button>
            </el-form-item>
          </el-form>
        </div>
      </div>
      <div style="height: 50px"></div>
    </div>
  </div>
</template>
```

（2）在<script>标签中分别引入 axios 和 ElMessage 组件，然后在 data 选项中分别定义验证密码的规则、验证确认密码的规则、数据和表单验证规则。接下来在 methods 选项中定义 submitForm()方法和 resetForm()方法。在 submitForm()方法中判断表单验证是否成功，如果表单验证成功则使用 axios 发送 GET 请求，判断用户名在用户信息表中是否已存在，如果不存在则使用 axios 发送 POST 请求，向用户信息表中添加用户注册信息，并跳转到登录页面。resetForm()方法用于重置表单。代码如下：

```javascript
<script>
import axios from "axios";                              //引入 axios
import {ElMessage} from "element-plus";                 //引入 ElMessage 组件
export default {
  data() {
    //此处省略验证密码和确认密码规则的代码
    return {
      form: {
        username: '',                                   //用户名
        password: '',                                   //密码
        rePassword: '',                                 //确认密码
        email: ''                                       //邮箱
      },
      //此处省略定义表单验证规则的代码
```

```
    };
  },
  methods: {
    submitForm() {
      this.$refs.registerForm.validate((valid) => {          //验证表单元素
        if (valid) {
          axios.get('/api/users',{
            params:{
              username: this.form.username
            }
          }).then(res=>{
            //判断用户名是否已存在
            if (res.data.data.length > 0) {
              ElMessage({
                message: "用户名已存在！",
                type: "error"
              })
            } else {
              //添加用户信息
              axios.post('/api/users',{
                username: this.form.username,
                password: this.form.password,
                email: this.form.email
              }).then(res => {
                if(res.status === 201){                      //返回 201 状态码表示添加成功
                  ElMessage({
                    message: "注册成功！",
                    type: "success"
                  })
                  this.$router.push("/user");                //跳转到登录页面
                }
              }).catch(error => {
                ElMessage.error("注册失败：" + error);
              });
            }
          }).catch(error => {
            ElMessage.error("查询用户名出现错误：" + error);
          })
        }
      });
    },
    resetForm(){
      this.$refs.registerForm.resetFields();                 //重置表单
    }
  },
};
</script>
```

2. 后端设计

在 backend\routes\users.js 文件中分别定义客户端发送请求的路由处理函数。当客户端发送 GET 请求访问根路径时，根据传递的用户名查询 tb_user 数据表，并将查询结果以 JSON 格式返回客户端；当客户端发送 POST 请求访问根路径时，将用户注册信息添加到 tb_user 数据表。代码如下：

```
router.get('/', function(req, res, next) {
  const username = req.query.username;                       //获取前端传过来的用户名
  const sql = 'SELECT * FROM tb_user WHERE username = ?';    //要执行的 SQL 语句
  db.query(sql, [username], function (err, result){
    if(err){
      return res.status(500).send();
    }
    res.json({
      data: result
    })
  })
});
router.post('/', function(req, res, next) {
  const sql = 'INSERT INTO tb_user (username,password,email) VALUES(?,?,?)';   //要执行的 SQL 语句
  db.query(sql, [
    req.body.username,
    req.body.password,
```

```
          req.body.email
      ], function (err, result){
        if(err){
           return res.status(500).send();
        }
        res.status(201).send(result);
      })
   });
```

6.12.2 用户登录组件设计

用户注册成功之后会跳转到登录页面，登录页面主要由登录表单组成。在登录表单中需要输入用户名和密码。在登录时需要对输入框进行是否为空的验证，效果如图 6.25 所示。如果输入框不为空，而且输入的用户名和密码都正确，单击"登录"按钮后会提示登录成功，并跳转到用户管理页面。

图 6.25 登录表单验证效果

1. 前端设计

用户登录组件的实现过程如下：

（1）在 User 文件夹下新建用户登录组件 UserLogin.vue。在<template>标签中首先定义"立即注册"超链接，单击该超链接会跳转到用户注册页面。然后使用 ElementPlus 中的 Form 组件、FormItem 组件、Input 组件和 Button 组件定义用户登录表单，并设置表单的验证规则。将输入框和定义的数据进行绑定。当单击"登录"按钮时调用 submitForm()方法，当单击"重置"按钮时调用 resetForm()方法。代码如下：

```
<template>
  <div class="body">
    <div class="center">
      <div style="height: 10px"></div>
      <div class="login">
        <div class="pic">
          <img src="/img/login/2.jpg" class="pic1" />
        </div>
        <div class="msg">
          <div class="user-title">
            <img src="/img/login/user.png" alt="" />
            <span>登  录</span>
          </div>
          <div class="reg">
            <span>还没有账号?</span>
            <router-link to="/user/register">立即注册</router-link>
          </div>
          <el-form :model="form" :rules="rules" ref="loginForm">
```

```
                    <el-form-item class="ele" prop="username" label="用户名：" label-width="100px">
                        <el-input v-model="form.username" placeholder="用户名"></el-input>
                    </el-form-item>
                    <el-form-item class="ele" prop="password" label="密码：" label-width="100px">
                        <el-input type="password" v-model="form.password" placeholder="密码"></el-input>
                    </el-form-item>
                    <el-form-item class="ele">
                        <el-button type="primary" style="width: 100px;" @click="submitForm">登录</el-button>
                        <el-button type="info" style="width: 100px;" @click="resetForm">重置</el-button>
                    </el-form-item>
                </el-form>
            </div>
        </div>
        <div style="height: 50px;"></div>
    </div>
</div>
</template>
```

（2）在\<script\>标签中分别引入 axios 和 EIMessage 组件，然后在 data 选项中分别定义数据和表单验证规则。接下来在 methods 选项中定义 submitForm()方法和 resetForm()方法。在 submitForm()方法中判断表单验证是否成功，表单验证成功则使用 axios 发送 POST 请求，如果用户名和密码都正确则提示登录成功，将用户 id 保存在 sessionStorage 中并跳转到用户管理页面。resetForm()方法用于重置表单。代码如下：

```
<script>
import axios from "axios";                                       //引入 axios
import {EIMessage} from "element-plus";                          //引入 EIMessage 组件
export default {
  data() {
    return {
      form: {
        username: '',                                            //用户名
        password: '',                                            //密码
      },
      //表单验证规则
      rules: {
        username: [
          { required: true, message: '请输入用户名', trigger: 'blur' }
        ],
        password: [
          { required: true, message: '请输入密码', trigger: 'blur' }
        ]
      }
    };
  },
  mounted() {
    if(sessionStorage.getItem("userid")){                        //判断用户是否已登录
      this.$router.push('/user/manage');                         //跳转到用户管理页面
    }
  },
  methods: {
    submitForm() {
      this.$refs.loginForm.validate((valid) => {
        if(valid){
          axios.post('/api/users/login', {                       //查询用户名
            username: this.form.username,
            password: this.form.password
          }).then(res => {
            EIMessage({
              message: "登录成功！",
              type: "success"
            })
            sessionStorage.setItem("userid",res.data.data[0].id); //保存用户 id
            this.$router.push('/user/manage');                    //跳转到用户管理页面
          }).catch(error => {
            //判断用户名是否正确
```

```
            if(error.response.status === 404){
                ElMessage({
                    message: "用户名不正确！",
                    type: "error"
                })
            //判断密码是否正确
            }else if(error.response.status === 401){
                ElMessage({
                    message: "登录密码不正确！",
                    type: "error"
                })
            }else{
                ElMessage.error(error);
            }
        });
    }
    });
    },
    resetForm(){
        this.$refs.loginForm.resetFields();                     //重置表单
    }
    },
};
</script>
```

2. 后端设计

在 backend\routes\users.js 文件中定义客户端发送 POST 请求的路由处理函数。当客户端访问/login 路径时，根据传递的用户名查询 tb_user 数据表，如果用户名存在，则判断密码是否正确，如果密码也正确则将用户信息以 JSON 格式返回客户端。代码如下：

```
router.post('/login', function(req, res, next) {
    const username = req.body.username;
    const password = req.body.password;
    const sql = 'SELECT * FROM tb_user WHERE username = ?';
    db.query(sql, [username], function (err, result){
        if(err){
            return res.status(500).send();
        }
        if(result.length === 0){
            //用户名不存在
            return res.status(404).send();
        }else{
            //用户名存在，判断密码是否正确
            if(result[0].password === password){
                //密码正确，返回用户信息
                res.json({
                    data: result
                })
            }else{
                //密码不正确，返回错误信息
                return res.status(401).send();
            }
        }
    })
});
```

6.12.3　用户管理组件设计

用户登录成功后会跳转到用户管理页面。在用户管理页面中提供了"用户订单""编辑用户"和"注销用户"3 个选项，另外还提供了一个"退出登录"超链接，效果如图 6.26 所示。

图 6.26　用户管理页面

1. 前端设计

用户管理组件的实现过程如下：

（1）在 User 文件夹下新建用户管理组件 UserManage.vue。在<template>标签中首先定义"退出登录"超链接，然后定义"用户订单""编辑用户"和"注销用户"3 个选项。当单击"用户订单"时调用 order()方法，当单击"编辑用户"时调用 edit()方法，当单击"注销用户"时调用 cancel()方法。代码如下：

```
<template>
  <div class="body">
    <div class="center">
      <div style="height: 10px"></div>
      <div class="login">
        <div class="pic">
          <img src="/img/login/2.jpg" class="pic1" />
        </div>
        <div class="msg">
          <div class="user-title">
            <img src="/img/login/user.png" alt="" />
            <span>用户管理</span>
            <span class="out" @click="logout">退出登录</span>
          </div>
          <div class="manage">
            <div class="order" @click="order">用户订单</div>
            <div class="edit" @click="edit">编辑用户</div>
            <div class="cancel" @click="cancel">注销用户</div>
          </div>
        </div>
      </div>
      <div style="height: 50px"></div>
    </div>
  </div>
</template>
```

（2）在<script>标签中分别引入 axios 和 ElMessage 组件，然后在 data 选项中定义数据，获取登录用户 id。接下来在 methods 选项中定义 logout()方法、order()方法、edit()方法和 cancel()方法。logout()方法用于删除 sessionStorage 中保存的用户 id，并跳转到用户登录页面；order()方法用于跳转到用户订单页面；edit()方法用于跳转到用户编辑页面；cancel()方法用于注销用户，如果用户存在订单和游客信息则会删除这些信息。代码如下：

```
<script>
import axios from "axios";                                    //引入 axios
```

```
import {ElMessage} from "element-plus";                                    //引入 ElMessage 组件
export default {
  data() {
    return {
      userid: sessionStorage.getItem('userid')                            //登录用户 id
    };
  },
  methods: {
    logout(){
      sessionStorage.removeItem('userid');                                //删除 sessionStorage 中的用户 id
      this.$router.push('/user');                                         //跳转到登录页面
    },
    order(){
      this.$router.push('/user/orders');                                  //跳转到用户订单页面
    },
    edit(){
      this.$router.push('/user/edit');                                    //跳转到用户编辑页面
    },
    cancel(){
      if(window.confirm("确定要注销用户吗？")){
        sessionStorage.removeItem('userid');                             //删除 sessionStorage 中的用户 id
        //删除用户信息
        axios.delete('/api/users/'+this.userid).then(res => {
          if(res.status === 204){                                        //返回 204 状态码表示删除成功
            ElMessage({
              message: "注销成功！",
              type: "success"
            })
            axios.get('/api/users/orders/'+this.userid).then(res => {
              if(res.data.data.length > 0){                              //用户有订单
                //删除用户订单
                axios.delete('/api/users/orders/by-user/'+this.userid).then(res => {
                  if(res.status === 204){                                //返回 204 状态码表示删除成功
                    ElMessage({
                      message: "用户订单删除成功！",
                      type: "success"
                    })
                  }
                })
              }
            })
            axios.get('/api/users/tourist/'+this.userid).then(res => {
              if(res.data.data.length > 0){                             //用户有游客信息
                //删除游客信息
                axios.delete('/api/users/tourist/'+this.userid).then(res => {
                  if(res.status === 204){                               //返回 204 状态码表示删除成功
                    ElMessage({
                      message: "游客信息删除成功！",
                      type: "success"
                    })
                  }
                })
              }
            })
            this.$router.push('/user/register');                        //跳转到注册页面
          }
        }).catch(error => {
          if(error.response.status === 404){                            //返回 404 状态码表示数据不存在
            ElMessage({
              message: "用户不存在！",
              type: "error"
            })
          }else{
            ElMessage.error(error);
          }
```

```
        })
      }
    }
  },
};
</script>
```

2. 后端设计

在 backend\routes\users.js 文件中定义客户端发送请求的路由处理函数。当客户端发送 DELETE 请求访问根路径并加上一个动态参数 userid 时，根据用户 id 删除 tb_user 数据表中的用户信息；当客户端发送 GET 请求访问/orders 路径并加上一个动态参数 userid 时，根据用户 id 查询 tb_orders 数据表中的用户订单信息，并将查询结果以 JSON 格式返回客户端；当客户端发送 DELETE 请求访问/orders/by-user 路径并加上一个动态参数 userid 时，根据用户 id 删除 tb_orders 数据表中的用户订单信息。代码如下：

```
router.delete('/:userid', function (req, res, next){
  const userid = req.params.userid;                              //要删除的用户 id
  const sql = 'DELETE FROM tb_user WHERE id = ?';                 //要执行的 SQL 语句
  db.query(sql, [userid], function (err, result){
    if(err){
      return res.status(500).send();
    }
    if (result.affectedRows === 0) {
      //如果没有影响任何行，说明数据不存在
      return res.status(404).send();
    }
    //数据删除成功
    res.status(204).send();
  })
});
router.get('/orders/:userid', function(req, res, next){
  const userid = req.params.userid;                              //要查询订单中的用户 id
  const sql = 'SELECT * FROM tb_orders WHERE userid = ?';         //要执行的 SQL 语句
  db.query(sql, [userid], function (err, result){
    if(err){
      return res.status(500).send();
    }
    res.json({
      data: result
    })
  })
});
router.delete('/orders/by-user/:userid', function (req, res, next){
  const userid = req.params.userid;                              //要删除订单中的用户 id
  const sql = 'DELETE FROM tb_orders WHERE userid = ?';          //要执行的 SQL 语句
  db.query(sql, [userid], function (err, result){
    if(err){
      return res.status(500).send();
    }
    if (result.affectedRows === 0) {
      //如果没有影响任何行，说明数据不存在
      return res.status(404).send();
    }
    //数据删除成功
    res.status(204).send();
  })
});
```

6.12.4 用户编辑组件设计

单击用户管理页面中的"编辑用户"选项会进入用户编辑页面，在页面中可以对当前登录用户的信息进行修改，修改后单击"保存"按钮完成修改，效果如图 6.27 所示。

图 6.27 用户编辑页面

1. 前端设计

用户编辑组件的实现过程如下：

（1）在 User 文件夹下新建用户编辑组件 UserEdit.vue。在<template>标签中使用 ElementPlus 中的 Form 组件、FormItem 组件、Input 组件和 Button 组件定义编辑用户的表单，并设置表单的验证规则。将输入框和定义的数据进行绑定。当单击"保存"按钮时调用 save()方法，当单击"返回"按钮时调用 goBack()方法。代码如下：

```html
<template>
  <div class="body">
    <div class="center">
      <div style="height: 10px"></div>
      <div class="login">
        <div class="pic">
          <img src="/img/login/2.jpg" class="pic1" />
        </div>
        <div class="msg">
          <div class="user-title">
            <img src="/img/login/user.png" alt="" />
            <span>编辑用户</span>
          </div>
          <el-form :model="form" :rules="rules" ref="registerForm">
            <el-form-item class="ele" prop="username" label="用户名：" label-width="100px">
              <el-input v-model="form.username" placeholder="用户名"></el-input>
            </el-form-item>
            <el-form-item class="ele" prop="password" label="密码：" label-width="100px">
              <el-input type="password" v-model="form.password" placeholder="密码"></el-input>
            </el-form-item>
            <el-form-item class="ele" prop="email" label="邮箱：" label-width="100px">
              <el-input v-model="form.email" placeholder="邮箱"></el-input>
            </el-form-item>
            <el-form-item class="ele">
              <el-button type="primary" style="width: 100px;" size="default" @click="save">保存</el-button>
              <el-button type="info" style="width: 100px;" size="default" @click="goBack">返回</el-button>
            </el-form-item>
          </el-form>
        </div>
      </div>
      <div style="height: 50px"></div>
    </div>
  </div>
</template>
```

（2）在<script>标签中分别引入 axios 和 EIMessage 组件，然后在 data 选项中分别定义验证密码的规则、数据和表单验证规则。接下来在 methods 选项中定义 getUserInfo()方法、save()方法和 goBack()方法。getUserInfo()方法用于获取当前登录用户的信息，并将用户信息显示在表单中；save()方法用于修改用户信息，并跳转到用户管理页面；goBack()方法用于返回到上一页。代码如下：

```
<script>
import axios from "axios";                                          //引入 axios
import {EIMessage} from "element-plus";                             //引入 EIMessage 组件
export default {
  data() {
    //验证密码
    let validatorPass = (rule, value, callback) => {
      if (value.length < 6 || value.length > 15) {
        callback(new Error('密码为 6~15 个字符'));
      } else {
        callback();
      }
    };
    return {
      userid: '',                                                   //当前登录用户 id
      //此处省略定义其他数据的代码
    };
  },
  created() {
    this.getUserInfo();
  },
  methods: {
    getUserInfo(){
      this.userid = sessionStorage.getItem('userid');              //获取登录用户 id
      //获取当前用户信息
      axios.get('/api/users/edit/'+this.userid).then(res=>{
        this.form = res.data.data[0];
      }).catch(error => {
        if(error.response.status === 404){                         //返回 404 状态码表示数据不存在
          EIMessage({
            message: "用户不存在！",
            type: "error"
          })
        }else{
          EIMessage.error(error);
        }
      })
    },
    //此处省略修改用户信息方法的代码
    goBack(){
      history.back();                                              //返回上一页
    }
  }
};
</script>
```

2. 后端设计

在 backend\routes\users.js 文件中定义客户端发送请求的路由处理函数。当客户端发送 GET 请求访问/edit 路径并加上一个动态参数 userid 时，根据用户 id 查询 tb_user 数据表中的用户信息，并将查询结果以 JSON 格式返回客户端；当客户端发送 PUT 请求访问/edit 路径并加上一个动态参数 userid 时，根据用户 id 更新 tb_user 数据表中的用户信息。代码如下：

```
router.get('/edit/:userid', function(req, res, next) {
  const userid = req.params.userid;                                //要查询的用户 id
  const sql = 'SELECT * FROM tb_user WHERE id = ?';                 //要执行的 SQL 语句
  db.query(sql, [userid], function (err, result){
    if(err){
      return res.status(500).send();
    }
    if(result.length === 0){
      return res.status(404).send();
    }
```

```
      res.json({
        data: result
      })
    })
});
router.put('/edit/:userid', function (req, res, next){
    const userid = req.params.userid;                                           //要编辑的用户 id
    const sql = 'UPDATE tb_user set username = ?,password = ?,email = ? WHERE id = ?';    //要执行的 SQL 语句
    db.query(sql, [
        req.body.username,
        req.body.password,
        req.body.email,
        userid
    ], function (err, result){
        if(err){
            return res.status(500).send();
        }
        if (result.affectedRows === 0) {
            //如果没有影响任何行，说明数据不存在
            return res.status(404).send();
        }
        //数据更新成功
        res.status(200).send();
    })
});
```

6.12.5　用户订单组件设计

单击用户管理页面中的"用户订单"选项会进入用户订单页面，该页面展示了当前登录用户预订景点门票的订单信息，效果如图 6.28 所示。在用户订单页面中可以对某个订单进行删除操作，也可以对多个订单进行批量删除操作。

图 6.28　用户订单页面

1. 前端设计

用户订单组件的实现过程如下：

（1）在 User 文件夹下新建用户订单组件 UserOrders.vue。在<template>标签中使用 v-for 指令对用户订单列表 ordersList 进行遍历，在遍历时输出订单信息。定义"全选""全不选""反选"和"删除全部选中"4 个按钮，通过"全选""全不选""反选"3 个按钮对订单列表中的复选框进行选择操作，再通过"删除全部选中"按钮对选中的订单进行删除操作。代码如下：

```
<template>
    <div class="body">
        <div class="center">
            <div style="height: 10px"></div>
            <div>
```

```
          <h2 style="text-align: center">订单列表</h2>
          <div class="loading" v-if="loading">正在加载订单...</div>
          <div class="empty" v-else-if="!ordersList.length">暂无订单</div>
          <table v-else>
            <tbody>
              <tr>
                <th><input type="checkbox" ref="box" @click="toggleSelectAll"></th>
                <th>ID</th>
                <th>景点名称</th>
                <th>门票张数</th>
                <th>总价</th>
                <th>预订日期</th>
                <th>下单时间</th>
                <th>删除</th>
              </tr>
              <tr v-for="item in ordersList" :key="item.id">
                <td><input type="checkbox" class="box" v-model="selectedIds" :value="item.id"></td>
                <td>{{ item.id }}</td>
                <td>{{ item.scenery_name}}</td>
                <td>{{ item.number }}</td>
                <td>{{ item.total_price}}</td>
                <td>{{ item.booking_date}}</td>
                <td>{{ new Date(item.order_time).toLocaleString()}}</td>
                <td style="cursor: pointer" @click="del(item.id)">删除</td>
              </tr>
            </tbody>
          </table>
          <div class="action" v-show="ordersList.length">
            <button @click="selectAll">全选</button>
            <button @click="deselectAll">全不选</button>
            <button @click="invertSelection">反选</button>
            <button @click="deleteAllSelected" :disabled="!hasSelectedItems">删除全部选中</button>
          </div>
        </div>
        <div style="height: 50px"></div>
      </div>
    </div>
</template>
```

（2）在<script>标签中首先分别引入 axios 和 EIMessage 组件；然后在 data 选项中定义数据，在 created()钩子函数中调用 getData()方法获取当前登录用户的订单列表，通过 hasSelectedItems 计算属性判断是否有选中的订单，通过监听 selectedIds 属性更新复选框的全选状态；接下来在 methods 选项中定义多个方法，getData()方法用于获取当前登录用户的订单列表，del()方法用于根据订单 id 删除某个订单，selectAll()方法用于选中全部复选框，deselectAll()方法用于取消选中全部复选框，invertSelection()方法用于反选复选框，deleteAllSelected()方法用于删除所有选中的订单，toggleSelectAll()方法用于控制复选框的全选或全不选，updateSelectAll()方法用于更新复选框的全选状态。代码如下：

```
<script>
import axios from "axios";                              //引入 axios
import {EIMessage} from "element-plus";                 //引入 EIMessage 组件
export default {
  data() {
    return {
      userid: sessionStorage.getItem('userid'),         //登录用户 id
      ordersList: [],                                    //订单列表
      loading: true,                                     //添加加载状态
      selectedIds: []                                    //要删除的订单 id 列表
    };
  },
  created() {
    if(this.userid === null){                            //未登录
      this.$router.push('/user');                        //跳转到登录页面
    }
    try{
      this.getData();                                    //获取数据
    } finally {
      this.loading = false;                              //关闭加载状态
    }
  },
```

```
computed: {
  hasSelectedItems() {
    return this.selectedIds.length > 0;              //判断是否有选中的订单
  }
},
watch: {
  selectedIds(newValue) {
    if(newValue){
      this.updateSelectAll();                        //更新全选状态
    }
  }
},
methods: {
  getData(){
    //获取订单列表
    axios.get('/api/users/orders/'+this.userid).then(res => {
      this.ordersList = res.data.data;
    }).catch(error => {
      ElMessage.error("获取订单失败：" + error);
    })
  },
  del(id){
    if(window.confirm("确定要删除这个订单吗？")){
      //删除订单
      axios.delete('/api/users/orders/'+id).then(res => {
        if(res.status === 204){                      //返回204状态码表示删除成功
          ElMessage({
            message: "删除成功！",
            type: "success"
          })
          this.getData();
        }
      }).catch(error => {
        if(error.response.status === 404){            //返回404状态码表示数据不存在
          ElMessage({
            message: "订单不存在！",
            type: "error"
          })
        }else{
          ElMessage.error(error);
        }
      })
    }
  },
  //此处省略操作复选框的多个方法的代码
}
};
</script>
```

2. 后端设计

在 backend\routes\users.js 文件中定义客户端发送请求的路由处理函数。当客户端发送 DELETE 请求访问/orders 路径并加上一个动态参数 id 时，根据订单 id 删除 tb_orders 数据表中的订单信息。代码如下：

```
router.delete('/orders/:id', function (req, res, next){
  const id = req.params.id;                          //要删除的订单 id
  const sql = 'DELETE FROM tb_orders WHERE id = ?';  //要执行的 SQL 语句
  db.query(sql, [id], function (err, result){
    if(err){
      return res.status(500).send();
    }
    if (result.affectedRows === 0) {
      //如果没有影响任何行，说明数据不存在
      return res.status(404).send();
    }
    //数据删除成功
    res.status(204).send();
  })
});
```

6.13 项 目 运 行

通过前述步骤，我们设计并完成了"四季旅游信息网"项目的开发。下面运行该项目，检验一下我们的开发成果。首先打开命令提示符窗口，切换到项目后端文件夹 backend，执行 npm start 命令启动服务器，如图 6.29 所示。

新打开一个命令提示符窗口，切换到项目前端文件夹 frontend，执行 npm run serve 命令运行项目，如图 6.30 所示。

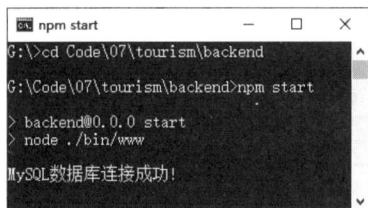

图 6.29 启动服务器

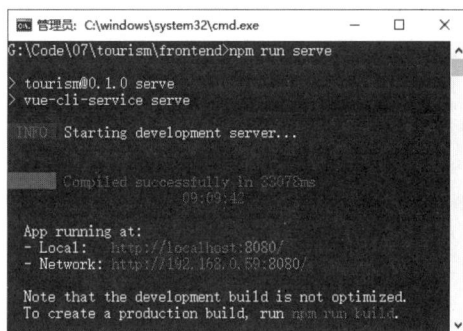

图 6.30 运行项目

在浏览器地址栏中输入 http://localhost:8080，按下<Enter>键后会进入四季旅游信息网的首页，运行后的效果参见图 6.10。单击导航栏中的"热门景点"超链接可以进入热门景点页面。热门景点页面的效果参见图 6.11。单击热门景点页面中的景点图片可以进入该景点的景点详情页面。在景点详情页面中，如果用户已登录，单击"门票预订"按钮可以进入门票预订页面，在该页面中可以选择日期、设置门票购买张数和新增游客信息，设置完成之后单击"提交订单"按钮进入用户订单页面，在该页面可以对用户订单进行删除操作。删除订单前和删除订单后的效果如图 6.31 和图 6.32 所示。

图 6.31 删除订单前

图 6.32 删除订单后

6.14 源 码 下 载

虽然本章详细地讲解了如何编码实现"四季旅游信息网"的各个功能，但给出的代码都是代码片段，而非源码。为了方便读者学习，本书提供了完整的项目源码，扫描右侧二维码即可下载。

源码下载

## 第7章

电影易购 APP

——Vue CLI + axios + Vant + Swiper + Node.js + Express 框架 + MySQL

在当今这个观看电影越来越方便、快捷的时代，众多人选择在闲暇时光通过观看电影放松心情。随着互联网的蓬勃兴起，使用电影购票 APP 已成为人们购票的主流方式，让观影之旅更加轻松惬意。本章将以电影购票为主题开发一个移动端全栈项目——电影易购 APP。其中，前端将使用 Vue CLI、axios、Vant 和 Swiper 等技术实现，后端将使用 Node.js 和 Express 框架等技术实现。此外，本项目使用 MySQL 数据库存储数据。

本项目的核心功能及实现技术如下：

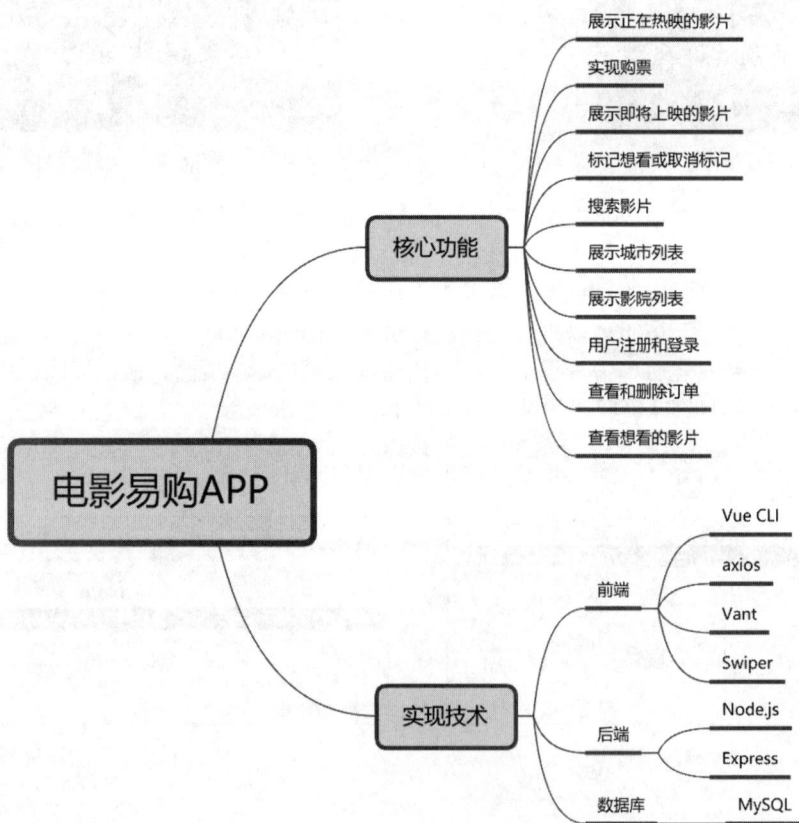

7.1 开发背景

随着社会的不断进步和生活水平的稳步提升，人们对文化生活的追求日益增强，看电影已悄然成为大众休闲娱乐的热门选择。无论是周末、节假日，还是工作日下班后的闲暇时光，走进电影院享受一场视听盛宴，都是放松身心、充实精神世界的绝佳方式。相关资料显示，近年来观影人群不断扩大，全国电影总票房频频刷新纪录。购买电影票，作为观影之旅的第一步，其方式也在悄然发生着变革。传统的电影院柜台人工售票方式，不仅效率低下、易出差错，还耗费了大量的人力资源。随着互联网技术的迅猛发展，网络购票业务如雨后春笋般崛起。如今，通过购票 APP 在线购票，已经逐渐取代了传统的柜台购票方式，它不仅为电影院节省了人力成本，还极大地提升了用户的购票体验，让更多潜在观影人群得以被发掘和吸引。在这样的背景下，本章将开发一个移动端全栈项目，即电影易购 APP，其实现目标如下：

- ☑ 列表展示正在热映的电影；
- ☑ 实现正在热映电影的购票流程，包括选择影院、选择电影、选择日期和场次、选择座位和支付等；
- ☑ 列表展示即将上映的电影；
- ☑ 将即将上映的电影标记为想看；
- ☑ 实现电影搜索功能；
- ☑ 实现按首字母检索城市和搜索城市的功能；
- ☑ 实现影院列表页面；
- ☑ 实现"我的"页面；
- ☑ 在"我的"页面查看订单列表和想看的电影。

7.2 系 统 设 计

7.2.1 开发环境

本项目的开发及运行环境如下：

- ☑ 操作系统：推荐 Windows 10、11 及以上版本，兼容 Windows7（SP1）。
- ☑ 开发工具：WebStorm。
- ☑ 前端框架：Vue.js 3.0。
- ☑ 后端运行环境与框架：Node.js、Express。
- ☑ 数据库：MySQL 9.0。

7.2.2 业务流程

电影易购 APP 由多个页面组成，包括正在热映和即将上映的电影列表页面、搜索电影页面、影院列表页面等。如果用户未注册，或已经注册但是未登录，则可以查看正在热映和即将上映的电影、搜索电影和查看影院列表。用户登录成功之后，除了可以查看上述页面，还可以实现购票和标记想看的电影。购票流程包括选择影院、选择电影、选择日期、选择放映场次、选择座位和确认支付。根据该项目的业务需求，可设计如图 7.1 所示的业务流程图。

7.2.3 功能结构

本项目的功能结构已经在章首页中给出，其实现的具体功能如下：

- ☑ 展示正在热映电影：展示的电影信息包括电影图片、电影名称、观众评分和电影主演等信息。
- ☑ 实现购票：单击正在热映电影列表页面中某个电影的"购票"按钮，进入购票选择影院页面，单击某个影院进入该影院的影院详情页面，在该页面可以选择该影院提供的放映电影、选择放映日期和放映场次。如果用户已登录，单击某个场次的"购票"按钮可以进入选择座位页面，选择座位后单击"确认选座"按钮进入支付页面，在支付页面提供了支付倒计时的功能。单击支付页面中的"确认支付"按钮完成支付，并跳转到订单列表页面。

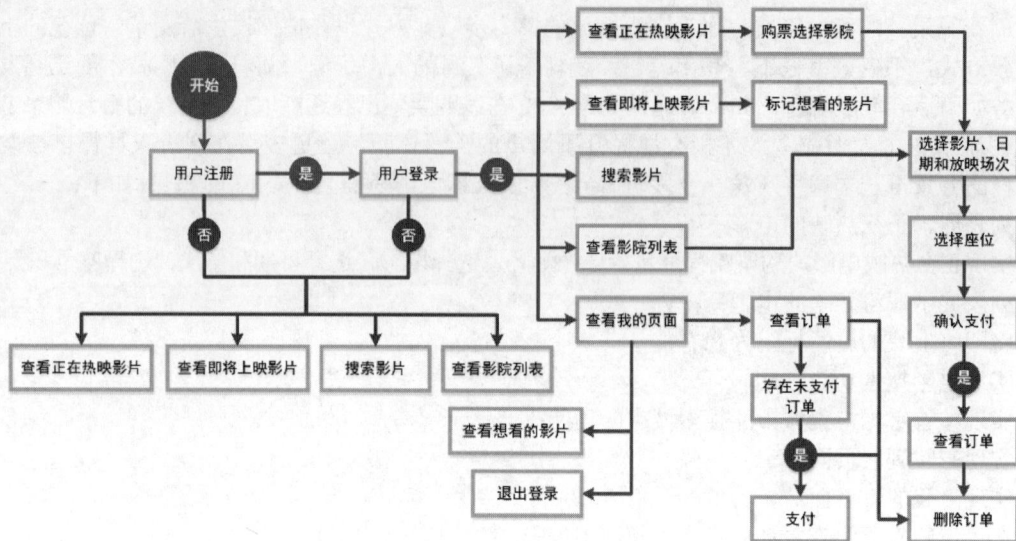

图 7.1　业务流程图

☑ 展示即将上映电影：展示的电影信息包括电影图片、电影名称、想看人数、电影类型和电影主演等信息。

☑ 标记想看或取消标记：单击即将上映电影列表页面中某个电影的"想看"按钮可以将该电影标记为想看，再次单击按钮可以取消标记想看的电影。

☑ 搜索电影：在搜索框中输入搜索关键字，下方会展示电影名称中包含搜索关键字的所有电影。

☑ 展示城市列表：展示当前定位城市、热门城市和所有城市列表，提供根据首字母检索城市和搜索城市的功能。

☑ 展示影院列表：展示所有影院信息，包括影院名称、影院地址、电影票最低价格，以及当前位置到影院的距离等信息。单击某个影院可以进入该影院的影院详情页面，随后可以实现选择电影、选择放映日期和放映场次等操作。

☑ 用户注册和登录：为用户提供注册和登录的功能。

☑ 查看和删除订单：用户登录后，在"我的"页面中单击"查看订单详情"按钮可以查看订单列表。在订单列表页面中可以对未支付的订单进行支付，还可以删除订单。

☑ 查看想看的电影：用户登录后，在"我的"页面单击"想看的电影"可以查看已标记为想看的电影。在该页面中还可以取消标记想看的电影。

7.3　技术准备

在开发电影易购 APP 时，前端使用的技术主要有 Vue CLI、axios、Vant 和 Swiper。后端使用的技术主要有 Node.js 和 Express 框架。其中，Vue CLI、axios、Node.js 和 Express 框架的相关介绍请参考第 6 章。下面将对 Vant 和 Swiper 进行必要的介绍，以确保读者可以顺利完成本项目。

7.3.1　Vant

Vant 是一个轻量、可靠的移动端组件库。通过 Vant 可以快速搭建风格统一的页面，提升开发效率。作为移动端组件库，Vant 一直将轻量化作为核心开发理念。为了平衡日益丰富的功能和轻量化之间的矛盾，Vant 内部使用了很多的优化方式，包括支持组件按需加载、公共模块复用、组件编译流程优化等。如果使用 Vue 3.0 开发项目，需要使用 Vant 4.X 版本的组件库。

1. 安装 Vant

在现有的项目中使用 Vant，可以使用 npm 方式进行安装。安装最新版 Vant 的命令如下：

```
npm install vant --save
```

2. 注册组件

Vant 支持多种组件注册方式，可以根据实际业务需要进行选择。

1）全局注册

对 Vant 组件进行全局注册后，可以在项目中的任意子组件中使用注册的 Vant 组件。例如，全局注册按钮组件的代码如下：

```
import { createApp } from 'vue';
import { Button } from 'vant';
const app = createApp();
app.use(Button);
```

注册完成后，在模板中可以通过<van-button>标签使用按钮组件。

2）全量注册

全量注册即一次性注册所有 Vant 组件。示例代码如下：

```
import Vant from 'vant';
import { createApp } from 'vue';
const app = createApp();
app.use(Vant);
```

> **注意**
>
> 使用全量注册会引入所有组件的代码，导致包体积增大。

3）局部注册

局部注册即在当前组件中注册 Vant 组件。例如，在当前组件中注册按钮组件，代码如下：

```
import { Button } from 'vant';
export default {
  components: {
    [Button.name]: Button,
  },
};
```

3. Vant 4 的组件和函数

Vant 4 提供了丰富的组件和函数，这些组件和函数为移动端开发者提供了高效、便捷的 UI 解决方案。在该项目中主要使用了 Vant 4 中的 Loading 组件、showToast()函数和 showConfirmDialog()函数。

1）Loading 组件

Loading 组件是一个用于显示加载状态的过渡动画，通常用于在网络请求或数据加载时向用户展示一个加载中的提示。在模板中可通过<van-loading>标签使用 Loading 组件，通过不同的属性定制加载动画的样式和行为。Loading 组件的常用属性及其说明如表 7.1 所示。

表 7.1　Loading 组件的常用属性及其说明

属性	说明
type	设置加载图标的类型，默认为 circular，可选值为 spinner

属性	说明
color	设置加载图标的颜色
size	设置加载图标的大小，默认单位为 px
vertical	设置图标和文字是否垂直排列
text-color	仅设置加载文字的颜色（如果设置了 color，则 text-color 会被覆盖）

例如，使用 Loading 组件定义带加载文字的加载动画，代码如下：

```
<van-loading type="spinner" size="24px" vertical>加载中...</van-loading>
```

2）showToast()函数

showToast()函数是一个便捷的方法，用于在页面中快速显示轻量的提示信息。showToast()函数是一种通过传入一个配置对象定义提示信息的显示方式。showToast()函数常用的配置选项及其说明如表 7.2 所示。

表 7.2　showToast()函数常用配置选项及其说明

配置选项	说明
message	要显示的提示信息文本
position	提示信息的显示位置，可选值为 top、middle（默认）或 bottom
duration	提示信息的显示时间（毫秒），默认值为 3000 毫秒（3 秒）。如果设置为 0，则提示信息不会自动消失，需要手动关闭
forbidClick	是否禁止背景单击，默认值为 false。如果设置为 true，则在提示信息显示期间，用户无法单击背景区域
icon	提示信息的图标，可选值为 success、fail、loading 或空字符串（默认值，不显示图标）
loadingType	当 icon 设置为 loading 时有效，可选值为 spinner（默认值）或 default
wordBreak	控制提示信息中文字过长时的截断方式，可选值为 break-all（默认）、break-word 或 normal
closeButton	配置关闭按钮的文本和回调函数。对象格式包含 text 和 callback 两个属性

在使用 showToast()函数时，首先需要在 Vue 组件中引入该函数，引入的代码如下：

```
import { showToast } from 'vant';
```

然后就可以使用 showToast()函数定义轻量级的提示信息。例如，使用 showToast()函数定义提示信息的文本、显示时长、显示位置和提示图标，代码如下：

```
showToast({
    message: '登录成功',
    duration: 5000,                    //显示时长为 5 秒
    position: 'top',                   //消息显示在屏幕顶部
    icon: 'success'                    //表示成功的图标
});
```

> **说明**
>
> 在调用 showToast()函数时，如果不传入配置对象，Vant 4 会使用一组预定义的默认设置显示提示信息。这些默认设置包括消息文本的默认样式、显示时长以及消息在屏幕上的默认位置。示例代码如下：
>
> ```
> showToast('这是一条默认的 Toast 消息');
> ```

3）showConfirmDialog()函数

showConfirmDialog()函数用于显示一个确认对话框，允许用户进行确认或取消操作。showConfirmDialog()

函数接收一个配置对象，该对象包含的属性及其说明如表 7.3 所示。

表 7.3 showConfirmDialog()函数配置对象的属性及其说明

属性	说明
title	对话框的标题
message	对话框中显示的消息文本
confirmButtonText	确认按钮的文本，默认值为"确认"
cancelButtonText	取消按钮的文本，默认值为"取消"
showCancelButton	是否显示取消按钮，默认值为 true
closeOnOverlayClick	是否允许单击遮罩层关闭对话框，默认值为 false
beforeClose	对话框关闭前的回调函数，可以用于阻止对话框的关闭

在使用 showConfirmDialog()函数时，首先需要在 Vue 组件中引入该函数，引入的代码如下：

```
import { showConfirmDialog } from 'vant';
```

然后可以使用 showConfirmDialog()函数定义确认对话框。例如，使用 showConfirmDialog()函数定义一个确认是否删除数据的对话框，代码如下：

```
showConfirmDialog({
    title: '删除确认',
    message: '确定要删除这条数据吗？',
    confirmButtonText: '删除',
    cancelButtonText: '取消',
    closeOnOverlayClick: true,
}).then(() => {
    //执行删除操作
    console.log('数据已被删除');
}).catch(() => {
    console.log('删除操作已取消');
});
```

7.3.2 Swiper

Swiper 是一个基于 JavaScript 的滑动特效插件，常用于移动端网站的内容触摸滑动，能够实现触屏焦点图、触屏 Tab 切换、触屏轮播图切换等常用效果。

1. 安装 Swiper

在现有的项目中使用 Swiper，可以使用 npm 方式进行安装。安装最新版 Swiper 的命令如下：

```
npm install swiper --save
```

2. 引入 Swiper 样式

在 main.js 入口文件中引入 Swiper 的 CSS 样式，以确保 Swiper 的样式能够正确应用。代码如下：

```
import 'swiper/swiper-bundle.css';
```

3. 添加 HTML 内容

Swiper 的默认容器类是.swiper-container。在容器内，添加一个类名为.swiper-wrapper 的元素作为滑动内容的包装器。在包装器内添加多个类名为.swiper-slide 的元素作为每个滑动页面的内容。示例代码如下：

```
<div class="swiper-container">
    <div class="swiper-wrapper">
        <div class="swiper-slide">Slide 1</div>
        <div class="swiper-slide">Slide 2</div>
        <div class="swiper-slide">Slide 3</div>
        <!-- 可以添加更多滑动页面 -->
```

```
    </div>
</div>
```

4. 初始化 Swiper

在组件中使用 Swiper 还需要对 Swiper 进行初始化，在初始化时可以通过配置参数自定义 Swiper 的行为。Swiper 的可用参数有很多，在本项目中主要使用了 Swiper 的 5 个参数，如表 7.4 所示。

表 7.4　项目中应用的 Swiper 配置参数及其说明

参数	说明
slidesPerView	每个视图显示的滑块数量，默认值为 1
spaceBetween	滑块之间的距离，单位为 px，默认值为 0
centeredSlides	布尔值，如果设置为 true，则活动滑块将居中显示，否则活动滑块会显示在左侧，默认值为 false
slideToClickedSlide	布尔值，设置为 true 表示允许单击滑块进行切换，默认值为 false
on	用于注册事件

例如，对 Swiper 进行初始化，并设置每个视图显示的滑块数量和滑块之间的距离等参数，代码如下：

```
const swiper = new Swiper(".swiper-container", {
    slidesPerView: "auto",
    spaceBetween: 10,
    centeredSlides: true,
    slideToClickedSlide: true,
    on: {
        init: () => {
            console.log('swiper initialized');
        }
    },
});
```

有关 Vue CLI 和 axios 的知识在《Vue.js 从入门到精通》中有详细的讲解，对这些知识不太熟悉的读者可以参考该书对应的内容；有关 Node.js 和 Express 框架的知识在《Node.js 从入门到精通》中有详细的讲解，对这些知识不太熟悉的读者可以参考该书对应的内容。

7.4　搭建项目结构

电影易购 APP 的项目文件夹包括前端文件夹和后端文件夹。在设计各功能模块之前，需要先创建前端和后端项目结构。

7.4.1　生成前端文件夹

创建项目文件夹 ticket，在命令行中切换到该文件夹，再使用 Vue CLI 创建前端项目文件夹，文件夹名称设置为 frontend。在命令提示符窗口中输入如下命令：

```
vue create frontend
```

按下 Enter 键，选择 Manually select features，如图 7.2 所示。

按下 Enter 键后，选择 Router 选项，如图 7.3 所示。

按下 Enter 键后，选择 Vue 3.x 版本，如图 7.4 所示。

然后选择路由是否使用 history 模式，输入 y 表示使用 history 模式，如图 7.5 所示。

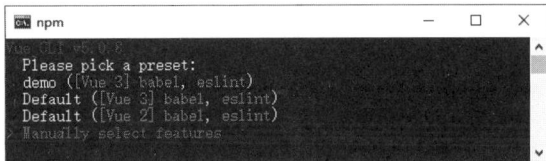

图 7.2　选择 Manually select features

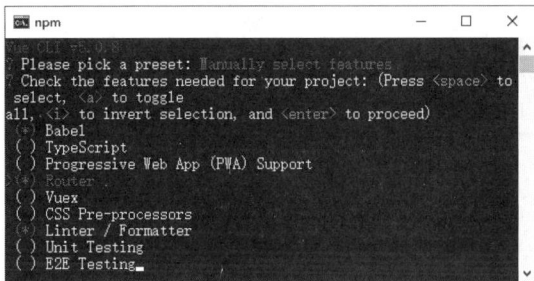

图 7.3　选择配置选项

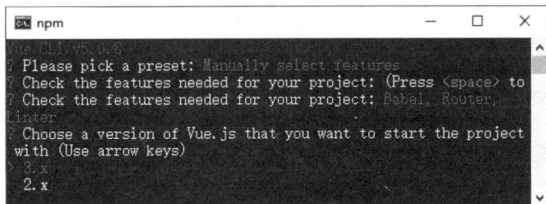

图 7.4　选择 Vue 版本

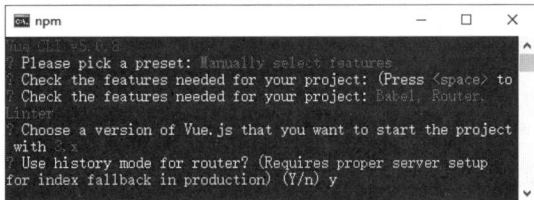

图 7.5　使用 history 模式

在选择配置信息的存放位置时选择 In package.json 选项，即将配置信息存储在 package.json 文件中，如图 7.6 所示。

创建项目后进入项目目录，分别安装项目需要使用的插件和库，包括 axios、Vant 和 Swiper。安装后整理项目目录。在 assets 目录中创建 css 文件夹和 images 文件夹。在 css 文件夹中创建 common.css 文件，该文件

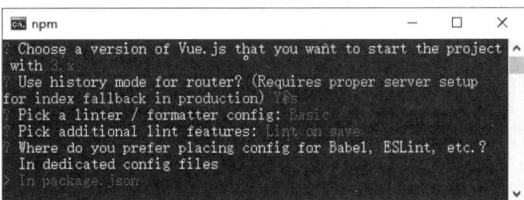

图 7.6　选择配置信息的存放位置

作为项目的公共样式文件。在 images 文件夹中存储项目需要用到的图片文件。最后在命令提示符窗口中输入 npm run serve 命令启动项目。

7.4.2　生成后端文件夹

在命令行中切换到 ticket 文件夹，使用 express 命令创建后端项目文件夹，文件夹名称设置为 backend。在命令提示符窗口中输入命令如下：

```
express backend
```

进入 backend 文件夹，安装项目所需的依赖，输入命令如下：

```
cd backend
npm install
```

安装项目依赖后启动服务器，输入命令如下：

```
npm start
```

7.4.3　解决跨域问题

在全栈项目中，当前端 Vue 应用尝试访问后端 API 时，如果后端 API 的域名、协议或端口与前端 Vue 应用不同，就会触发浏览器的同源策略，导致跨域请求被阻止。为了解决跨域问题，可以使用 Vue CLI 的代理功能。在 Vue.js 的开发环境中，通常使用 Vue CLI 创建的项目会自带一个开发服务器。这个服务器可以通过代理的方式解决跨域问题。

在 Vue.js 项目中，可以通过创建或编辑 vue.config.js 文件配置开发服务器的代理规则。这个文件位于前端项目的根目录下，如果不存在，则需要手动创建。在该项目中，前端的访问端口是 8080，后端的访问端口是 3000，为了实现前端到后端的跨域请求，需要编辑 vue.config.js 文件。代码如下：

```
module.exports = defineConfig({
//配置跨域代理
devServer: {
  proxy: {
    '/api': {
      target: 'http://localhost:3000',
      changeOrigin: true,
      pathRewrite: {
        '^/api': ''
      }
    }
  }
}
})
```

配置后需要执行 npm run serve 命令重新启动项目。这样配置后，前端开发环境下的请求就可以通过代理服务器发送到后端服务器，从而绕过浏览器的同源策略限制。

说明

本章只介绍了开发环境下的跨域处理。实际开发中前端应用和后端 API 通常会部署在不同的域名下，后端服务器需要正确配置 CORS（cross-origin resource sharing）处理跨域请求。

7.5　数据库设计

7.5.1　数据库概述

本项目采用 MySQL 数据库，数据库名称为 db_ticket，其中包含 8 张数据表，数据表名称及作用如表 7.5 所示。

表 7.5　数据库表名称及说明

表名	含义	作用
tb_cinema	影院信息表	用于存储影院信息
tb_hall	影厅信息表	用于存储所有影院的影厅信息
tb_onshow	正在热映电影信息表	用于存储正在热映的电影信息
tb_order	订单信息表	用于存储订单信息
tb_screenings	放映场次信息表	用于存储放映场次信息
tb_upcoming	即将上映电影信息表	用于存储即将上映的电影信息
tb_user	用户信息表	用于存储用户信息
tb_user_want	用户想看的电影信息表	用于存储用户想看的电影 id

7.5.2　数据表结构

☑　tb_cinema（影院信息表）：表结构如表 7.6 所示。

表 7.6 tb_cinema 表的表结构

字段	类型	长度	默认值	含义
id	int	默认	无	主键，编号
cinema_name	varchar	45	NULL	影院名称
address	varchar	45	NULL	影院地址
card	JSON	默认	NULL	影院卡券信息
price	decimal	10,1	NULL	影票价格
distance	varchar	45	NULL	当前位置到影院的距离

☑ tb_hall（影厅信息表）：表结构如表 7.7 所示。

表 7.7 tb_hall 表的表结构

字段	类型	长度	默认值	含义
id	int	默认	无	主键，编号
cinema_id	int	默认	NULL	影院 id
hall_name	varchar	45	NULL	影厅名称
seat_row	int	默认	NULL	影厅座位行数
seat_col	int	默认	NULL	影厅座位列数

☑ tb_onshow（正在热映电影信息表）：表结构如表 7.8 所示。

表 7.8 tb_onshow 表的表结构

字段	类型	长度	默认值	含义
id	int	默认	无	主键，编号
img_url	varchar	45	NULL	电影图片 URL
movie_name	varchar	45	NULL	电影名称
score	decimal	3,1	NULL	观众评分
stars	varchar	45	NULL	电影主演
director	varchar	45	NULL	电影导演
duration	int	默认	NULL	电影时长
type	varchar	45	NULL	电影类型

☑ tb_order（订单信息表）：表结构如表 7.9 所示。

表 7.9 tb_order 表的表结构

字段	类型	长度	默认值	含义
id	int	默认	无	主键，编号
screening_id	int	默认	NULL	放映场次 id
user_id	int	默认	NULL	用户 id
cinema_name	varchar	45	NULL	影院名称

字段	类型	长度	默认值	含义
img_url	varchar	45	NULL	电影图片 URL
movie_name	varchar	45	NULL	电影名称
screening_date	varchar	45	NULL	放映场次日期
start_time	varchar	45	NULL	放映开始时间
hall_name	varchar	45	NULL	影厅名称
selected_seats	varchar	45	NULL	选择的座位号
price	decimal	10,1	NULL	影票价格
order_time	bigint	默认	NULL	订单创建时间
valid_time	int	默认	10	订单有效时间，单位是分钟
status	tinyint	1	0	订单状态，0 表示未支付，1 表示已支付

☑ tb_screenings（放映场次信息表）：表结构如表 7.10 所示。

表 7.10 tb_screenings 表的表结构

字段	类型	长度	默认值	含义
id	int	默认	无	主键，编号
movie_id	int	默认	NULL	电影 id
hall_id	int	默认	NULL	影厅 id
start_time	varchar	10	NULL	放映开始时间
end_time	varchar	10	NULL	放映结束时间
price	decimal	10,1	NULL	影票价格
lang	varchar	45	NULL	电影版本和模式
screening_date	int	默认	NULL	放映场次日期对应的数字，0 表示当前日期，1 表示当前日期后一天的日期
unavailable	varchar	45	NULL	不可选的座位号

☑ tb_upcoming（即将上映电影信息表）：表结构如表 7.11 所示。

表 7.11 tb_upcoming 表的表结构

字段	类型	长度	默认值	含义
id	int	默认	无	主键，编号
img_url	varchar	45	NULL	电影图片 URL
movie_name	varchar	45	NULL	电影名称
number	int	默认	NULL	想看人数
type	varchar	45	NULL	电影类型
stars	varchar	45	NULL	电影主演

☑ tb_user（用户信息表）：表结构如表 7.12 所示。

表 7.12 tb_user 表的表结构

字段	类型	长度	默认值	含义
id	int	默认	无	主键，编号
username	varchar	45	NULL	用户名
password	varchar	45	NULL	用户密码
phone	bigint	默认	NULL	用户手机号码
create_time	varchar	45	NULL	注册时间

☑ tb_user_want（用户想看的电影信息表）：表结构如表 7.13 所示。

表 7.13 tb_user_want 表的表结构

字段	类型	长度	默认值	含义
id	int	默认	无	主键，编号
user_id	int	默认	NULL	用户 id
movie_id	int	默认	NULL	想看的电影 id

7.5.3 数据库连接文件

在 Node.js 中，如果需要连接 MySQL 数据库，可以使用 mysql2 模块。在使用该模块之前，需要通过 npm 命令进行安装。具体步骤如下：

1. 安装 mysql2 模块

首先，在命令行中切换到项目后端文件夹（backend 文件夹），然后执行如下命令安装 mysql2 模块：

```
npm install mysql2
```

2. 创建数据库连接文件

在 backend 文件夹中新建一个 db 文件夹，在该文件夹下创建一个名为 index.js 的文件，用于配置和连接 MySQL 数据库。在 index.js 文件中编写如下代码：

```
var mysql = require('mysql2');                      //引入 mysql2 模块
//创建数据库连接
var db = mysql.createConnection({
    host: 'localhost',                             //数据库服务器地址
    port: '3306',                                 //数据库端口号
    user: 'root',                                 //数据库用户名
    password: 'root',                             //数据库密码
    database: 'db_ticket'                         //数据库名
});
//连接数据库
db.connect(function(err){
    if(err){
        console.log('[query] - :'+err);
        return;
    }
    console.log('MySQL 数据库连接成功!');
});
module.exports = db;
```

按照上述步骤操作后，即可在 Node.js 项目中使用 mysql2 模块成功连接 MySQL 数据库。

7.6　公共组件设计

在开发项目时，通过编写公共组件可以减少重复代码的编写，有利于代码的重用及维护。在设计电影易购 APP 时，部分页面都会用到两个公共组件，一个组件是页面头部组件 TheHeader.vue，另一个组件是底部导航栏组件 TabBar.vue。下面将详细介绍这两个组件。

7.6.1　头部组件设计

头部组件主要用于定义该页面的标题，其界面效果如图 7.7 所示。

头部组件 TheHeader.vue 的具体实现步骤如下：

（1）在<template>标签中添加一个<header>标签，在该标签中添加一个一级标题，并绑定父组件传递的 Prop 属性。代码如下：

图 7.7　头部组件

```
<template>
    <header id="header">
        <h1>{{title}}</h1>
    </header>
</template>
```

（2）在<script>标签中定义 Prop，设置参数的数据类型和默认值，代码如下：

```
<script>
export default {
    name: "TheHeader",
    props:{                              //定义 Prop
        title:{
            type: String,
            default: '电影'
        }
    }
}
</script>
```

（3）在<style>标签中为头部组件中的元素设置样式，具体代码参见第 7.14 节提供的项目源码。

7.6.2　底部导航栏组件设计

底部导航栏组件主要用于页面之间的跳转，其界面效果如图 7.8 所示。

图 7.8　底部导航栏组件

底部导航栏 TabBar.vue 的具体实现步骤如下：

（1）在<template>标签中添加一个 ul 列表，在该列表中使用<router-link>组件设置导航链接，并将<router-link>渲染成<li>标签。代码如下：

```
<template>
    <div id="footer">
        <ul>
            <router-link to="/movie/onshow" custom v-slot="{navigate, isExactActive}">
                <li :class="[isExactActive && 'router-link-exact-active']" @click="navigate">
                    <i class="fa fa-film"></i>
                    <p>电影</p>
                </li>
            </router-link>
            <router-link to="/cinema" custom v-slot="{navigate, isExactActive}">
                <li :class="[isExactActive && 'router-link-exact-active']" @click="navigate">
                    <i class="fa fa-youtube-play"></i>
                    <p>影院</p>
```

```
                    </li>
                </router-link>
                <router-link to="/my" custom v-slot="{navigate, isActive}">
                    <li :class="[isActive && 'router-link-exact-active']" @click="navigate">
                        <i class="fa fa-user"></i>
                        <p>我的</p>
                    </li>
                </router-link>
            </ul>
        </div>
</template>
```

说明

如果想把<router-link>渲染成其他标签，并且将激活的路由链接进行高亮显示，可以在<router-link>中包含该标签并使用 v-slot 创建链接。navigate 表示触发导航的函数，isExactActive 表示需要应用精确激活的 class。

（2）在<style>标签中为底部导航栏组件中的元素设置样式，具体代码参见本书附带的资源包。

7.7 电影页面设计

与电影页面相关的组件包括正在热映电影组件、即将上映电影组件、电影搜索组件和电影页面组件。下面对这 4 个组件进行详细介绍。

7.7.1 正在热映电影组件设计

正在热映电影组件主要定义正在热映的电影信息，包括电影图片、电影名称、观众评分、电影导演、电影主演和"购票"按钮，该组件的页面效果如图 7.9 所示。

1. 前端设计

正在热映电影组件的实现过程如下：

（1）在 components 文件夹下创建正在热映电影组件 OnShowing.vue。在<template>标签中定义一个 ul 列表，在列表中对正在热映电影数组进行遍历，在遍历时输出电影图片、电影名称、观众评分、电影导演和电影主演等信息。代码如下：

图 7.9 正在热映电影组件

```
<template>
    <div class="movie_body">
        <ul>
            <li v-for="(item,index) in hotmovies" :key="index">
                <div class="pic_show"><img :src="require(`@/assets/${item.img_url}`)" alt=""></div>
                <div class="info_list">
                    <h2>{{ item.movie_name }}</h2>
                    <p>观众评分 <span class="grade">{{ item.score }}</span></p>
                    <p>导演：{{ item.director }}</p>
                    <p>主演：{{ item.stars }}</p>
                </div>
                <div class="btn_mall" @click="buy(item.id)">
                    购票
                </div>
            </li>
        </ul>
```

```
    </div>
</template>
```

（2）在\<script\>标签中首先引入 axios，然后定义数据，接下来在 created()钩子函数中使用 axios 发送 GET 请求获取正在热映电影列表，最后定义 buy()方法，调用该方法跳转到购票页面。代码如下：

```
<script>
  import axios from "axios";                                   //引入 axios
  export default {
    name: "OnShowing",
    data() {
      return {
        hotmovies: []                                          //热映电影列表
      }
    },
    created() {
      axios.get('/api/hot').then(res => {
        this.hotmovies = res.data.data;                        //获取热映电影列表
      })
    },
    methods: {
      buy(id) {
        this.$router.push({                                    //跳转到购票页面
          path: '/buy/'+id
        });
      }
    }
  }
</script>
```

（3）在\<style\>标签中为正在热映电影组件中的元素设置样式，具体代码参见第 7.14 节提供的项目源码。

2. 后端设计

编写 backend\routes\index.js 文件，在文件中首先引入 express、创建路由对象、引入数据库连接文件，然后分别定义客户端发送 GET 请求的路由处理函数。当客户端访问/hot 路径时，查询 tb_onshow 数据表获取所有正在热映的电影信息，并将查询结果以 JSON 格式返回客户端。代码如下：

```
const express = require('express');                            //引入 express
const router = express.Router();                               //创建路由对象
const db = require('../db');                                   //引入数据库连接文件
router.get('/hot', function(req, res, next) {
  db.query('SELECT * FROM tb_onshow', (err, results) => {
    if (err) {
      return res.status(500).send();
    } else {
      res.json({
        data: results
      });
    }
  });
});
```

7.7.2 即将上映电影组件设计

即将上映电影组件主要定义即将上映的电影信息，包括电影图片、电影名称、想看人数、电影类型、电影主演和"想看"按钮，该组件的页面效果如图 7.10 所示。

1. 前端设计

即将上映电影组件的实现过程如下：

（1）在 components 文件夹下创建即将上映电影组件 UpComing.vue。在 \<template\>标签中定义一个 ul 列表，在列表中对即将上映电影数组进行遍历，在遍历时输出电影图片、电影名称、想看人数和电影类型等信息。代码如下：

图 7.10　即将上映电影组件

```
<template>
    <div class="movie_body">
        <ul v-if="upmovies.length > 0">
            <li v-for="(item,index) in upmovies" :key="index">
                <div class="pic_show"><img :src="require('@/assets/'+item.img_url)" alt=""></div>
                <div class="info_list">
                    <h2>{{ item.movie_name }}</h2>
                    <p><span class="person">{{ item.number }}</span>人想看</p>
                    <p>类型：{{ item.type }}</p>
                    <p>主演：{{ item.stars }}</p>
                </div>
                <div class="want_btn" v-if="!movieIdArr.includes(item.id)" @click="want(item.id,index)">
                    想看
                </div>
                <div class="al_want_btn" v-else @click="want(item.id,index)">
                    已想看
                </div>
            </li>
        </ul>
    </div>
</template>
```

（2）在<script>标签中首先引入 axios 和 showToast()函数，然后定义数据，在 created()钩子函数中调用 getData()方法，接下来定义该方法，在 getData()方法中使用 axios 发送 GET 请求获取即将上映电影列表，在 getWant()方法中使用 axios 发送 GET 请求获取用户想看电影 id 数组，在 want()方法中标记或取消标记想看的电影，并更新数据表中当前电影的想看人数。代码如下：

```
<script>
import axios from 'axios';                                      //引入 axios
import {showToast} from "vant";                                 //引入 showToast()函数
    export default {
        name: "UpComing",
        data(){
            return{
                userId: sessionStorage.getItem('userId'),        //登录用户 id
                upmovies:[],                                       //即将上映电影列表
                movieIdArr: []                                     //用户想看电影 id 数组
            }
        },
        created(){
            this.getData();                                      //获取数据
        },
        methods:{
            getData(){
                axios.get('/api/upcoming').then(res => {
                    this.upmovies = res.data.data;               //获取即将上映电影列表
                    this.getWant();                              //获取用户想看电影 id 数组
                }).catch(error => {
                    console.log(error);
                })
            },
            //省略其他方法代码
        }
    }
</script>
```

（3）在<style>标签中为即将上映电影组件中的元素设置样式，具体代码参见第 7.14 节提供的项目源码。

2. 后端设计

（1）在 backend\routes\index.js 文件中分别定义客户端发送请求的路由处理函数。当客户端发送 GET 请求访问/upcoming 路径时，查询 tb_upcoming 数据表获取即将上映的电影信息，并将查询结果以 JSON 格式返回客户端；当客户端发送 PATCH 请求访问/upcoming 路径并加上一个动态参数 id 时，根据电影 id 更新 tb_upcoming 数据表中的想看人数。代码如下：

```
router.get('/upcoming', function(req, res, next){
```

```
    db.query('SELECT * FROM tb_upcoming', (err, results) => {
        if (err) {
            return res.status(500).send();
        } else {
            res.json({
                data: results
            });
        }
    });
});
router.patch('/upcoming/:id', function(req, res, next){
    const id = req.params.id;                                //获取电影 id
    const number = req.body.number;                          //想看人数
    db.query('UPDATE tb_upcoming SET number=? WHERE id=?', [number, id], (err, results) => {
        if(err){
            return res.status(500).send();
        }
        if (results.affectedRows === 0) {
            return res.status(404).send();                   //如果没有影响任何行，说明数据不存在
        }
        res.status(200).send();                              //数据更新成功
    })
});
```

（2）在 backend\routes\users.js 文件中分别定义客户端发送请求的路由处理函数。当客户端发送 GET 请求访问/want 路径并加上一个动态参数 userId 时，根据用户 id 查询 tb_user_want 数据表获取用户想看电影 id，并将查询结果以 JSON 格式返回客户端；当客户端发送 POST 请求访问/want 路径时，则将用户想看的电影 id 添加到 tb_user_want 数据表；当客户端发送 DELETE 请求访问/want 路径并加上两个动态参数 userId 和 movieId 时，则根据用户 id 和电影 id 删除 tb_user_want 数据表中的指定信息。代码如下：

```
router.get('/want/:userId', function(req, res, next){
    const userId = req.params.userId;                        //用户 id
    db.query('SELECT movie_id FROM tb_user_want WHERE user_id=?', [userId], function (err, result){
        if(err){
            return res.status(500).send();
        }
        res.json({
            data: result
        })
    })
});
router.post('/want', function(req, res, next){
    db.query('INSERT INTO tb_user_want (user_id,movie_id) VALUES(?,?)', [
        req.body.user_id,
        req.body.movie_id
    ], function (err, result){
        if(err){
            return res.status(500).send();
        }
        res.status(201).send(result);
    })
});
router.delete('/want/:userId/:movieId', function(req, res, next){
    const userId = req.params.userId;                        //用户 id
    const movieId = req.params.movieId;                      //电影 id
    db.query('DELETE FROM tb_user_want WHERE user_id=? AND movie_id=?', [userId, movieId], function (err, result){
        if(err){
            return res.status(500).send();
        }
        if (result.affectedRows === 0) {
            return res.status(404).send();                   //如果没有影响任何行，说明数据不存在
        }
        res.status(204).send();                              //数据删除成功
    })
});
```

7.7.3 电影搜索组件设计

在电影易购 APP 中提供了搜索电影的功能。在搜索文本框中输入搜索关键字，下方会显示电影名称中包含搜索关键字的电影列表，该组件的页面效果如图 7.11 所示。

图 7.11 电影搜索组件

1. 前端设计

电影搜索组件的实现过程如下：

（1）在 components 文件夹下创建电影搜索组件 SearchMovie.vue。在<template>标签中定义一个文本框和两个 ul 列表，使用 v-model 指令将文本框和搜索关键字 keywords 进行绑定。在第一个 ul 列表中对搜索到的正在热映电影数组进行遍历，在第二个 ul 列表中对搜索到的即将上映电影数组进行遍历。代码如下：

```
<template>
    <div class="search_body">
        <div class="search_input">
            <div class="search_input_wrapper">
                <i class="fa fa-search"></i>
                <input type="text" v-model="keywords">
            </div>
        </div>
        <div class="search_result">
            <ul>
                <li v-for="(item,index) in hotmovies" :key="index">
                    <div class="pic_show"><img :src="require('@/assets/'+item.img_url)" alt=""></div>
                    <div class="info_list">
                        <h2>{{ item.movie_name }}</h2>
                        <p>观众评分 <span class="grade">{{ item.score }}</span></p>
                        <p>主演： {{ item.stars }}</p>
                        <p>{{ item.times }}</p>
                    </div>
                    <div class="btn_mall">
                        购票
                    </div>
                </li>
            </ul>
            <ul>
                <li v-for="(item,index) in upmovies" :key="index">
                    <div class="pic_show"><img :src="require('@/assets/'+item.img_url)" alt=""></div>
                    <div class="info_list">
                        <h2>{{ item.movie_name }}</h2>
                        <p><span class="person">{{ item.number }}</span>人想看</p>
                        <p>类型： {{ item.type }}</p>
                        <p>主演： {{ item.stars }}</p>
                    </div>
                    <div class="btn_pre">
                        想看
                    </div>
                </li>
            </ul>
        </div>
    </div>
</template>
```

（2）在<script>标签中首先引入 axios，然后定义数据，使用 watch 选项对 keywords 属性进行监听，当搜索关键字发生改变时调用 hotResult()方法和 upResult()方法。接下来定义这两个方法，在 hotResult()方法中使用 axios 发送 GET 请求获取搜索到的正在热映的电影列表，在 upResult()方法中使用 axios 发送 GET 请求获取搜索到的即将上映的电影列表。代码如下：

```
<script>
import axios from "axios";                                    //引入 axios
```

```
export default {
  name: "SearchMovie",
  data(){
    return {
      keywords: '',                                    //搜索关键字
      hotmovies: [],                                   //搜索到的正在热映的电影列表
      upmovies: []                                     //搜索到的即将上映的电影列表
    }
  },
  watch: {
    keywords(){
      this.hotResult();                                //搜索正在热映的电影
      this.upResult();                                 //搜索即将上映的电影
    }
  },
  methods: {
    hotResult: function (){
      if(this.keywords === '') {                        //关键字为空时，清空搜索结果
        this.hotmovies = [];
        return;
      }
      axios.get('/api/hot/search',{
        params:{
          keywords:this.keywords                        //传递的参数是搜索关键字
        }
      }).then(res=>{
        this.hotmovies = res.data.data;                 //获取搜索到的正在热映的电影列表
        console.log(this.hotmovies)
      }).catch(error=>{
        console.log(error);
      })
    },
    upResult: function (){
      if(this.keywords === '') {                        //关键字为空时，清空搜索结果
        this.upmovies = [];
        return;
      }
      axios.get('/api/upcoming/search',{
        params:{
          keywords:this.keywords                        //传递的参数是搜索关键字
        }
      }).then(res=>{
        this.upmovies = res.data.data;                  //获取搜索到的即将上映的电影列表
      }).catch(error=>{
        console.log(error);
      })
    }
  }
}
</script>
```

（3）在<style>标签中为电影搜索组件中的元素设置样式，具体代码参见第 7.14 节提供的项目源码。

2．后端设计

在 backend\routes\index.js 文件中定义客户端发送 GET 请求的路由处理函数。当客户端发送 GET 请求访问/hot/search 路径时，查询 tb_onshow 数据表获取电影名称中包含搜索关键字的正在热映的电影信息，并将查询结果以 JSON 格式返回客户端；当客户端发送 GET 请求访问/upcoming/search 路径时，查询 tb_upcoming 数据表获取电影名称中包含搜索关键字的即将上映的电影信息，并将查询结果以 JSON 格式返回客户端。代码如下：

```
router.get('/hot/search', function(req, res, next){
  const keywords = req.query.keywords;                 //搜索关键字
  db.query(`SELECT * FROM tb_onshow WHERE movie_name LIKE '%${keywords}%'`, (err, results) => {
    if (err) {
      return res.status(500).send();
    } else {
```

```
        res.json({
            data: results
        });
    }
  });
});
router.get('/upcoming/search', function(req, res, next){
  const keywords = req.query.keywords;                          //搜索关键字
  db.query(`SELECT * FROM tb_upcoming WHERE movie_name LIKE '%${keywords}%'`, (err, results) => {
    if (err) {
      return res.status(500).send();
    } else {
      res.json({
          data: results
      });
    }
  });
});
```

7.7.4 电影页面组件设计

电影页面顶部有 4 个导航选项，分别对应选择城市页面、正在热映电影、即将上映电影和电影搜索组件。电影页面的效果如图 7.12所示。

电影页面组件的实现过程如下：

（1）在 views 文件夹下创建电影页面组件 MovieList.vue。在 <template>标签中分别调用头部组件、定义<div>标签和调用底部导航栏组件。在<div>标签中使用<router-link>定义导航选项，使用<router-view>渲染二级路由。代码如下：

图 7.12　电影页面

```
<template>
    <div id="main">
        <div class="header">
            <TheHeader title="电影"></TheHeader>
            <div class="movie_menu">
                <router-link to="/city" custom v-slot="{navigate, isExactActive}">
                    <div :class="[isExactActive && 'router-link-exact-active']" class="city_name" @click="navigate">
                        <span>长春 </span><i class="fa fa-caret-down"></i>
                    </div>
                </router-link>
                <div class="hot_switch">
                    <router-link to="/movie/onshow" custom v-slot="{navigate, isExactActive}">
                        <div :class="[isExactActive && 'router-link-exact-active']" class="hot_item active" @click="navigate">正在热映
                        </div>
                    </router-link>
                    <router-link to="/movie/coming" custom v-slot="{navigate, isExactActive}">
                        <div :class="[isExactActive && 'router-link-exact-active']" class="hot_item" @click="navigate">即将上映</div>
                    </router-link>
                </div>
                <router-link to="/movie/search" custom v-slot="{navigate, isExactActive}">
                    <div :class="[isExactActive && 'router-link-exact-active']" class="search_entry" @click="navigate">
                        <i class="fa fa-search"></i>
                    </div>
                </router-link>
            </div>
        </div>
        <div class="content">
            <!--二级路由渲染-->
            <keep-alive>
                <router-view></router-view>
            </keep-alive>
        </div>
        <TabBar></TabBar>
```

```
    </div>
</template>
```

（2）在<script>标签中分别引入头部组件和底部导航栏组件，在 components 选项中注册这两个组件。
代码如下：

```
<script>
    import TheHeader from '../components/TheHeader';
    import TabBar from '../components/TabBar';
    export default {
        name:'MovieList',
        components:{
            TheHeader,
            TabBar
        }
    }
</script>
```

（3）在<style>标签中为电影页面组件中的元素设置样式，具体代码参见第 7.14 节提供的项目源码。

7.8 选择城市页面设计

选择城市页面主要包括搜索框、展示当前定位城市、热门城市、26 个英文大写字母和按照拼音首字母分类的城市列表，页面效果如图 7.13 所示。单击某个英文大写字母可以直接查看对应的城市，如图 7.14 所示。在搜索框中输入关键字进行搜索，下方会显示城市名称中包含搜索关键字的城市列表，如图 7.15 所示。

图 7.13 选择城市页面   图 7.14 单击右侧英文大写字母查看对应城市   图 7.15 搜索城市

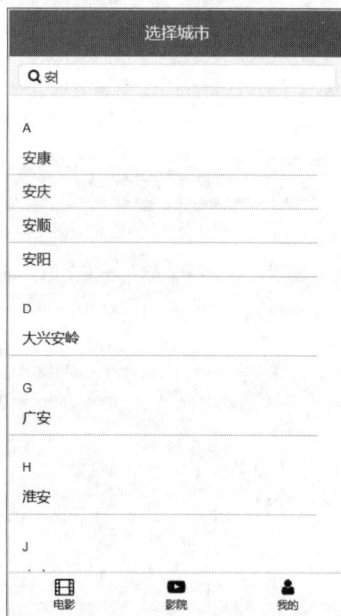

说明

在该项目中只展示了当前定位的城市，并未实现真正的定位功能。

选择城市页面的实现过程如下：

（1）在 public 文件夹下创建 city.json 文件，将选择城市页面中的城市列表数据保存在该文件中。代码如下：

```
[
  {
    "name": "A",
    "citylist": ["阿坝","阿拉善","阿里","安康","安庆","鞍山","安顺","安阳"]
  },
  {
    "name": "B",
    "citylist": ["北京","白银","保定","宝鸡","保山","包头","巴中","北海","蚌埠","本溪","毕节","滨州","百色","亳州"]
  },
  {
    "name": "C",
    "citylist": ["重庆","成都","长沙","长春","沧州","常德","昌都","长治","常州","巢湖","潮州","承德","郴州","赤峰","池州","崇左",
    "楚雄","滁州","朝阳"]
  },
  //省略部分相似代码
]
```

（2）在 views 文件夹下创建选择城市页面组件 CityList.vue。在<template>标签中添加多个<div>标签，这些标签分别用于显示搜索框、搜索到的城市列表、当前定位城市、热门城市、所有城市列表和 26 个英文大写字母。当单击英文大写字母时会调用 handleCity()方法。代码如下：

```
<template>
  <div id="main">
    <div class="header">
      <TheHeader title="选择城市"></TheHeader>
    </div>
    <div class="search_input">
      <div class="search_input_wrapper">
        <i class="fa fa-search"></i>
        <input type="text" v-model="keywords">
      </div>
    </div>
    <div class="city_body" v-show="keywords">
      <div class="city_list">
        <div class="city_sort">
          <div v-for="(item,index) in searchResult" :key="index">
            <h2>{{ item.name }}</h2>
            <ul>
              <li v-for="city in item.citylist" :key="city">{{ city }}</li>
            </ul>
          </div>
        </div>
      </div>
    </div>
    <div class="city_body" v-show="!keywords">
      <div class="city_list">
        <div class="city_pos">
          <h2>定位城市</h2>
          <ul class="clearfix">
            <li>长春</li>
          </ul>
        </div>
        <div class="city_hot">
          <h2>热门城市</h2>
          <ul class="clearfix">
            <li v-for="item in hotcitys" :key="item">{{item}}</li>
          </ul>
        </div>
        <div class="city_sort">
          <div v-for="(item,index) in citylists" :key="index" :id="item.name">
            <h2>{{ item.name }}</h2>
            <ul>
              <li v-for="city in item.citylist" :key="city">{{ city }}</li>
            </ul>
          </div>
```

```
            </div>
          </div>
          <div class="city_index">
            <ul>
              <li v-for="letter in letters" :key="letter" @click="handleCity">{{ letter }}</li>
            </ul>
          </div>
        </div>
      <TabBar></TabBar>
    </div>
</template>
```

（3）在\<script\>标签中首先引入 axios、头部组件和底部导航栏组件，然后分别定义数据、注册的组件、mounted()钩子函数、方法、计算属性和监听属性。在 mounted 选项中调用 setPosition()方法，使用 axios 发送 GET 请求获取城市列表数据。setPosition()方法用于设置搜索框、"定位城市"所在元素和"热门城市"所在元素到顶部的距离。handleCity()方法用于快速定位到指定英文大写字母对应的城市列表。searchResult 计算属性用于从城市数组中筛选出包含搜索关键字的城市。在 watch 选项中对 keywords 属性进行监听，当搜索关键字发生改变时设置搜索结果显示区域到顶部的距离。代码如下：

```
<script>
    import axios from "axios";                                    //引入 axios
    import TheHeader from "@/components/TheHeader.vue";
    import TabBar from "@/components/TabBar.vue";
    export default {
      name: "CityList",
      data(){
          return {
              hotcitys: ['北京','上海','广州','深圳','武汉','天津'],       //热门城市列表
              citylists: [],                                       //所有城市列表
              letters: ['A', 'B', 'C', 'D', 'E', 'F', 'G', 'H', 'I', 'J', 'K', 'L', 'M', 'N', 'O', 'P', 'Q', 'R', 'S', 'T', 'U', 'V', 'W', 'X', 'Y', 'Z'],
              toTop: 0,                                            //热门城市到顶部距离
              keywords: ''                                         //搜索关键字
          }
      },
      components: {
        TheHeader,
        TabBar
      },
      mounted() {
          this.setPosition();
          axios.get('/city.json').then(function(response){
              this.citylists = response.data;
          }.bind(this));
      },
      methods: {
          setPosition(){
            const header = document.querySelector('.header');
            const search_input = document.querySelector('.search_input');
            const city_pos = document.querySelector('.city_pos');
            const city_hot = document.querySelector('.city_hot');
            //设置搜索框到顶部距离
            search_input.style.top = header.offsetHeight + 'px';
            //设置"定位城市"所在元素到顶部距离
            city_pos.style.top = header.offsetHeight + search_input.offsetHeight + 'px';
            this.toTop = header.offsetHeight + search_input.offsetHeight + city_pos.offsetHeight;
            city_hot.style.marginTop = this.toTop + 'px';          //设置"热门城市"所在元素到顶部距离
          },
          handleCity(e){
            const letter = e.target.innerHTML;
            if(letter === 'I' || letter === 'O' || letter === 'U' || letter === 'V') return;
            //窗口滚动的位置
            window.scrollTo({top: document.getElementById(letter).offsetTop - this.toTop, behavior: 'smooth' });
          }
      },
      computed: {
          searchResult(){
```

```
                    let t = this;
                    let newcitylists = [];                                    //搜索结果城市的列表
                    this.citylists.forEach(function (item){
                        let arr =   item.citylist.filter(function (ite){        //从城市数组中筛选出包含搜索关键字的城市
                            return ite.includes(t.keywords);
                        })
                        if(arr.length){
                            newcitylists.push({
                                'name': item.name,
                                'citylist': arr
                            });
                        }
                    })
                    return newcitylists;
                },
                watch: {
                    keywords(value){
                        if(value){
                            const header = document.querySelector('.header');
                            const search_input = document.querySelector('.search_input');
                            const city_body = document.querySelector('.city_body');
                            //设置搜索结果显示区域到顶部距离
                            city_body.style.marginTop = header.offsetHeight + search_input.offsetHeight + 'px';
                        }
                    }
                }
            }
        }
    }
</script>
```

> **说明**
> 在选择城市页面组件中，将保存城市数据的 JSON 文件存储在 public 文件夹中才能成功获取数据。

（4）在<style>标签中为选择城市页面组件中的元素设置样式，具体代码参见第 7.14 节提供的项目源码。

7.9　影院页面设计

影院页面主要展示了当前定位城市的所有影院列表，包括影院名称、影院地址、电影票最低价格，以及影院到当前位置的距离等信息，其页面效果如图 7.16 所示。

> **说明**
> 影院和当前位置的距离是模拟数据，而不是使用定位技术实现的真正距离。

7.9.1　影院列表组件设计

在设计影院页面时，将影院列表单独定义成一个组件。在 components 文件夹下创建影院列表组件 CinemaList.vue。其实现过程如下：

（1）在<template>标签中定义一个 ul 列表，在列表中对影院列表进行遍历，在遍历时分别输出影院名称、电影票最低价格、影院地址、当前位置到影院的距离和卡券等信息。代码如下：

图 7.16　影院页面

285

```
<template>
    <div class="cinema_body">
        <ul>
            <li v-for="item in cinemaList" :key="item" @click=
                    "toCinemaDetail(item.id)">
                <div>
                    <span>{{ item.cinema_name }}</span>
                    <span class="q">
                        <span class="price"> {{ item.price }}元 </span> 起
                    </span>
                </div>
                <div class="address">
                    <span>{{ item.address }}</span>
                    <span> {{ item.distance }} </span>
                </div>
                <div class="card">
                    <div v-for="ite in item.card" :key="ite">{{ ite }}</div>
                </div>
            </li>
        </ul>
    </div>
</template>
```

（2）在<script>标签中首先引入 axios，然后定义数据，接下来在 created()钩子函数中使用 axios 发送 GET 请求获取影院列表，最后定义 toCinemaDetail()方法，调用该方法将跳转到影院详情页面。代码如下：

```
<script>
    import axios from 'axios';                                    //引入 axios
    export default {
        name: "CinemaList",
        data(){
            return {
                cinemaList: []                                    //影院列表
            }
        },
        created() {
            axios.get('/api/cinemas').then(res=>{
                this.cinemaList = res.data.data;                  //获取影院列表
            }).catch(error=>{
                console.log(error);
            })
        },
        methods:{
            toCinemaDetail(id){
                this.$router.push({                               //跳转到影院详情页面
                    path: '/CinemaDetail/'+id
                })
            }
        }
    }
</script>
```

（3）在<style>标签中为影院列表组件中的元素设置样式，具体代码参见第 7.14 节提供的项目源码。

2. 后端设计

在 backend\routes\index.js 文件中定义客户端发送 GET 请求的路由处理函数。当客户端发送 GET 请求访问/cinemas 路径时，查询 tb_cinema 数据表获取所有影院信息，并将查询结果以 JSON 格式返回客户端。代码如下：

```
router.get('/cinemas', function(req, res, next) {
    db.query('SELECT * FROM tb_cinema', (err, results) => {
        if (err) {
            return res.status(500).send();
        } else {
            res.json({
                data: results
            });
```

```
      }
    });
  });
```

7.9.2　影院页面组件设计

影院页面组件主要包括头部组件、影院列表组件和底部导航栏组件。在 views 文件夹下创建影院页面组件 TheCinema.vue，其实现过程如下：

（1）在<template>标签中定义<div>标签，在标签中分别调用头部组件、影院列表组件和底部导航栏组件。代码如下：

```
<template>
  <div id="main">
    <div class="header">
      <TheHeader title="影院"></TheHeader>
      <div class="cinema_menu">
        <div class="city_switch">
          全城 <i class="fa fa-caret-down"></i>
        </div>
        <div class="city_switch">
          品牌 <i class="fa fa-caret-down"></i>
        </div>
        <div class="city_switch">
          筛选 <i class="fa fa-caret-down"></i>
        </div>
      </div>
    </div>
    <div class="content">
      <CinemaList></CinemaList>
    </div>
    <TabBar></TabBar>
  </div>
</template>
```

（2）在<script>标签中分别引入头部组件、底部导航栏组件和影院列表组件，在 components 选项中注册这 3 个组件。代码如下：

```
<script>
  import TheHeader from '../components/TheHeader';
  import TabBar from '../components/TabBar';
  import CinemaList from '../components/CinemaList';
  export default {
    name:'TheCinema',
    components:{
      TheHeader,
      TabBar,
      CinemaList
    }
  }
</script>
```

（3）在<style>标签中为影院页面组件中的元素设置样式，具体代码参见第 7.14 节提供的项目源码。

7.10　"我的"页面设计

与"我的"页面相关的组件包括用户登录组件、用户注册组件、用户中心组件和"我的"页面组件。下面对这 4 个组件设计进行详细介绍。

7.10.1　用户登录组件设计

单击底部导航栏中的"我的"选项，如果用户未登录，就会显示用户登录页面，效果如图 7.17 所示。

1. 前端设计

用户登录组件的实现过程如下：

（1）在 components 文件夹下创建用户登录组件 UserLogin.vue。在<template>标签中定义用户登录表单，将表单元素和定义的数据进

图 7.17　登录页面

行绑定。当单击"登录"按钮时调用 toHome()方法，当单击"没有账号，立即注册"文本时调用 toRegister()方法，代码如下：

```html
<template>
    <div class="login_body">
        <form>
            <div>
                <input class="login_text" type="text" placeholder="账号" v-model="userName">
            </div>
            <div>
                <input class="login_text" type="password" placeholder="密码" v-model="userPwd">
            </div>
            <div class="login_btn">
                <input type="button" value="登录" @click="toHome">
            </div>
            <div class="login_link">
                <span @click="toRegister">没有账号，立即注册</span>
                <span>忘记密码</span>
            </div>
        </form>
    </div>
</template>
```

（2）在<script>标签中首先引入 axios 和 showToast()函数；然后定义数据；接下来定义方法，toRegister()方法用于跳转到用户注册页面，toHome()方法用于判断用户输入是否为空，并使用 axios 发送 GET 请求，根据返回结果判断用户输入的账号和密码是否正确，如果输入正确就将用户 id 保存在 sessionStorage 中，再跳转到指定的页面；最后在 mounted()钩子函数中判断用户是否已登录，如果已登录就跳转到用户中心页面。代码如下：

```javascript
<script>
import axios from "axios";                                    //引入 axios
import {showToast} from "vant";                               //引入 showToast()函数
    export default {
        name: "UserLogin",
        data(){
            return {
                userName: null,                                //账号
                userPwd: null                                  //密码
            }
        },
        methods: {
            toRegister(){
                this.$router.push({path: 'register'});         //跳转到用户注册页面
            },
            toHome(){
                let userName=this.userName;                    //获取账号
                let userPwd=this.userPwd;                       //获取密码
                if(userName === '' || userName === null){      //未输入账号
```

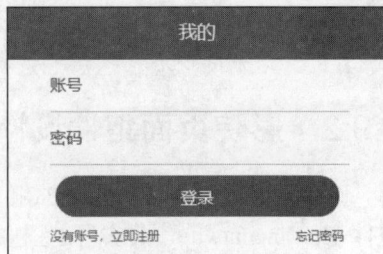

```
            showToast('请输入账号！');
            return false;
        }
        if(userPwd === '' || userPwd === null){                        //未输入密码
            showToast('请输入密码！');
            return false;
        }
        axios.get('/api/users/login',{
            params:{
                username: userName,
                password: userPwd
            }
        }).then(res => {
            if(res.data.data.length === 0){                            //账号或密码不正确
                showToast('账号或密码不正确！');
                return false;
            }else{
                showToast({
                    message: '登录成功',
                    icon: 'success',
                });
                sessionStorage.setItem('userId',res.data.data[0].id);  //保存用户 id
                if(sessionStorage.getItem('redirect')){
                    this.$router.push({path: sessionStorage.getItem('redirect')});  //跳转到重定向路径
                    sessionStorage.removeItem('redirect');             //清除重定向路径
                }else{
                    this.$router.push({path: 'home'});                 //跳转到用户中心页面
                }
            }
        })
    }
},
mounted() {
    if(sessionStorage.getItem('userId')){                              //进入该页面先判断用户是否已登录
        this.$router.push({path: 'home'});                             //跳转到用户中心页面
    }
}
}
}
</script>
```

（3）在<style>标签中为用户登录组件中的元素设置样式，具体代码参见第 7.14 节提供的项目源码。

2. 后端设计

在 backend\routes\users.js 文件中定义客户端发送 GET 请求的路由处理函数。当客户端发送 GET 请求访问/login 路径时，查询 tb_user 数据表中指定账号和密码的用户信息，并将查询结果以 JSON 格式返回客户端。代码如下：

```
router.get('/login', function(req, res, next){
    db.query('SELECT * FROM tb_user WHERE username=? AND password=?', [
        req.query.username,
        req.query.password
    ], function (err, result){
        if(err){
            return res.status(500).send();
        }
        res.json({
            data: result
        })
    })
});
```

7.10.2 用户注册组件设计

如果用户还未注册，单击登录页面中的"没有账号，立即注册"链接
会跳转到用户注册页面。注册页面效果如图 7.18 所示。

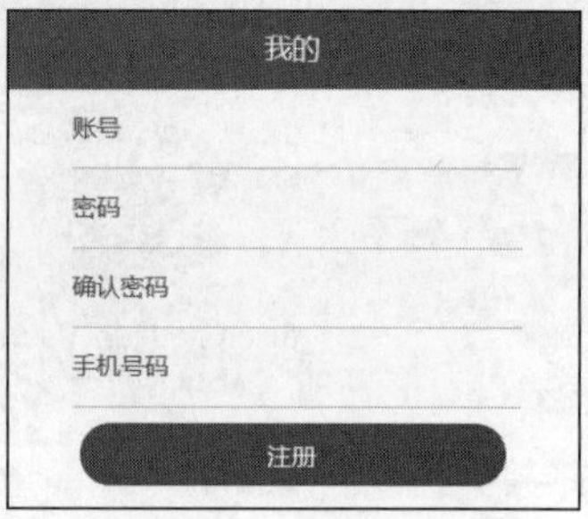

1. 前端设计

用户注册组件的实现过程如下：

（1）在 components 文件夹下创建用户注册组件 UserRegister.vue。在
<template>标签中定义用户注册表单，将表单元素和定义的数据进行绑定，
当单击"注册"按钮时会调用 register()方法，代码如下：

图 7.18　注册页面

```html
<template>
    <div class="register_body">
        <form>
            <div>
                <input class="register_text" type="text" placeholder="账号" v-model="userName">
            </div>
            <div>
                <input class="register_text" type="password" placeholder="密码" v-model="userPwd">
            </div>
            <div>
                <input class="register_text" type="password" placeholder="确认密码" v-model="confirmPwd">
            </div>
            <div>
                <input class="register_text" type="text" placeholder="手机号码" v-model="phone">
            </div>
            <div class="register_btn">
                <input type="button" value="注册" @click="register">
            </div>
        </form>
    </div>
</template>
```

（2）在<script>标签中首先引入 axios 和 showToast()函数；然后定义数据，包括账号、密码、确认密码
和手机号码；接下来定义方法，register()方法用于判断用户输入是否为空、两次输入的密码是否一致，以
及手机号码格式是否正确，如果输入符合要求就使用 axios 发送 POST 请求，将注册信息传递到后端，根
据返回结果判断用户注册是否成功，如果注册成功就跳转到用户登录页面。代码如下：

```js
<script>
import axios from 'axios';                                    //引入 axios
import {showToast} from "vant";                               //引入 showToast()函数
    export default {
        name: "UserRegister",
        data(){
            return {
                userName: null,                                //账号
                userPwd: null,                                 //密码
                confirmPwd: null,                              //确认密码
                phone: null                                    //手机号码
            }
        },
        methods: {
            register(){
                let userName=this.userName;                    //获取账号
                let userPwd=this.userPwd;                       //获取密码
                let confirmPwd=this.confirmPwd;                //获取确认密码
                let phone=this.phone;                          //获取手机号码
                //验证表单元素是否为空
                if(userName === '' || userName === null){
                    showToast('账号不能为空！');
```

```
                    return false;
                }
            //省略验证表单其他相似代码
            axios.post('/api/users/register',{                              //注册
                username:userName,
                password:userPwd,
                phone:phone
            }).then(res => {
                if(res.data.insertId){
                    showToast({
                        message: '注册成功',
                        icon: 'success',
                    });
                    this.$router.push({path: 'login'});                      //跳转到用户登录页面
                }
            }).catch(err => {
                console.log(err);
            })
        }
    }
}
</script>
```

（3）在\<style\>标签中为用户注册组件中的元素设置样式，具体代码参见第 7.14 节提供的项目源码。

2. 后端设计

在 backend\routes\users.js 文件中定义客户端发送 POST 请求的路由处理函数。当客户端发送 POST 请求访问/register 路径时，向 tb_user 数据表中添加一条注册用户信息。代码如下：

```
router.post('/register', function(req, res, next){
    db.query('INSERT INTO tb_user (username,password,phone,
    create_time) values (?,?,?,?)', [
        req.body.username,
        req.body.password,
        req.body.phone,
        new Date().toLocaleString()
    ], function (err, result){
        if(err){
            return res.status(500).send();
        }
        res.status(201).send(result);
    })
});
```

7.10.3 用户中心组件设计

用户登录成功后会跳转到用户中心页面，该页面中主要展示了为用户提供的一些服务选项，其页面效果如图 7.19 所示。

1. 前端设计

用户中心组件的实现过程如下：

（1）在 components 文件夹下创建用户中心组件 UserHome.vue。在\<template\>标签中定义多个\<div\>标签，在标签中分别添加用户头像、用户账号、用户订单选项列表和为用户提供的服务选项列表，代码如下：

```
<template>
    <div class="home_body">
        <div class="home_top">
            <img src="@/assets/images/head.png">
```

图 7.19　用户中心页面

```
        <p>{{userName}}</p>
      </div>
      <div class="home_order">
        <div>
          <div class="my">我的订单</div>
          <div class="order_detail" @click="getOrderList">
            <span>查看订单详情</span>
            <i class="fa fa-angle-right"></i>
          </div>
        </div>
        <ul>
          <li>
            <i class="fa fa-film"></i>
            <p>电影</p>
          </li>
          <li>
            <i class="fa fa-coffee"></i>
            <p>小食周边</p>
          </li>
          <li>
            <i class="fa fa-bullhorn"></i>
            <p>演出</p>
          </li>
        </ul>
      </div>
      <ul class="home_service">
        <li @click="toWant">
          <i class="fa fa-heart-o"></i>
          <p>想看的电影</p>
          <i class="fa fa-angle-right"></i>
        </li>
        <!--省略部分相似代码-->
        <li @click="logOut">
          <i class="fa fa-question-circle-o"></i>
          <p>退出登录</p>
          <i class="fa fa-angle-right"></i>
        </li>
      </ul>
    </div>
</template>
```

（2）在<script>标签中首先引入 axios 和 showConfirmDialog()函数；然后定义数据，在 created()钩子函数中调用 getUsername()方法；接下来定义方法，在 getUsername()方法中使用 axios 发送 GET 请求获取登录用户名，getOrderList()方法用于跳转到订单页面，logOut()方法用于退出登录，并跳转到登录页面，toWant()方法用于跳转到"想看"页面。代码如下：

```
<script>
import axios from "axios";                                    //引入 axios
import {showConfirmDialog} from "vant";                        //引入 showConfirmDialog()函数
export default {
  name: "UserHome",
  data() {
    return {
      userId: sessionStorage.getItem('userId'),              //用户 id
      userName: "                                            //用户名
    }
  },
  created() {
    this.getUsername();                                      //调用方法获取用户名
  },
  methods: {
    getUsername(){
      axios.get('/api/users/'+this.userId).then(res => {
        this.userName = res.data.data.username;              //获取用户名
      }).catch(error => {
        console.log(error);
      })
```

```
    },
    getOrderList(){
        this.$router.push('/order');                                          //跳转到订单页面
    },
    logOut(){
        showConfirmDialog({
            title: '温馨提示',
            message: '确定要退出登录吗？',
            confirmButtonText: '确定',
            cancelButtonText: '取消',
            closeOnClickOverlay: true,
        }).then(() => {
            sessionStorage.removeItem('userId');                              //清除用户 id
            this.$router.push('/my');                                         //跳转到登录页面
        }).catch(() => {
            //单击取消，不做任何操作
        });
    },
    toWant(){
        this.$router.push('/want');                                          //跳转到"想看"页面
    }
  }
}
</script>
```

（3）在<style>标签中为用户中心组件中的元素设置样式，具体代码参见第 7.14 节提供的项目源码。

2. 后端设计

在 backend\routes\users.js 文件中定义客户端发送 GET 请求的路由处理函数。当客户端发送 GET 请求访问根路径并加上一个动态参数 userId 时，根据传递的用户 id 查询 tb_user 数据表，并将查询结果以 JSON 格式返回客户端。代码如下：

```
router.get('/:userId', function(req, res, next){
    const userId = req.params.userId;                                        //用户 id
    db.query('SELECT * FROM tb_user WHERE id=?', [userId], function (err, result){
        if(err){
            return res.status(500).send();
        }
        res.json({
            data: result[0]
        })
    })
});
```

7.10.4 "我的"页面组件设计

"我的"页面组件主要包括头部组件、二级路由渲染的组件和底部导航栏组件。在 views 文件夹下创建"我的"页面组件 MyIndex.vue。其实现过程如下：

（1）在<template>标签中分别调用头部组件、定义<div>标签和调用底部导航栏组件。在<div>标签中使用<router-view>渲染二级路由。代码如下：

```
<template>
    <div id="main">
        <TheHeader title="我的"></TheHeader>
        <div id="content">
            <router-view></router-view>
        </div>
        <TabBar></TabBar>
    </div>
</template>
```

（2）在<script>标签中分别引入头部组件和底部导航栏组件，在 components 选项中注册这两个组件。代码如下：

```
<script>
    import TheHeader from '../components/TheHeader';
    import TabBar from '../components/TabBar';
    export default {
        name: 'MyHome',
        components:{
            TheHeader,
            TabBar
        }
    }
</script>
```

7.11   实现购票流程相关页面设计

与购票流程相关的页面主要包括购票选择影院页面、影院详情页面、选择座位页面、支付页面和订单列表页面。下面对这几个页面进行详细介绍。

7.11.1   购票选择影院页面

单击正在热映电影列表页面中某个电影的"购票"按钮可以进入购票选择影院页面，页面中展示了该电影的相关信息和为该电影提供放映场次的影院列表，效果如图 7.20 所示。

1. 前端设计

购票选择影院页面的实现过程如下：

（1）在 views 文件夹下创建购票选择影院组件 BuyTicket.vue。在<template>标签中首先输出电影信息，然后对为该电影提供放映场次的影院列表进行遍历，在遍历时输出影院信息。当单击某个影院时调用 toCinemaDetail()方法，代码如下：

图 7.20   购票选择影院页面

```
<template>
  <div class="page-buy">
    <div class="fixed_header">
      <div class="bg-header">
        <div class="box-flex buy-header">
          <div class="back">
            <i class="fa fa-angle-left" @click="back"></i>
          </div>
          <div class="navbar-title" v-if="movieInfo">{{ movieInfo.movie_name }}</div>
        </div>
        <div class="movie-info">
          <div class="movie-info-wrapper" v-if="movieInfo">
            <div class="movie-img">
              <img :src="require('@/assets/'+movieInfo.img_url)" alt="">
            </div>
            <div class="movie-details">
              <div class="box-flex">
                <div class="title">{{ movieInfo.movie_name }}</div>
                <div class="flex"></div>
              </div>
              <div class="score">
                评分：{{ movieInfo.score }}
              </div>
              <div class="duration">时长：{{ movieInfo.duration }}分钟</div>
              <div class="type">类型：{{ movieInfo.type }}</div>
              <div class="stars">主演：{{ movieInfo.stars }}</div>
            </div>
          </div>
        </div>
      </div>
```

```
        </div>
        <div class="cinema_menu">
          <div class="city_switch">
            全城 <i class="fa fa-caret-down"></i>
          </div>
          <div class="city_switch">
            品牌 <i class="fa fa-caret-down"></i>
          </div>
          <div class="city_switch">
            筛选 <i class="fa fa-caret-down"></i>
          </div>
        </div>
      </div>
      <div class="cinema_body">
        <ul>
          <li v-for="item in cinemaList" :key="item" @click="toCinemaDetail(item.id)">
            <div>
              <span>{{ item.cinema_name }}</span>
              <span class="q"><span class="price"> {{ item.price }}元</span> 起</span>
            </div>
            <div class="address">
              <span>{{ item.address }}</span>
              <span> {{ item.distance }} </span>
            </div>
            <div class="card">
              <div v-for="ite in item.card" :key="ite">{{ ite }}</div>
            </div>
          </li>
        </ul>
      </div>
    </div>
  </div>
</template>
```

（2）在<script>标签中首先引入 axios；然后定义数据，在 created()钩子函数中调用 getMovieInfo()方法和 getCinemaList()方法；接下来定义方法，getMovieInfo()方法用于获取电影信息，getCinemaList()方法用于获取影院列表，back()方法用于返回上一页，toCinemaDetail()方法用于跳转到影院详情页面。代码如下：

```
<script>
import axios from "axios";                                        //引入 axios
export default {
  name: 'ToPay',
  data() {
    return {
      movieId: this.$route.params.id,                             //获取电影 id
      movieInfo: null,                                            //电影信息
      cinemaList: []                                              //影院列表
    };
  },
  created() {
    this.getMovieInfo();                                          //获取电影信息
    this.getCinemaList();                                         //获取影院列表
  },
  methods: {
    getMovieInfo(){
      axios.get('/api/buy/' + this.movieId).then(res => {
        this.movieInfo = res.data.data;                          //获取电影信息
      }).catch(err => {
        console.log(err);
      })
    },
    getCinemaList(){
      axios.get('/api/buy/cinema/by-movie/' + this.movieId).then(res=>{
        this.cinemaList = res.data.data;                         //获取影院列表
      }).catch(error=>{
        console.log(error);
      })
    },
    back(){
      this.$router.go(-1);                                       //返回上一页
    },
    toCinemaDetail(id){
```

```
          this.$router.push({
            path: '/CinemaDetail/'+id,                          //跳转到影院详情页面
            query:{
              movieId:this.movieId
            }
          })
        }
      }
    }
};
</script>
```

（3）在<style>标签中为购票选择影院页面中的元素设置样式，具体代码参见第7.14节提供的项目源码。

2. 后端设计

在 backend\routes\index.js 文件中定义客户端发送 GET 请求的路由处理函数。当客户端发送 GET 请求访问/buy 路径并加上一个动态参数 id 时，根据电影 id 查询 tb_onshow 数据表中的电影信息，并将查询结果以 JSON 格式返回客户端。当客户端发送 GET 请求访问/buy/cinema/by-movie 路径并加上一个动态参数 movieId 时，根据电影 id 查询多个数据表，获取为该电影提供放映场次的影院信息，并将查询结果以 JSON 格式返回客户端。代码如下：

```
router.get('/buy/:id', function(req, res, next){
    const id = req.params.id;                                    //获取电影 id
    db.query('SELECT * FROM tb_onshow WHERE id = ?', [id], (err, results) => {
      if (err) {
        return res.status(500).send();
      } else {
        res.json({
          data: results[0]
        });
      }
    });
});
router.get('/buy/cinema/by-movie/:movieId', function(req, res, next){
    const movieId = req.params.movieId;                          //获取电影 id
    db.query('SELECT * FROM tb_cinema WHERE id IN (SELECT cinema_id FROM tb_hall WHERE id IN (SELECT hall_id FROM
tb_screenings WHERE movie_id = ?))', [movieId], (err, results) => {
      if (err) {
        return res.status(500).send();
      } else {
        res.json({
          data: results
        });
      }
    });
});
```

7.11.2 影院详情页面

单击购票选择影院页面中的某个影院或影院页面中的某个影院可以进入影院详情页面，页面中展示了该影院放映的电影和放映场次等信息，效果如图 7.21 所示。

1. 前端设计

影院详情页面的实现过程如下：

（1）在 views 文件夹下创建影院详情组件 CinemaDetail.vue。在<template>标签中首先输出影院信息；然后对该影院放映的电影列表进行遍历，在遍历时将电影图片作为 swiper 滑块的内容；接下来输出放映日期和对应的放映场次信息，放映场次信息包括电影放映开始时间、散场时间、电影版本和模式、影厅名称、影票价格和"购票"按钮，当单击"购票"按钮时调用 buyTicket()方法，代码如下：

图 7.21 影院详情页面

```
<template>
  <div class="cinema-page">
    <div class="page-header">
      <div class="page-header-left">
        <i class="fa fa-angle-left" @click="back"></i>
      </div>
      <div class="page-header-title">
        {{ cinemaInfo.cinema_name }}
      </div>
    </div>
    <div class="cinema-block">
      <div class="cinema-info">
        <div class="title">
          {{ cinemaInfo.cinema_name }}
        </div>
        <div class="address">
          {{ cinemaInfo.address }}
        </div>
      </div>
    </div>
    <div class="movie-block">
      <div class="swiper-container">
        <div class="swiper-wrapper">
          <div class="swiper-slide" v-for="(item, index) in moviesList" :key="index">
            <div class="post" :style="{ 'background-image': `url(${require('@/assets/' + item.img_url)})`}"></div>
          </div>
        </div>
      </div>
      <div class="movie-info-container" v-if="!loading">
        <div class="movie-info">
          <div class="movie-title">
            <span class="title">{{ currentMovie.movie_name }}</span>
            <span class="grade" v-if="currentMovie.score">
              <span class="score">
                {{ currentMovie.score }}<span class="small">分</span>
              </span>
            </span>
            <span class="grade" v-else>
              <span class="score"> 暂无评分 </span>
            </span>
          </div>
          <div class="movie-desc">
            {{currentMovie.duration}}分钟 | {{ currentMovie.type }} | {{currentMovie.stars}}
          </div>
        </div>
      </div>
    </div>
    <div class="load" v-if="loading">
      <div style="font-size: 18px; color: #FFFFFF">正在加载...</div>
    </div>
    <div class="show-wrap" v-else>
      <div class="date-nav" v-if="dateList">
        <div
          :class="['date-item', { 'selected-date': currentDate === index }]"
          v-for="(item, index) in dateList" :key="index" @click="currentDate = index"
        >
          <div class="date-title">{{ navTime(item) }}</div>
        </div>
      </div>
      <div v-if="plist.length > 0">
        <div class="show-item-wrap" v-for="(item, index) in plist" :key="index">
          <div class="show-item">
            <div class="time-block">
              <div class="begin">{{ item.start_time }}</div>
              <div class="end">
                {{ item.end_time }}
                <span class="tui">散场</span>
              </div>
```

```
            </div>
            <div class="info-block">
                <div class="lan">{{ item.lang }}</div>
                <div class="hall">{{ item.hall_name }}</div>
            </div>
            <div class="price">
                <div class="sellPr">
                    <span class="d">¥ </span>
                    <span>{{ item.price }}元</span>
                </div>
            </div>
            <div class="button-block">
                <div class="button" @click="buyTicket(item.id)">购票</div>
            </div>
        </div>
    </div>
    </div>
    <div class="no-screening" v-if="plist.length === 0">
        <div class="icon"></div>
        <div class="text">当日无场次或放映已结束</div>
    </div>
    </div>
    </div>
</template>
```

（2）在<script>标签中首先引入 axios 和 Swiper。然后定义数据和计算属性，dateList 计算属性用于获取当前日期和当前日期后一天的日期列表，再对 currentDate 属性进行监听，当该属性值发生变化时调用 getScreeningList()方法获取当前电影的场次列表。接下来定义方法，getCinemaInfo()方法用于获取影院信息；getMoviesList()方法用于获取电影列表，并对 Swiper 进行初始化操作；back()方法用于返回上一页；buyTicket()方法用于跳转到选择座位页面；navTime()方法用于格式化某个日期；setInitialSlideScale()方法用于设置当前滑块的缩放比例，并将滑块滑动到指定索引的位置；updateSlideScales()方法用于更新当前电影对象，并调用 getScreeningList()方法获取当前电影对应的放映场次列表；getScreeningList()方法用于获取该电影指定日期的放映场次列表。最后在 mounted()钩子函数中调用 getCinemaInfo()方法和 getMoviesList()方法。代码如下：

```
<script>
    import axios from "axios";                                    //引入 axios
    import Swiper from "swiper";                                  //引入 Swiper
    export default {
        name: 'MovieDetail',
        data() {
            return {
                cinemaId: this.$route.params.id,                 //获取影院 id
                movieId: this.$route.query.movieId,              //获取电影 id
                movieIndex: 0,                                   //获取当前电影在列表中的索引
                cinemaInfo: [],                                  //影院信息
                moviesList: [],                                  //电影列表
                currentMovie: [],                                //当前电影
                plist: [],                                       //电影场次列表
                currentDate: 0,                                  //当前日期索引
                swiper: null,                                    //Swiper 实例
                loading: true                                    //加载中
            }
        },
        computed: {
            dateList(){
                let today = new Date();                          //获取当前时间
                let tomorrow = new Date(today.getTime() + 24 * 60 * 60 * 1000);   //获取明天的时间
                let year1 = today.getFullYear();                 //获取当前年份
                let month1 = today.getMonth() + 1;               //获取当前月份
                month1 = month1 < 10 ? '0' + month1 : month1;    //月份小于 10 时，在前面补 0
                let date1 = today.getDate();                     //获取当前日期
                date1 = date1 < 10 ? '0' + date1 : date1;        //日期小于 10 时，在前面补 0
                let year2 = tomorrow.getFullYear();              //获取明天的年份
```

```
            let month2 = tomorrow.getMonth() + 1;                    //获取明天的月份
            month2 = month2 < 10 ? '0' + month2 : month2;            //月份小于 10 时, 在前面补 0
            let date2 = tomorrow.getDate();                          //获取明天的日期
            date2 = date2 < 10 ? '0' + date2 : date2;                //日期小于 10 时, 在前面补 0
            return [year1 + '-' + month1 + '-' + date1, year2 + '-' + month2 + '-' + date2];  //返回日期列表
        }
    },
    watch: {
        currentDate() {
            this.getScreeningList(this.currentMovie.id);             //获取当前电影的场次列表
        }
    },
    methods: {
        getCinemaInfo(){
            axios.get('/api/cinema/'+this.cinemaId).then(res=>{
                this.cinemaInfo = res.data.data                      //获取影院信息
            }).catch(error=>{
                console.log(error)
            })
        },
        getMoviesList(){
            axios.get('/api/hot/by-cinema/'+this.cinemaId).then(res=>{
                this.moviesList = res.data.data;                     //获取电影列表
                //获取当前电影在列表中的索引
                this.movieIndex = this.movieId ? this.moviesList.findIndex(item=>item.id == this.movieId) : 0;
                this.currentMovie = this.moviesList[this.movieIndex];   //更新当前电影对象
                this.getScreeningList(this.currentMovie.id);         //获取当前电影对应的放映场次列表
                this.$nextTick(() => {
                    const t = this;
                    t.swiper = new Swiper(".swiper-container", {
                        slidesPerView: "auto",                       //设置每页显示的滑块数量
                        spaceBetween: 0,                             //设置滑块之间的间距
                        centeredSlides: true,                        //将滑块居中
                        slideToClickedSlide: true,                   //允许单击滑块切换
                        on: {
                            init: () => {
                                setTimeout(()=>{
                                    t.setInitialSlideScale();        //初始化时设置当前滑块的缩放比例
                                },0);
                            },
                            slideChange: () => {
                                t.updateSlideScales();               //更新当前滑块的缩放比例
                            }
                        },
                    });
                });
            }).catch(error=>{
                console.log(error)
            })
        },
        //省略其他方法代码
    },
    mounted() {
        this.getCinemaInfo();                                        //获取影院信息
        this.getMoviesList();                                        //获取电影列表
    }
}
</script>
```

（3）在<style>标签中为影院详情页面中的元素设置样式，具体代码参见第 7.14 节提供的项目源码。

2. 后端设计

在 backend\routes\index.js 文件中定义客户端发送 GET 请求的路由处理函数。当客户端发送 GET 请求访问/cinema 路径并加上一个动态参数 id 时，根据影院 id 查询 tb_cinema 数据表中的影院信息，并将查询结果以 JSON 格式返回客户端。当客户端发送 GET 请求访问 /hot/by-cinema 路径并加上一个动态参数 cinemaId 时，根据影院 id 查询多个数据表，获取该影院放映的电影信息，并将查询结果以 JSON 格式返回

客户端。当客户端发送 GET 请求访问/screening 路径时，根据电影 id、影院 id 和放映日期查询数据表，获取该电影的放映场次信息，并将查询结果以 JSON 格式返回客户端。代码如下：

```
router.get('/cinema/:id', function(req, res, next) {
  const id = req.params.id;                                              //获取影院 id
  db.query('SELECT * FROM tb_cinema WHERE id = ?', [id], (err, results) => {
    if (err) {
      return res.status(500).send();
    } else {
      res.json({
        data: results[0]
      });
    }
  });
});
router.get('/hot/by-cinema/:cinemaId', function(req, res, next){
  const cinemaId = req.params.cinemaId;                                  //获取影院 id
  db.query('SELECT * FROM tb_onshow WHERE id in (SELECT movie_id FROM tb_screenings WHERE hall_id IN (SELECT id FROM
    tb_hall WHERE cinema_id = ?))',[cinemaId], (err, results) => {
    if (err) {
      return res.status(500).send();
    } else {
      res.json({
        data: results
      });
    }
  })
});
router.get('/screening', function(req, res, next){
  const movieId = req.query.movieId;                                     //电影 id
  const cinemaId = req.query.cinemaId;                                   //影院 id
  const screeningDate = req.query.screeningDate;                         //放映日期
  if(screeningDate == 0){
    db.query(`SELECT tb_screenings.id,hall_id,start_time,end_time,price,lang,hall_name
      FROM tb_screenings,tb_hall
      WHERE tb_screenings.hall_id = tb_hall.id and movie_id = ? and hall_id IN (
      SELECT id
      FROM tb_hall
      WHERE cinema_id = ?) and
      STR_TO_DATE(CONCAT(CURDATE(), ' ', start_time), '%Y-%m-%d %H:%i') > NOW()
      and screening_date = ?
      order by start_time asc`, [movieId, cinemaId, screeningDate], (err, results) => {
      if (err) {
        return res.status(500).send();
      } else {
        res.json({
          data: results
        });
      }
    });
  }else{
    db.query(`SELECT tb_screenings.id,hall_id,start_time,end_time,price,lang,hall_name
      FROM tb_screenings,tb_hall
      WHERE tb_screenings.hall_id = tb_hall.id and movie_id = ? and hall_id IN (
      SELECT id
      FROM tb_hall
      WHERE cinema_id = ?)   and screening_date = ?
      order by start_time asc`, [movieId, cinemaId, screeningDate], (err, results) => {
      if (err) {
        return res.status(500).send();
      } else {
        res.json({
          data: results
        });
      }
    });
  }
});
```

7.11.3 选择座位页面

单击影院详情页面中的某个放映场次的"购票"按钮可以进入选择座位页面，页面中展示了该影厅的座位图和放映电影的相关信息，效果如图 7.22 所示。单击座位图中的座位图标可以选择座位，选择座位后再次单击该图标可以取消选择，效果如图 7.23 所示。

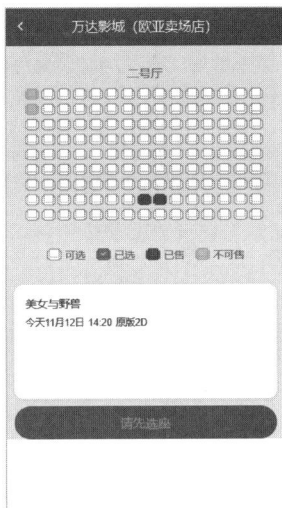

图 7.22　影厅座位图

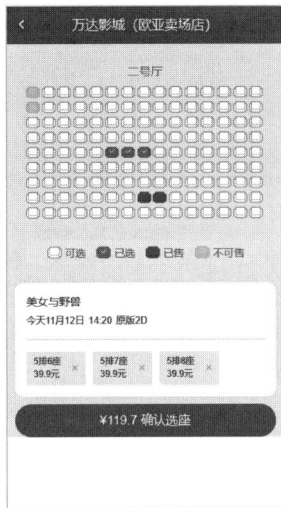

图 7.23　选择座位

1. 前端设计

选择座位页面的实现过程如下：

（1）在 views 文件夹下创建选择座位组件 SeatSelection.vue。在<template>标签中首先输出影厅座位图，同时标记不可选的座位和已售的座位，当单击可选座位或已选座位图标时调用 selectSeat()方法；然后输出放映电影的相关信息和选择的座位号；接下来根据是否有选择的座位输出对应的按钮文字，当单击"确认选座"按钮时调用 toPay()方法。代码如下：

```
<template>
  <div class="cinema-seat">
    <div class="page-header">
      <div class="page-header-left">
        <i class="fa fa-angle-left" @click="back"></i>
      </div>
      <div class="page-header-title" v-if="screeningsInfo">
        {{ screeningsInfo.cinema_name }}
      </div>
    </div>
    <div class="content" v-if="!loading">
      <div class="outer">
        <div class="top" v-if="screeningsInfo">{{ screeningsInfo.hall_name }}</div>
        <div class="seatRegion">
          <div class="seatRow" v-for="i in rows" :key="i">
            <img v-for="j in cols" :key="j"
              :src="unavailableArr.includes(i + '-' + j) ? unavailableUrl :
                selectedSeatArr.includes(i + '-' + j) ? soldUrl : availableUrl"
              alt="" class="my-seat" @click="selectSeat($event, i, j)"
            />
          </div>
        </div>
        <div class="graph-container">
          <div class="graph-item" v-for="(item, index) in seatTips" :key="index">
            <div class="graph-icon" :style="{ 'background-image': 'url(' + item.legendIcon + ')' }"></div>
```

```
            <span>{{ item.legendName }}</span>
          </div>
        </div>
      </div>
    </div>
    <div class="seats-info" v-if="!loading">
      <div class="movie-info">
        <div class="movie-name">{{ screeningsInfo.movie_name }}</div>
      </div>
      <div class="show-info">
        <span>{{ navTime(dataList[screeningsInfo.screening_date]) }}</span>
        <span>{{ screeningsInfo.start_time }}</span>
        <span>{{ screeningsInfo.lang }}</span>
      </div>
      <div class="selected-seat" v-if="selectedSeats.length !== 0">
        <div class="line"></div>
        <ul class="selected-list">
          <li class="selected-item" v-for="(item, index) in selectedSeats" :key="index"
            @click="delSeat(index,item.row,item.col)">
            <div class="seat-desc">{{ item.row }}排{{ item.col }}座</div>
            <div>
              <span>{{ item.price }}元</span>
            </div>
            <div class="cancel-btn"></div>
          </li>
        </ul>
      </div>
    </div>
    <div class="submit-block" v-if="!loading">
      <div class="submit-btn">
        <div class="submit" v-if="selectedSeats.length !== 0" @click="toPay">
          ¥{{ sum }} 确认选座
        </div>
        <div class="disable" v-if="selectedSeats.length === 0">请先选座</div>
      </div>
    </div>
    <div class="load" v-if="loading">
      <div style="font-size: 18px; color: #FFFFFF">正在加载座位...</div>
    </div>
  </div>
</template>
```

（2）在<script>标签中首先引入 axios 和 showToast()函数。然后定义数据和计算属性，sum 计算属性用于计算影票总价并保留一位小数。接下来定义方法，getDateList()方法用于获取当前日期和当前日期后一天的日期列表；getData()方法用于获取放映场次信息、不可选座位号数组和已售座位号数组；back()方法用于返回上一页；selectSeat()方法用于选择座位或取消选择座位；navTime()方法用于格式化某个日期；delSeat()方法用于删除某个已选座位；在 toPay()方法中使用 axios 发送 GET 请求，根据返回结果判断是否存在未支付订单，如果存在未支付订单就更新该订单，否则就创建订单，并跳转到支付页面。最后在 created()钩子函数中调用 getDateList()方法和 getData()方法。代码如下：

```
<script>
import axios from "axios";                                    //引入 axios
import {showToast} from "vant";                               //引入 showToast()函数
export default {
  name: 'SeatSelection',
  data() {
    return {
      screeningsId: this.$route.params.screeningsId,          //获取放映场次 id
      userId: sessionStorage.getItem('userId'),              //获取用户 id
      availableUrl: require("../assets/images/available.png"), //引入可选座位图标
      selectedUrl: require("../assets/images/selected.png"),   //引入已选座位图标
      soldUrl: require("../assets/images/sold.png"),           //引入已售座位图标
```

```
            unavailableUrl: require("../assets/images/unavailable.png"),      //引入不可售座位图标
            dataList: [],                                                      //日期列表
            rows: 0,                                                           //行数
            cols: 0,                                                           //列数
            unavailableArr: [],                                                //不可选座位号数组
            selectedSeatArr: [],                                               //已选座位号数组
            //省略部分数据代码
        };
    },
    computed: {
        sum() {
            let totalPrice = 0;                                                //总价
            this.selectedSeats.forEach(item => {
                totalPrice += parseFloat(item.price);                          //计算总价
            })
            return totalPrice.toFixed(1);                                      //总价保留一位小数
        }
    },
    methods: {
        getDateList(){
            let today = new Date();                                            //获取当前时间
            let tomorrow = new Date(today.getTime() + 24 * 60 * 60 * 1000);    //获取明天的时间
            let year1 = today.getFullYear();                                   //获取当前年份
            let month1 = today.getMonth() + 1;                                 //获取当前月份
            month1 = month1 < 10 ? '0' + month1 : month1;                      //月份小于 10 时，在前面补 0
            let date1 = today.getDate();                                       //获取当前日期
            date1 = date1 < 10 ? '0' + date1 : date1;                          //日期小于 10 时，在前面补 0
            let year2 = tomorrow.getFullYear();                                //获取明天的年份
            let month2 = tomorrow.getMonth() + 1;                              //获取明天的月份
            month2 = month2 < 10 ? '0' + month2 : month2;                      //月份小于 10 时，在前面补 0
            let date2 = tomorrow.getDate();                                    //获取明天的日期
            date2 = date2 < 10 ? '0' + date2 : date2;                          //日期小于 10 时，在前面补 0
            this.dataList = [year1 + '-' + month1 + '-' + date1, year2 + '-' + month2 + '-' + date2];    //日期列表
        },
        getData() {
            axios.get('/api/seat/' + this.screeningsId).then(res => {
                setTimeout(() => {
                    this.loading = false
                },500);
                this.screeningsInfo = res.data.data;                           //获取放映场次信息
                this.rows = res.data.data.seat_row;                            //座位行数
                this.cols = res.data.data.seat_col;                            //座位列数
                if(res.data.data.unavailable){
                    this.unavailableArr = res.data.data.unavailable.split(','); //获取不可选座位号数组
                }
                axios.get('/api/order/by-screening/' + this.screeningsId).then(res => {
                    if(res.data){
                        this.selectedSeatArr = res.data.seats.split(',');       //获取已选座位号数组
                    }
                }).catch(error => {
                    console.log(error);
                })
            })
        },
        //省略其他方法代码
    },
    created() {
        this.getDateList();                                                    //获取日期列表
        this.getData();                                                        //获取数据
    }
};
</script>
```

（3）在<style>标签中为选择座位页面中的元素设置样式，具体代码参见第7.14节提供的项目源码。

2. 后端设计

在 backend\routes\index.js 文件中定义客户端发送请求的路由处理函数。当客户端发送 GET 请求访问/seat 路径并加上一个动态参数 id 时，根据放映场次 id 查询多个数据表获取相应的电影、影厅和放映场次信息，并将查询结果以 JSON 格式返回客户端。当客户端发送 GET 请求访问/order/by-screening 路径并加上一个动态参数 screeningsId 时，根据放映场次 id 查询 tb_order 数据表，获取该放映场次的已售座位信息，并将查询结果以 JSON 格式返回客户端。当客户端发送 GET 请求访问/order/unpaid 路径并加上一个动态参数 userId 时，根据用户 id 查询 tb_order 数据表中未支付的订单信息，并将查询结果以 JSON 格式返回客户端。当客户端发送 PATCH 请求访问/order/unpaid 路径并加上一个动态参数 orderId 时，根据订单 id 更新 tb_order 数据表中未支付的订单信息。当客户端发送 POST 请求访问/order 路径时，向 tb_order 数据表中添加一条订单信息。代码如下：

```javascript
router.get('/seat/:id', function(req, res, next){
    const id = req.params.id;                                                    //放映场次 id
    db.query(`SELECT s.start_time,s.price,s.lang,s.screening_date,s.unavailable,
    h.hall_name,h.seat_row,h.seat_col,o.movie_name,o.img_url,c.cinema_name
    FROM
        tb_screenings s
    JOIN
        tb_onshow o ON s.movie_id = o.id
    JOIN
        tb_hall h ON s.hall_id = h.id
    JOIN
        tb_cinema c ON h.cinema_id = c.id
    WHERE s.id = ?`, [id], (err, results) => {
    if (err) {
        return res.status(500).send();
    } else {
        res.json({
            data: results[0]
        });
    }
});
});
router.get('/order/by-screening/:screeningsId', function(req,res,next){
    const screeningsId = req.params.screeningsId;                                //放映场次 id
    db.query('SELECT GROUP_CONCAT(selected_seats SEPARATOR \',\') AS seats FROM tb_order WHERE screening_id = ?',
[screeningsId], (err, result) => {
    if (err) {
        return res.status(500).send();
    } else {
        res.send(result[0]);
    }
});
});
router.get('/order/unpaid/:userId', function(req, res, next){
    const userId = req.params.userId;                                            //用户 id
    db.query('SELECT * FROM tb_order WHERE user_id = ? and status = 0', [userId], (err, results) => {
    if(err){
        return res.status(500).send();
    }else{
        res.json({
            data: results
        })
    }
})
});
router.patch('/order/unpaid/:orderId', function(req, res, next){
    const orderId = req.params.orderId;                                          //订单 id
    db.query(`UPDATE tb_order SET screening_id = ?, cinema_name = ?,img_url = ?,movie_name = ?,
```

```
    screening_date = ?,start_time = ?,hall_name = ?,selected_seats = ?,
    price = ?,order_time = ? WHERE id = ?`, [
        req.body.screeningsId,
        req.body.cinemaName,
        req.body.imgUrl,
        req.body.movieName,
        req.body.screeningDate,
        req.body.startTime,
        req.body.hallName,
        req.body.selectedSeats,
        req.body.price,
        req.body.orderTime,
        orderId
    ], (err, results) => {
    if(err){
        return res.status(500).send();
    }
    if (results.affectedRows === 0) {
        return res.status(404).send();          //如果没有影响任何行，说明数据不存在
    }
    res.status(200).send();                     //数据更新成功
    })
});
router.post('/order', function(req, res, next){
    db.query(`INSERT INTO tb_order (screening_id,user_id,cinema_name,img_url,movie_name,screening_date,
    start_time,hall_name,selected_seats,price,order_time) values (?,?,?,?,?,?,?,?,?,?,?)`, [
        req.body.screeningsId,
        req.body.userId,
        req.body.cinemaName,
        req.body.imgUrl,
        req.body.movieName,
        req.body.screeningDate,
        req.body.startTime,
        req.body.hallName,
        req.body.selectedSeats,
        req.body.price,
        req.body.orderTime
    ], function (err, result){
    if(err){
        return res.status(500).send();
    }
    res.status(201).send(result);
    })
});
```

7.11.4 支付页面

用户选择座位后，单击页面中的"确认选座"按钮可以进入支付页面，页面中展示了订单、优惠券和购票手机号码等信息，同时在该页面中提供了支付倒计时的功能，在"确认支付"按钮文字的右侧动态显示倒计时的时间，效果如图7.24所示。如果在订单有效时间内未完成支付，页面中会显示"支付超时，该订单已失效，请重新购买"的提示信息，效果如图7.25所示。

1. 前端设计

支付页面的实现过程如下：

（1）在 views 文件夹下创建支付组件 ToPay.vue。在<template>标签中首先输出订单信息，包括电影图片、电影名称、放映场次日期、影院名称、影厅名称和选择的座位号等信息；然后输出优惠券和购票手机号码等信息；接下来输出应付金额和"确认支付"按钮，当单击"确认支付"按钮时调用 pay()方法。代码如下：

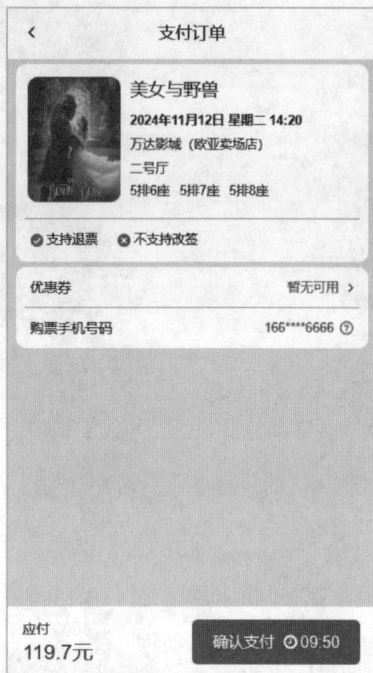

图 7.24　支付页面

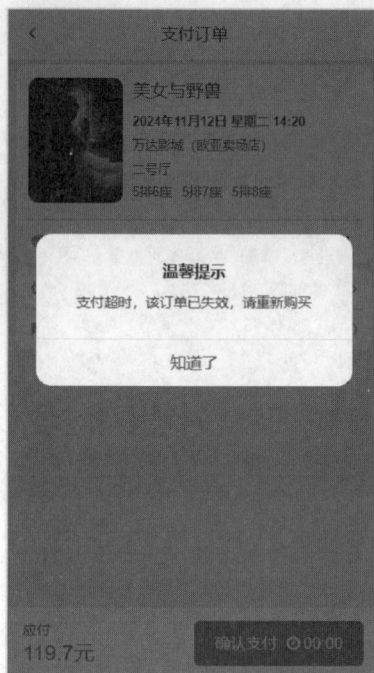

图 7.25　支付超时提示信息

```html
<template>
  <div class="page-pay">
    <div class="pay-header">
      <div class="back">
        <i class="fa fa-angle-left" @click="back"></i>
      </div>
      <div class="navbar-title">支付订单</div>
    </div>
    <div class="main">
      <div class="movie-info">
        <div class="movie-info-wrapper" v-if="orderInfo">
          <div class="movie-img">
            <img :src="require('@/assets/'+orderInfo.img_url)" alt="">
          </div>
          <div class="movie-details">
            <div class="box-flex">
              <div class="title">{{ orderInfo.movie_name }}</div>
            </div>
            <div class="date">
              {{ formatDate(orderInfo.screening_date) }} {{ orderInfo.start_time }}
            </div>
            <div class="cinema">{{ orderInfo.cinema_name }}</div>
            <div class="hall">{{ orderInfo.hall_name }}</div>
            <div class="seat" v-for="(item, index) in selectedSeatsArr" :key="index">
              {{ item.split('-')[0] }}排{{ item.split('-')[1] }}座
            </div>
          </div>
        </div>
      </div>
      <div class="line"></div>
      <div class="ticket-changes">
        <span class="retreat">
          <span class="able-img"></span>
          <span class="changes-t">支持退票</span>
        </span>
        <span class="retreat">
          <span class="disable-img"></span>
          <span class="changes-t">不支持改签</span>
```

```
        </span>
      </div>
    </div>
    <div class="pay-more">
      <div class="pay-info">
        <div class="discount-block">
          <div class="coupon">优惠券</div>
          <div class="order_coupon">
            <span>暂无可用</span>
            <i class="fa fa-angle-right"></i>
          </div>
        </div>
      </div>
      <div class="line"></div>
      <div class="phone-info" v-if="orderInfo">
        <div class="discount-block">
          <div class="phone">购票手机号码</div>
          <div class="order_phone">
            <span>{{ phone }}</span>
            <img src="@/assets/images/tag.png" alt="">
          </div>
        </div>
      </div>
    </div>
    <div class="price-block" v-if="orderInfo">
      <div class="total-price">
        <div class="price">
          <div class="d">应付</div>
          <div class="num">{{ orderInfo.price }}元</div>
        </div>
      </div>
      <div class="price-btn" @click="pay">确认支付
        <i class="fa fa-clock-o"></i>{{showCountdown}}</div>
    </div>
    <div class="load" v-if="isShowPaying">
      <van-loading type="spinner" size="18px" color="#fff">正在支付中...</van-loading>
    </div>
  </div>
</template>
```

（2）在<script>标签中首先引入 axios 和 showConfirmDialog()函数。然后定义数据和计算属性，phone 计算属性用于隐藏用户手机号码的中间四位。接下来定义方法，getData()方法用于获取订单信息和已选座位数组，并调用 countdown()方法显示倒计时；back()方法用于返回上一页；formatDate()方法用于将放映日期转换为指定的格式；countdown()方法用于实现支付倒计时功能；在 pay()方法中使用 axios 发送 PATCH 请求实现支付操作，并跳转到订单页面；delOrder()方法用于删除该订单并返回上一页。最后在 created()钩子函数中调用 getData()方法。代码如下：

```
<script>
import axios from "axios";                                    //引入 axios
import {showConfirmDialog} from "vant";                       //引入 showConfirmDialog()函数
export default {
  name: 'ToPay',
  data() {
    return {
      orderId: this.$route.params.orderId,                    //订单 id
      orderInfo: null,                                         //订单信息
      selectedSeatsArr: [],                                    //已选座位数组
      showCountdown: ',                                        //剩余时间
      timerId: null,                                           //定时器 id
      isShowPaying: false                                      //是否显示正在支付
    };
  },
  computed: {
    phone(){
      let userPhone = this.orderInfo.phone.toString();        //获取用户手机号
      return userPhone.slice(0,3) + '*****' + userPhone.slice(7);  //隐藏中间四位
```

```
    }
  },
  methods: {
    getData(){
      axios.get('/api/order/' + this.orderId).then(res => {
        this.orderInfo = res.data.data;                              //获取订单信息
        this.selectedSeatsArr = this.orderInfo.selected_seats.split(',');  //获取已选座位数组
        this.countdown();                                            //倒计时
      }).catch(err => {
        console.log(err);
      })
    },
    //省略其他方法代码
  },
  created() {
    this.getData();                                                  //获取数据
  }
};
</script>
```

（3）在\<style>标签中为支付页面中的元素设置样式，具体代码参见第 7.14 节提供的项目源码。

2. 后端设计

在 backend\routes\index.js 文件中定义客户端发送请求的路由处理函数。当客户端发送 GET 请求访问/seat 路径并加上一个动态参数 id 时，根据放映场次 id 查询多个数据表获取相应的电影、影厅和放映场次信息，并将查询结果以 JSON 格式返回客户端。当客户端发送 GET 请求访问/order/by-screening 路径并加上一个动态参数 screeningsId 时，根据放映场次 id 查询 tb_order 数据表，获取该放映场次的已售座位信息，并将查询结果以 JSON 格式返回客户端。当客户端发送 GET 请求访问/order/unpaid 路径并加上一个动态参数 userId 时，根据用户 id 查询 tb_order 数据表中未支付的订单信息，并将查询结果以 JSON 格式返回客户端。当客户端发送 PATCH 请求访问/order/unpaid 路径并加上一个动态参数 orderId 时，根据订单 id 更新 tb_order 数据表中未支付的订单信息。当客户端发送 POST 请求访问/order 路径时，向 tb_order 数据表中添加一条订单信息。代码如下：

```
router.get('/seat/:id', function(req, res, next){
  const id = req.params.id;                                         //放映场次 id
  db.query(`SELECT s.start_time,s.price,s.lang,s.screening_date,s.unavailable,
    h.hall_name,h.seat_row,h.seat_col,o.movie_name,o.img_url,c.cinema_name
    FROM
      tb_screenings s
    JOIN
      tb_onshow o ON s.movie_id = o.id
    JOIN
      tb_hall h ON s.hall_id = h.id
    JOIN
      tb_cinema c ON h.cinema_id = c.id
    WHERE s.id = ?`, [id], (err, results) => {
    if (err) {
      return res.status(500).send();
    } else {
      res.json({
        data: results[0]
      });
    }
  });
});
router.get('/order/by-screening/:screeningsId', function(req,res,next){
  const screeningsId = req.params.screeningsId;                     //放映场次 id
  db.query('SELECT GROUP_CONCAT(selected_seats SEPARATOR \',\') AS seats FROM tb_order WHERE screening_id = ?',
    [screeningsId], (err, result) => {
    if (err) {
      return res.status(500).send();
```

```
      } else {
        res.send(result[0]);
      }
    });
});
router.get('/order/unpaid/:userId', function(req, res, next){
    const userId = req.params.userId;                                    //用户 id
    db.query('SELECT * FROM tb_order WHERE user_id = ? and status = 0', [userId], (err, results) => {
        if(err){
            return res.status(500).send();
        }else{
            res.json({
                data: results
            })
        }
    })
});
router.patch('/order/unpaid/:orderId', function(req, res, next){
    const orderId = req.params.orderId;                                  //订单 id
    db.query(`UPDATE tb_order SET screening_id = ?, cinema_name = ?,img_url = ?,movie_name = ?,
      screening_date = ?,start_time = ?,hall_name = ?,selected_seats = ?,
      price = ?,order_time = ? WHERE id = ?`, [
            req.body.screeningsId,
            req.body.cinemaName,
            req.body.imgUrl,
            req.body.movieName,
            req.body.screeningDate,
            req.body.startTime,
            req.body.hallName,
            req.body.selectedSeats,
            req.body.price,
            req.body.orderTime,
            orderId
      ], (err, results) => {
      if(err){
          return res.status(500).send();
      }
      if (results.affectedRows === 0) {
          return res.status(404).send();                                 //如果没有影响任何行，说明数据不存在
      }
      res.status(200).send();                                            //数据更新成功
    })
});
router.post('/order', function(req, res, next){
    db.query(`INSERT INTO tb_order (screening_id,user_id,cinema_name,img_url,movie_name,screening_date,
      start_time,hall_name,selected_seats,price,order_time) values (?,?,?,?,?,?,?,?,?,?,?)`, [
            req.body.screeningsId,
            req.body.userId,
            req.body.cinemaName,
            req.body.imgUrl,
            req.body.movieName,
            req.body.screeningDate,
            req.body.startTime,
            req.body.hallName,
            req.body.selectedSeats,
            req.body.price,
            req.body.orderTime
      ], function (err, result){
      if(err){
          return res.status(500).send();
      }
      res.status(201).send(result);
    })
});
```

7.11.5 订单列表页面

单击支付页面中的"确认支付"按钮可以进入订单列表页面，页面中展示了当前登录用户的所有订单信息，效果如图7.26所示。

1. 前端设计

订单列表页面的实现过程如下：

（1）在views文件夹下创建订单列表组件OrderList.vue。在\<template\>标签中对当前登录用户的订单列表进行遍历，在遍历时输出订单信息，包括影院名称、电影图片、电影名称、购票张数、放映场次日期和购买的座位号等信息。在每个订单中都设置一个"删除订单"按钮，当单击该按钮时调用delOrder()方法。代码如下：

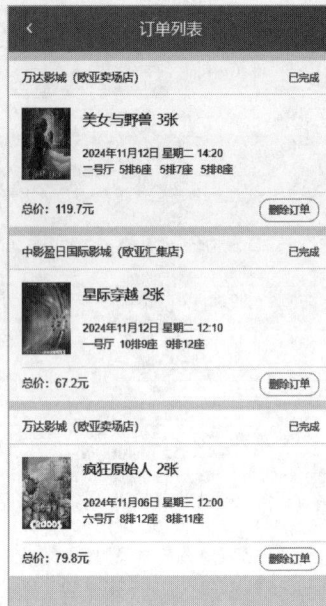

图 7.26 订单列表页面

```
<template>
  <div class="page-order-list">
    <div class="page-header">
      <div class="page-header-left">
        <i class="fa fa-angle-left" @click="toMy"></i>
      </div>
      <div class="page-header-title">订单列表</div>
    </div>
    <div class="load" v-if="loading">
      <div style="font-size: 18px; color: #FFFFFF">正在加载...</div>
    </div>
    <div class="order-list" v-else-if="orderList.length > 0">
      <div class="order-item" v-for="(item,index) in orderList" :key="index">
        <div class="order-title">
          <span class="cinema-name">{{item.cinema_name}}</span>
          <span class="order-status" style="color: #ef4238" v-if="item.status === 0">
            支付剩余时间 {{showCountdown}}
          </span>
          <span class="order-status" v-if="item.status === 1">已完成</span>
        </div>
        <div class="order-detail-info">
          <div class="order-info">
            <img :src="require('@/assets/'+item.img_url)" alt="">
            <div class="order-desc">
              <div class="movie-name">
                <span>{{item.movie_name}} {{item.selected_seats.split(',').length}}张</span>
              </div>
              <div class="empty"></div>
              <div class="showTime">
                {{formatDate(item.screening_date)}} {{item.start_time}}
              </div>
              <div class="position">
                {{item.hall_name}}
                <span class="seat" v-for="(k,i) in item.selected_seats.split(',')" :key="i">
                  {{k.split('-')[0]}}排{{k.split('-')[1]}}座
                </span>
              </div>
            </div>
            <div class="order-btn">
              <span v-if="item.status === 0" @click="pay(item.id)">去支付</span>
            </div>
          </div>
        </div>
        <div class="order-more">
          <div class="price">总价：{{item.price}}元</div>
          <span class="right">
            <span class="bottom-btn" @click="delOrder(item.id)">删除订单</span>
          </span>
        </div>
      </div>
```

```
    </div>
    <div class="empty-order" v-else>
      <img src="../assets/images/no-order.png" alt="">
    </div>
    <div class="load" v-if="isShowPaying">
      <van-loading type="spinner" size="18px" color="#fff">正在支付中...</van-loading>
    </div>
  </div>
</template>
```

（2）在<script>标签中首先引入 axios 和 showConfirmDialog()函数；然后定义数据；接下来定义方法；getOrderInfo()方法用于获取当前登录用户的订单列表，delFirstOrder()方法用于删除第一个订单，toMy()方法用于跳转到"我的"页面，formatDate()方法用于将放映日期转换为指定的格式，pay()方法用于支付未支付的订单，delOrder()方法用于根据订单 id 删除订单；最后在 created()钩子函数中调用 getOrderInfo()方法。代码如下：

```
<script>
import axios from "axios";                                           //引入 axios
import { showConfirmDialog } from "vant";                            //引入 Vant 中的 showConfirmDialog()函数
export default {
  name: 'OrderList',
  data() {
    return {
      userId: sessionStorage.getItem('userId'),                      //登录用户 id
      orderList: [],                                                 //订单列表
      showCountdown: '',                                             //剩余时间
      timerId: null,                                                 //定时器 id
      isShowPaying: false,                                           //是否显示正在支付
      loading: true,                                                 //加载中
    };
  },
  methods: {
    getOrderInfo(){
      axios.get('/api/order/by-user/' + this.userId).then(res => {
        this.orderList = res.data.data;                              //获取订单列表
        this.loading = false;                                        //加载完毕
        if(this.orderList.length === 0){                             //订单列表为空则返回
          return;
        }
        if(this.orderList[0].status === 0){                          //如果第一个订单状态为未支付
          let now = new Date();                                      //获取当前时间
          let orderTime = this.orderList[0].order_time;              //获取订单下单时间
          let validTime = this.orderList[0].valid_time;              //获取订单有效时间
          let firstOrderId = this.orderList[0].id;                   //获取第一个订单 id
          //计算剩余秒数
          let remainingSeconds = Math.floor((validTime * 60 * 1000 - (now.getTime() - orderTime)) / 1000);
          if(remainingSeconds <= 0){                                 //如果剩余秒数小于或等于 0
            clearInterval(this.timerId);                             //清除定时器
            this.showCountdown = '';                                 //不显示支付剩余时间
            this.delFirstOrder(firstOrderId);                        //删除第一个订单
            return;
          }
          this.timerId = setInterval(() => {
            remainingSeconds--;                                      //剩余秒数减 1
            if(remainingSeconds === 0){                              //如果剩余秒数为 0
              clearInterval(this.timerId);                           //清除定时器
              this.showCountdown = '';                               //不显示支付剩余时间
              this.delFirstOrder(firstOrderId);                      //删除第一个订单
            }
            let minutes = Math.floor(remainingSeconds / 60);         //剩余分钟数
            minutes = minutes < 10 ? '0' + minutes : minutes;        //分钟数小于 10 时，在前面补 0
            let seconds = remainingSeconds % 60;                     //剩余秒数
            seconds = seconds < 10 ? '0' + seconds : seconds;        //秒数小于 10 时，在前面补 0
            this.showCountdown = minutes + ':' + seconds;            //显示剩余时间
          },1000);
        }
```

```
    })
  },
  //省略其他方法代码
 },
 created() {
   this.getOrderInfo();                                    //获取订单信息
 }
};
</script>
```

（3）在<style>标签中为订单列表页面中的元素设置样式，具体代码参见第 7.14 节提供的项目源码。

2. 后端设计

在 backend\routes\index.js 文件中定义客户端发送请求的路由处理函数。当客户端发送 GET 请求访问 /order/by-user 路径并加上一个动态参数 userId 时，根据用户 id 查询 tb_order 数据表中的订单信息，并将查询结果以 JSON 格式返回客户端。当客户端发送 DELETE 请求访问 /order 路径并加上一个动态参数 orderId 时，根据订单 id 删除 tb_order 数据表中的订单信息。当客户端发送 PATCH 请求访问 /order/pay 路径并加上一个动态参数 orderId 时，根据订单 id 更新 tb_order 数据表中的订单信息，将该订单更新为已支付状态。代码如下：

```
router.get('/order/by-user/:userId', function(req, res, next){
  const userId = req.params.userId;//用户 id
  db.query('SELECT * FROM tb_order WHERE user_id = ? order by order_time desc', [userId], (err, results) => {
    if(err){
      return res.status(500).send();
    }else{
      res.json({
        data: results
      })
    }
  })
});
router.delete('/order/:orderId', function(req, res, next){
  const orderId = req.params.orderId;                        //订单 id
  db.query('DELETE FROM tb_order WHERE id = ?', [orderId], (err, results) => {
    if(err){
      return res.status(500).send();
    }
    if (results.affectedRows === 0) {
      return res.status(404).send();                         //如果没有影响任何行，说明数据不存在
    }
    res.status(204).send();                                  //数据删除成功
  })
});
router.patch('/order/pay/:orderId', function(req, res, next){
  const orderId = req.params.orderId;                        //订单 id
  db.query('UPDATE tb_order SET status = 1 WHERE id = ?', [orderId], (err, results) => {
    if(err){
      return res.status(500).send();
    }
    if (results.affectedRows === 0) {
      return res.status(404).send();                         //如果没有影响任何行，说明数据不存在
    }
    res.status(200).send();                                  //数据更新成功
  })
});
```

7.12 想看的电影页面设计

在"我的"页面中，单击"想看的电影"可以查看当前登录用户已标记为想看的电影列表。单击某个电影中的"取消"按钮可以将该电影从想看的电影列表中删除，效果如图 7.27 和图 7.28 所示。

图 7.27　想看的电影列表

图 7.28　取消想看的电影

1. 前端设计

想看的电影页面的实现过程如下：

（1）在 views 文件夹下创建想看的电影组件 WantMovie.vue。在<template>标签中对当前登录用户想看的电影列表进行遍历，在遍历时输出电影信息，包括电影图片、电影名称、想看人数、电影主演、电影类型和"取消"按钮，当单击"取消"按钮时调用 cancel()方法。代码如下：

```
<template>
  <div class="page-want-list">
    <div class="page-header">
      <div class="page-header-left">
        <i class="fa fa-angle-left" @click="$router.go(-1)"></i>
      </div>
      <div class="page-header-title">想看的电影</div>
    </div>
    <div class="load" v-if="loading">
      <div style="font-size: 18px; color: #FFFFFF">正在加载...</div>
    </div>
    <div class="wish-list" v-else-if="wantMovieList.length > 0">
      <div class="item" v-for="(item,index) in wantMovieList" :key="index">
        <div class="main-block">
          <div class="avatar">
            <div class="movie-img">
              <img :src="require('@/assets/'+item.img_url)" alt="" />
            </div>
          </div>
          <div class="content-wrapper">
            <div class="content">
              <div class="movie-title">
                <div class="title">{{item.movie_name}}</div>
              </div>
              <div class="detail">
                <div class="number">
                  <span>{{item.number}}</span>人想看
                </div>
                <div class="actor">
```

```
                            主演:{{item.stars}}
                        </div>
                        <div class="type">
                            类型:{{item.type}}
                        </div>
                    </div>
                    <div class="button-block">
                        <div class="btn">
                            <span class="fix" @click="cancel(item.id,index)">取消</span>
                        </div>
                    </div>
                </div>
            </div>
        </div>
    </div>
    <div class="empty-want" v-else>
        <img src="../assets/images/no-want.png" alt="">
    </div>
</div>
</template>
```

（2）在\<script\>标签中首先引入 axios 和 showToast()函数，然后定义数据。接下来定义方法，getWantMovieList()方法用于获取当前登录用户想看的电影列表；cancel()方法用于更新数据表中该电影的想看人数，并将当前电影从用户想看的电影列表中删除。最后在 created()钩子函数中调用 getWantMovieList()方法。代码如下：

```
<script>
import axios from "axios";                                        //引入 axios
import {showToast} from "vant";                                   //引入 showToast()函数
export default {
  name: 'WantMovie',
  data() {
    return {
      userId: sessionStorage.getItem('userId'),                   //登录用户 id
      wantMovieList: [],                                          //想看的电影列表
      loading: true                                               //加载中
    };
  },
  methods: {
    getWantMovieList(){
      axios.get('/api/users/want/movie/' + this.userId).then(res => {
        this.wantMovieList = res.data.data;                       //获取想看的电影列表
        this.loading = false;                                     //加载完毕
      }).catch(error => {
        console.log(error);
      })
    },
    cancel(id,index){
      axios.delete(`/api/users/want/${this.userId}/${id}`).then(() => {   //取消想看
        axios.patch('/api/upcoming/'+id,{                         //更新该电影的想看人数
          number: this.wantMovieList[index].number - 1
        }).then(() => {
          showToast('已取消');
          this.wantMovieList.splice(index,1);                      //将当前电影从用户想看电影列表中删除
        }).catch(error => {
          console.log(error);
        })
      }).catch(error => {
        console.log(error);
      })
    }
```

```
  },
  created() {
    this.getWantMovieList();                                    //获取想看的电影列表
  }
};
</script>
```

（3）在<style>标签中为想看的电影页面中的元素设置样式，具体代码参见第 7.14 节提供的项目源码。

2. 后端设计

在 backend\routes\users.js 文件中定义客户端发送请求的路由处理函数。当客户端发送 GET 请求访问/want/movie 路径并加上一个动态参数 userId 时，根据用户 id 查询 tb_upcoming 数据表中的即将上映的电影信息，并将查询结果以 JSON 格式返回客户端。当客户端发送 DELETE 请求访问/want 路径并加上两个动态参数 userId 和 movieId 时，根据用户 id 和电影 id 删除 tb_user_want 数据表中想看的电影记录。代码如下：

```
router.get('/want/movie/:userId', function(req, res, next){
  const userId = req.params.userId;                             //用户 id
  db.query('SELECT * FROM tb_upcoming WHERE id in (SELECT movie_id FROM tb_user_want WHERE user_id=?)', [userId],
    function (err, result){
    if(err){
      return res.status(500).send();
    }else{
      res.json({
        data: result
      })
    }
  })
});
router.delete('/want/:userId/:movieId', function(req, res, next){
  const userId = req.params.userId;                             //用户 id
  const movieId = req.params.movieId;                           //电影 id
  db.query('DELETE FROM tb_user_want WHERE user_id=? AND movie_id=?', [userId, movieId], function (err, result){
    if(err){
      return res.status(500).send();
    }
    if (result.affectedRows === 0) {
      return res.status(404).send();                            //如果没有影响任何行，说明数据不存在
    }
    res.status(204).send();                                     //数据删除成功
  })
});
```

7.13 项 目 运 行

通过前述步骤，我们设计并完成了"电影易购 APP"项目的开发。下面运行该项目，检验一下我们的开发成果。首先打开命令提示符窗口，切换到项目后端文件夹 backend，执行 npm start 命令启动服务器，如图 7.29 所示。

新打开一个命令提示符窗口，切换到项目前端文件夹 frontend，执行 npm run serve 命令运行项目，如图 7.30 所示。

在浏览器地址栏中输入 http://localhost:8080，按下 Enter 键后会进入电影易购 APP 的正在热映电影页面，运行后的效果参见图 7.12。单击页面顶部的 4 个导航选项可以分别进入选择城市页面、正在热映电影页面、即将上映电影页面和电影搜索页面。单击页面底部的"影院"和"我的"选项可以分别进入影院页面和用户登录页面。用户登录后可以实现购票，还可以查看和删除订单，以及查看想看的电影列表等操作。

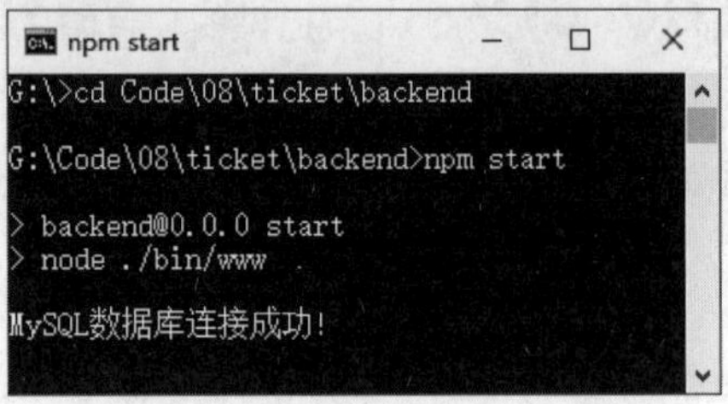

图 7.29　启动服务器

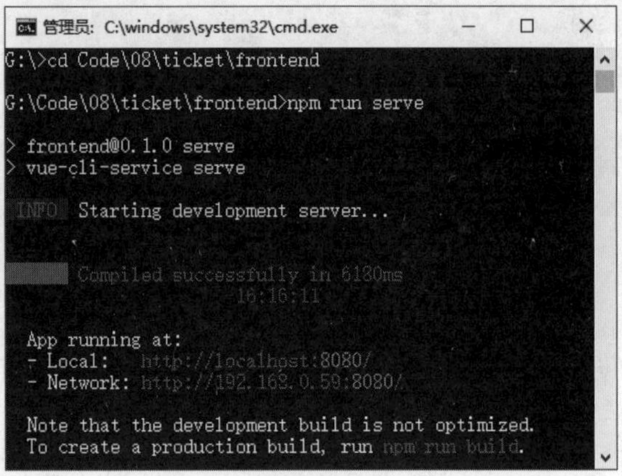

图 7.30　运行项目

7.14　源 码 下 载

　　虽然本章详细地讲解了如何编码实现"电影易购 APP"的各个功能，但给出的代码都是代码片段，而非源码。为了方便读者学习，本书提供了完整的项目源码，扫描右侧二维码即可下载。

源码下载